Manuales

JOSÉ F. PRIDA

LÓGICA MATEMÁTICA

Edición al cuidado de
Ángel d'Ors y Enrique Gallego

marova

La presente obra ha sido editada con la ayuda del
Departamento de Lógica y Filosofía de la Ciencia
de la Facultad de Filosofía de la Universidad Complutense

Diseño de la cubierta: *Notocactus horstii*,
diseño de Álvaro Pérez-d'Ors
a partir de fotografía de J. F. Prida

Para cualquier información sobre las obras publicadas o en programa
y para propuestas de nuevas publicaciones, dirigirse a:
Redacción de Ediciones Marova
Ramírez de Arellano, 17, 10ª - 28043 Madrid
Tel. 902 999 689

El autor de este libro, el profesor José F. Prida, fue catedrático de Lógica en la Facultad de Filosofía de la Universidad Complutense de Madrid desde el año 1986 hasta su muerte en el año 2003. Durante este período de tiempo, y ya anteriormente en la Facultad de Matemáticas de la misma universidad, Prida impartió regularmente cursos de Lógica Matemática. Comenzó sus estudios de Lógica en Friburgo, ciudad en la que residió desde 1966 hasta 1969. En este período coincidí con él en esta Universidad comenzando nuestra amistad que duró hasta su fallecimiento. Supone por ello para mí una gran satisfacción escribir la presentación de este libro.

El libro abarca todos los temas tratados por Prida en sus cursos y por ello contiene los resultados básicos de la Lógica Matemática. Sus últimos ocho capítulos están dedicados a la teoría de la recursividad, uno de los temas que más habían acaparado el interés de Prida y que ha desarrollado extensivamente en su libro *Teorías inseparables*, publicado en el año 2004. En sus últimos años, Prida estuvo trabajando en la preparación de dos libros, *Lógica matemática* y *Teorías inseparables*. En principio, los había concebido como dos libros independientes, de carácter complementario. Pero, a partir de un determinado momento, creyó conveniente que ambos libros se "intersectaran", e incorporó a *Lógica matemática* algunos capítulos de *Teorías inseparables*, modificados o reelaborados en distinto grado.

En el año 2002 Prida distribuyó copias de *Lógica matemática* entre diversos colegas, que le hicieron múltiples observaciones. Él se hizo eco de muchas de esas observaciones y reelaboró algunas partes de su libro. A fines de septiembre de 2003, con clara conciencia de que le quedaba ya muy poco tiempo de vida, Prida hizo entrega de un CD con "nuevas versiones" de sus libros, *Lógica matemática* y *Teorías inseparables*, al profesor Ángel d'Ors, amigo suyo y compañero de facultad, y le pidió que se hiciese cargo de su publicación. Pero tras esa entrega, según Ángel d'Ors ha podido comprobar posteriormente al hacerse cargo de su ordenador, Prida todavía siguió trabajando y modificando los manuscritos hasta diez días antes de su fallecimiento a fines de octubre de 2003.

Después de cuidarse de la publicación de *Teorías inseparables*, Ángel d'Ors se encontró ante el problema de la existencia de "tres versiones" del texto de *Lógica Matemática* (el que Prida distribuyó entre diversos colegas; el que le entregó en CD; y el que dejó en su ordenador), con la dificultad añadida de que algunos de sus capítulos coincidían con capítulos de *Teorías inseparables*, y que Prida, una vez decidida su incorporación a ambos libros, había seguido reelaborando independientemente. La introducciónn de modificaciones en ciertas partes del libro, obligaba a modificar otras. Pero Prida no tuvo ya tiempo de revisar con cuidado los efectos de los cambios introducidos.

Ángel d'Ors y Enrique Gallego (con la colaboración de Carmen López Rincón y el auxilio de José M. Ansemil, colegas y amigos de Prida) se han ocupado de preparar este texto final de *Lógica Matemática*. Había que eliminar lo que pudieran ser restos de versiones anteriores; reelaborar partes afectadas por los últimos cambios, que Prida no pudo completar; y determinar si en los capítulos "coincidentes" de ambas obras, las diferencias obedecían a adaptaciones de los mismos a las características de uno u otro libro, o si eran versiones antiguas de textos posteriormente revisados. Han tenido que intervenir bastante, aunque procurando respetar al máximo el contenido y el estilo del libro de Prida. Como Ángel d'Ors observa: *Sólo me he considerado autorizado a intervenir en lo que entendía que eran simples erratas, o desajustes derivados de modificaciones introducidas por José en los últimos meses.*

Por ello es mi deber, y a la par un placer, expresar a los profesores Ángel d'Ors y Enrique Gallego mi profundo agradecimiento por su inestimable colaboración.

Jörg Flum

ÍNDICE

INTRODUCCIÓN

Esta monografía, concebida como un curso introductorio a la lógica de primer orden, aborda tres tipos de problemas.

El primer problema es el de precisar el papel del *lenguaje de primer orden* dentro de la lógica y las matemáticas; está tratado de modo informal en el Capítulo 0, cuya lectura puede resultar difícil.

El segundo es el de definir para ese lenguaje las nociones de *consecuencia lógica* y *derivabilidad formal*, y probar que ambas coinciden extensionalmente. De este notable resultado (*teorema de completitud* de Gödel) se dan tres pruebas: las dos primeras para lenguajes numerables, y la tercera, para lenguajes no numerables, haciéndose uso en la segunda de sencillas técnicas algebraicas, definiéndose interpretaciones a partir de ciertos ultrafiltros en un álgebra de Tarski-Lindenbaum de clases de fórmulas. De la construcción realizada para su demostración se obtendrá el teorema de Löwenheim-Skolem, otro resultado básico de la lógica de primer orden. Del teorema de completitud se seguirá el de compacidad, un resultado fundamental de la teoría de modelos. Todos estos tópicos se tratan a lo largo de los once primeros capítulos.

El tercer problema es el de obtener resultados de *indecidibilidad* e *incompletitud* referentes a la lógica de primer orden y a algunas teorías formales sencillas. Para ello, se analiza la noción de *decidibilidad*, que se define a partir de la de *computabilidad numérica*, noción que, a su vez, se precisa a través de la teoría de *máquinas de Turing*, en la que de forma natural surgen problemas indecidibles. Aunque es posible probar la indecidibilidad de ciertos problemas lógicos partiendo de resultados relativos a máquinas de Turing (Büchi), aquí se ha optado por partir de un conocido teorema de Minsky, que implica la indecidibilidad del problema de parada de una *máquina de dos registros*, del que se sigue la indecidibilidad de un problema puramente lógico. El camino es más largo, pero tiene sus ventajas. La equivalencia de las nociones de computabilidad definidas a partir de máquinas de Turing y de registros, se realiza probando la coincidencia de ambas con la de *recursividad.* A este tipo de cuestiones se dedican los capítulos 11-19. Finalmente, en el capítulo 20, se estudia la aritmética elemental, se demuestran versiones fuertes de algunos célebres teoremas de Church, Tarski, Gödel y Rosser, y se prueba también el teorema de Löb, del que se obtiene como corolario el teorema de Gödel que afirma la indemostrabilidad en una teoría de la fórmula que expresa en ella que esa teoría es consistente.

El autor expresa su agradecimiento a los Profesores de la Universidad Complutense Angel d'Ors Lois e Ignacio Sols Lucia por sus correcciones y sugerencias.

0 LÓGICA Y LENGUAJE

Concebida la lógica como el estudio del razonamiento, es claro que hace necesariamente referencia al lenguaje en el que el razonamiento se formula. Razonar es inferir unas proposiciones a partir de otras, con lo que el concepto de lógica presupone el de proposición y, por tanto, el de lenguaje. De ahí que el matemático esté especialmente interesado en estudiar la lógica de los lenguajes en que habitualmente se expresa. Esto plantea un problema inicial de difícil solución, que trataremos de analizar a lo largo de este capítulo. Para ello, se introducirán aquí informalmente algunas de las nociones básicas que más adelante se definirán de forma precisa.

0.1. Consecuencia lógica

En el estudio de cualquier lógica, uno de los propósitos fundamentales es precisar el concepto de *consecuencia*, la noción usual según la cual una determinada proposición se sigue necesariamente de un conjunto finito o infinito de proposiciones. Los dos elementos que aparecen en la relación de consecuencia son de naturaleza sintáctica: expresiones (que en último término son sucesiones de símbolos de un cierto alfabeto, que verifican determinadas reglas). En ocasiones, se prescribe que estas sucesiones sean finitas, pero nada impide considerar lenguajes infinitarios. Pese al carácter sintáctico de ambos elementos, la relación de consecuencia es de índole considerablemente compleja, pues remite a las nociones semánticas de *modelo* o de *validez* de una proposición en una estructura, que requieren la consideración de complejas relaciones entre entidades de naturaleza muy distinta: expresiones lingüísticas y objetos a los que hacen referencia.

La definición de consecuencia lógica se introduce a partir de la previa determinación de lo que significa que una expresión α se verifica en una cierta estructura $\mathfrak{A}$, lo que se denotará por $\mathfrak{A} \models \alpha$. La definición precisa de esta noción es relativamente irrelevante, ya que cualquier persona con una mínima habilidad matemática es capaz de manejarla correctamente. Por ello, nos limitaremos de momento a ilustrarla con un par de ejemplos.

Si $\mathfrak{A}$ es el orden parcial representado en la Figura 0.1 y α, β y γ son fórmulas que, respectivamente, expresan en la notación usual las proposiciones: *"existe un elemento supremo"*, *"el orden no es lineal"* y *"el orden es denso"*, *i.e.*:

$$\alpha \stackrel{df}{=} \exists x \forall y \; (y < x \; \vee \; y = x),$$

$$\beta \stackrel{df}{=} \neg \forall x \forall y \, (x < y \; \vee \; y < x \; \vee \; x = y),$$

$$\gamma \stackrel{df}{=} \forall x \forall y \, (x < y \rightarrow \exists z \, (x < z \; \wedge \; z < y)),$$

entonces se verifica: $\mathfrak{A} \models \alpha$, $\mathfrak{A} \models \beta$ y $\mathfrak{A} \models \neg \gamma$.

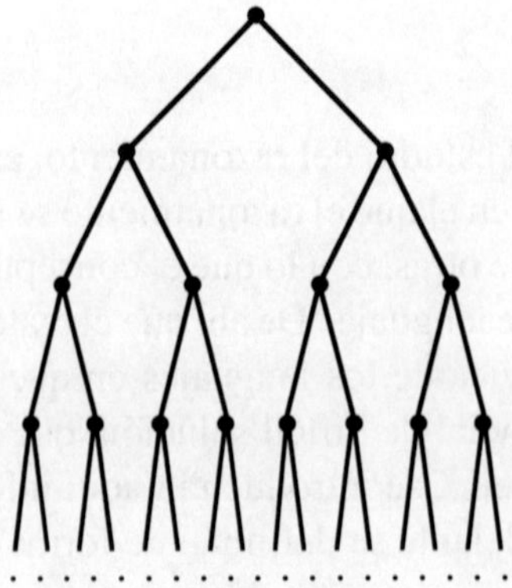

Fig 0.1

En lo sucesivo, si $\mathfrak{A}$ es una estructura y Φ es un conjunto finito o infinito de expresiones, $\mathfrak{A}$ *es un modelo de* Φ significará que todas las expresiones de Φ son válidas en $\mathfrak{A}$, lo que se denotará por $\mathfrak{A} \models \Phi$.

Una vez precisado el concepto de modelo, la noción de consecuencia lógica puede definirse de forma completamente natural: una fórmula α es consecuencia de un conjunto de fórmulas Φ si α es válida en todos los modelos de Φ. Es de observar la complejidad de la anterior definición, al hacer referencia a todas las estructuras en las que se verifican las fórmulas de Φ, que en muchos casos serán infinitas y algunas de ellas extremadamente complicadas. De ahí que el lógico trate de encontrar otra noción extensionalmente idéntica a la de consecuencia, pero de naturaleza puramente sintáctica, lo que en principio podría parecer posible.

Esto, como es sabido, le lleva a introducir la noción de *demostración*, que da lugar a la de *derivabilidad formal*. El hecho de que una cierta fórmula α sea formalmente derivable a partir de un conjunto de fórmulas Φ suele denotarse por $\Phi \vdash \alpha$. Y uno de los problemas centrales de la lógica es el de investigar, para cada lenguaje, la posibilidad de que las relaciones de consecuencia y derivabilidad, intensionalmente muy distintas, coincidan extensionalmente. El hecho de que todas las consecuencias de un conjunto cualquiera de proposiciones puedan ser formalmente derivadas a partir de ese conjunto mediante una adecuada noción de derivabilidad, constituye el problema técnicamente denominado de *completitud*, central en el estudio de cualquier lógica. Y esta propiedad de un lenguaje, al igual que algunas otras, está necesariamente relacionada con su capacidad de expresión. A lenguaje rico, lógica pobre en propiedades interesantes.

A continuación trataremos de investigar esta conexión de modo informal, pero con cierta profundidad.

0.2. Capacidad de expresión de un lenguaje

Un concepto íntimamente ligado a todo lenguaje, quizá en apariencia difuso, es el de su *capacidad de expresión*, que, informalmente, podemos identificar con la clase de los objetos matemáticos que pueden ser descritos en él. No todo puede ser expresado en todo lenguaje. Para precisar esta noción, diremos que una estructura $\mathfrak{A}$ es descrita exhaustivamente mediante una expresión α del lenguaje L, si todos los modelos de α son isomorfos a $\mathfrak{A}$. Por ejemplo, el grafo representado en la Figura 0.2:

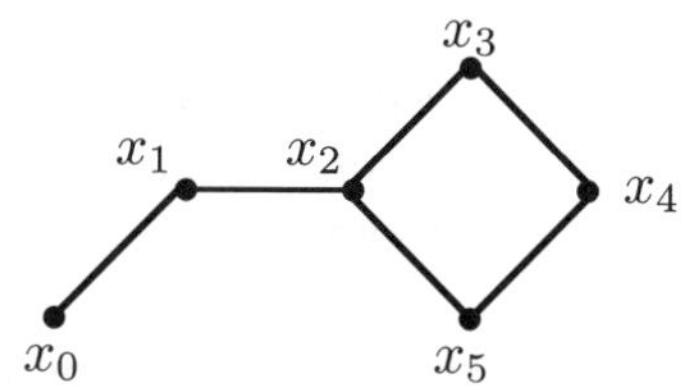

Figura 0.2

puede ser descrito exhaustivamente expresando que el universo consta exactamente de seis elementos $y_0,\ y_1,\ y_2,\ y_3,\ y_4,\ y_5$ y que los pares relacionados son los elementos del conjunto:

$$\{(y_0, y_1), (y_1, y_0), (y_1, y_2), (y_2, y_1), (y_2, y_3), (y_3, y_2), (y_3, y_4), (y_4, y_3), \\ (y_4, y_5), (y_5, y_4), (y_5, y_2), (y_2, y_5)\}.$$

En un lenguaje usual en la práctica matemática, denotando por P la relación del grafo, α podría ser la fórmula:

$$\exists y_0\, \exists y_1 \ldots \exists y_5\, (y_0 \neq y_1 \ \wedge\ y_0 \neq y_2 \ \wedge\ \ldots\ \wedge\ y_4 \neq y_5 \ \wedge \\ \forall z\, (z = y_0 \ \vee\ z = y_1 \ \vee\ \ldots\ \vee\ z = y_5) \ \wedge \\ \forall u \forall v\, (P\, u\, v \leftrightarrow ((u = y_0 \wedge v = y_1) \ \vee\ \ldots\ \vee\ (u = y_2 \wedge v = y_5)))).$$

Es característico de esta fórmula que sólo contiene afirmaciones existenciales o universales acerca de individuos (no se cuantifican funciones, ni relaciones).

Y es claro que el procedimiento utilizado para describir la estructura de la Figura 0.2, podría emplearse para describir cualquier otra estructura finita. Con escasos medios expresivos, es decir, en *lenguajes débiles*, cualquier estructura finita puede ser descrita mediante una única fórmula. Basta describir exhaustivamente cada una de sus funciones y relaciones, *i.e.*, "decirlo todo".

Si queremos describir completamente una estructura infinita tendremos que expresar la infinitud de su universo, lo que, por ejemplo, podría hacerse afirmando la existencia en el mismo de un orden total sin supremo, o la de una función inyectiva que no es exhaustiva. Pero, en el primer caso, cuantificamos una relación, y en el segundo, una función, haciendo uso, por tanto, de recursos expresivos propios de los denominados *lenguajes de segundo orden*, que usa habitualmente el matemático cuando, por ejemplo, hace afirmaciones tales como:

Todo conjunto no vacío de números reales acotado superiormente tiene una cota superior mínima.

Todo filtro propio de un álgebra de Boole está contenido en un ultrafiltro.

Existen funciones continuas que no son uniformemente continuas.

Existen retículos no distributivos.

Obviamente, también puede expresarse la noción de infinitud en los denominados *lenguajes infinitarios*, en los que tienen cabida expresiones infinitamente largas. Por ejemplo, podría hacerse mediante una conjunción infinita de expresiones que, respectivamente, afirmen la existencia en el universo de dos, tres, cuatro, etc., elementos distintos, lo que siempre será posible si el lenguaje posee un cuantificador existencial y símbolos para denotar la conjunción, la negación y la igualdad. De modo similar, en un lenguaje infinitario la noción de finitud podría expresarse mediante una disjunción infinita, que viniese a afirmar que no hay más de un elemento, o no hay más de dos, o no hay más de tres, etc.

A continuación veremos que no cabe esperar que la lógica de tales *lenguajes fuertes* sea completa, *i.e.*, no va a ser posible definir una noción de demostrabilidad de forma que las propiedades *ser demostrable a partir de* y *ser consecuencia lógica de* coincidan extensionalmente.

0.3. Compacidad y capacidad de expresión

Llamaremos *compacto* a todo lenguaje en el que un conjunto de expresiones tiene un modelo si lo tienen todos sus subconjuntos finitos. Esta propiedad implica una considerable limitación expresiva, ya que, por ejemplo, en un lenguaje compacto no existen expresiones que capturen las nociones de finitud o infinitud, *i.e.*, ninguna proposición del lenguaje puede expresar que el universo del discurso es finito, o que es infinito.

En efecto, si ϕ_i es la proposición que afirma la existencia de al menos i elementos distintos, proposición que está presente en todo lenguaje con algún interés, y α expresa la infinitud del universo, *i.e.*, α se verifica en todas y únicamente en aquellas estructuras con universo infinito, entonces $\{\phi_i : i < \omega\} \cup \{\neg\, \alpha\}$ no tendría modelos (un modelo de ese conjunto de proposiciones sería a la vez finito e infinito), aunque sí todos sus subconjuntos finitos, en contradicción con la compacidad del lenguaje. Así pues, compacidad es una propiedad que sólo pueden poseer lenguajes muy débiles.

En general, no cabe esperar que en un lenguaje compacto exista una proposición γ que exprese una propiedad que puede ser formulada como una conjunción o disjunción infinita de proposiciones *independientes* o cada vez *más fuertes* $\{\psi_i : i \in \omega\}$. Pues si, por ejemplo, γ equivale a $\psi_0 \wedge \psi_1 \wedge \psi_2 \wedge \ldots$, entonces $\{\psi_i : i \in \omega\} \cup \{\neg\,\gamma\}$ no tendría modelos, con lo que para un cierto número natural k tampoco habría modelos de $\{\psi_i : i < k\} \cup \{\neg\,\gamma\}$ y para toda estructura $\mathfrak{A}$ se tendría:

$$\begin{aligned} \mathfrak{A} \models \{\psi_i : i < k\} \quad \Longrightarrow \quad \mathfrak{A} \models \gamma \quad &\Longrightarrow \quad \mathfrak{A} \models \{\psi_i : i < \omega\} \\ &\Longrightarrow \quad \mathfrak{A} \models \{\psi_i : i < k\}. \end{aligned}$$

En consecuencia $\{\psi_i : i < k\}$ y $\{\psi_i : i < \omega\}$ se verificarían en las mismas estructuras y, por tanto, $\{\psi_i : i < k\} \models \psi_k$, en contradicción con cualquiera de las dos hipótesis. Análogamente, la equivalencia de γ y $\beta_0 \vee \beta_1 \vee \beta_2 \vee \ldots$ implicaría la de $\neg\gamma$ y $\neg\,\beta_0 \wedge \neg\,\beta_1 \wedge \neg\,\beta_2 \wedge \ldots$, caso ya analizado.

Ejemplos de afirmaciones acerca de la estructura representada en la Figura 0.1 que no pueden hacerse en un lenguaje de primer orden son:

Todo elemento tiene infinitos elementos por debajo.

Todo elemento tiene un número finito de elementos por encima.

Los elementos x e y están en el mismo nivel.

En cada nivel hay el doble de elementos que en el inmediato superior.

Tales expresiones son equivalentes a conjunciones o disjunciones infinitas de proposiciones que sí pueden expresarse en primer orden. Más exactamente:

La primera sería equivalente a la conjunción infinita de fórmulas (cada vez más fuertes) $\{\gamma_i : 0 < i < \omega\}$, donde γ_i expresa que todo elemento tiene al menos i elementos por debajo, *i.e.*:

$$\begin{aligned} \gamma_i \overset{df}{=} \forall x\, \exists x_1\, \exists x_2 \ldots \exists x_i\, (x_1 \neq x_2 \wedge x_1 \neq x_3 \wedge \ldots \wedge x_{i-1} \neq x_i \wedge \\ x_1 < x \wedge x_2 < x \wedge \ldots \wedge x_i < x). \end{aligned}$$

La segunda sería equivalente a la disjunción infinita de fórmulas independientes $\{\delta_i : 0 \leq i < \omega\}$, donde δ_i expresa que todo elemento tiene exactamente i elementos por encima.

La tercera proposición podría también expresarse como una disjunción infinita de proposiciones independientes que, respectivamente, afirmasen que x e y son iguales, o son "hermanos", o son "primos", etc.

La cuarta proposición, de existir, sería consecuencia del conjunto infinito de expresiones independientes de primer orden que aseguran que en el nivel cero hay exactamente un elemento, en el nivel uno hay dos, en el nivel dos hay cuatro, etc.

En cada uno de los casos la compacidad del lenguaje daría lugar a una contradicción.

Mediante razonamientos similares resulta fácil ver que en un lenguaje compacto no pueden hacerse afirmaciones acerca de los números naturales tales como:

Todo número natural es igual a cero o a uno o a dos ...
Hay una cantidad finita de números menores que uno dado.
Existen infinitos números primos.

Un lenguaje compacto es, pues, necesariamente pobre.

0.4. Completitud

Como se dijo en 0.1., una vez introducida la noción de consecuencia, es habitual definir la noción de derivabilidad. Si Δ, Γ y α son, respectivamente, una secuencia de proposiciones, un conjunto finito de proposiciones y una proposición de un cierto lenguaje L, se define lo que significa que Δ *es una demostración de* α *a partir de* Γ, lo que se denotará por $Dem(\Delta, \alpha, \Gamma)$. La relación Dem debe de ser decidible, en el sentido de que la respuesta a la pregunta de si un cierto triple (Δ, α, Γ) verifica o no esa relación, pueda ser dada por una máquina adecuadamente programada. Al hablar de decidibilidad, se supone que las proposiciones del lenguaje L son sucesiones finitas de símbolos de un cierto alfabeto.

A partir de Dem se define la noción de *derivabilidad* de una proposición α a partir de un conjunto de proposiciones Φ, lo que se denotará por $\Phi \vdash \alpha$, mediante la equivalencia:

[1] $\Phi \vdash \alpha \iff$ (existe Δ) (existe Γ) [Γ finito y $\Gamma \subseteq \Phi$ y $Dem(\Delta, \alpha, \Gamma)$].

De la anterior definición se sigue inmediatamente:

[2] $\Phi \vdash \alpha \iff$ (existe Γ) [Γ finito y $\Gamma \subseteq \Phi$ y $\Gamma \vdash \alpha$].

Dem es una compleja relación entre tres objetos de distinto tipo, aunque los tres de naturaleza sintáctica, y su definición entraña un cierto grado de arbitrariedad, ya que usualmente se realiza a partir de ciertos axiomas lógicos y reglas de deducción, en principio arbitrarios. Y, obviamente, la definición de $\vdash$ hereda esa arbitrariedad. Sin embargo, de cualquier definición razonable de *Dem* se seguirá:

[3] Si $\Phi \vdash \alpha$, entonces $\Phi \models \alpha$,

y, naturalmente, sería deseable poder definirla de forma que se verificase también:

[4] Si $\Phi \models \alpha$, entonces $\Phi \vdash \alpha$,

pero esto sólo cabe esperarlo en lenguajes débiles.

Para llegar a esta conclusión, llamaremos *completo* a un lenguaje en el que sea posible definir la relación de derivabilidad de forma que verifique [2], [3] y [4], con lo que las nociones de consecuencia y derivabilidad coincidirán extensionalmente.

0.5. Completitud y compacidad

De acuerdo con la anterior noción de completitud, todo lenguaje completo es compacto, ya que si la noción de consecuencia coincide extensionalmente con la de derivabilidad, de [2] se sigue:

[5] $\Phi \models \alpha \iff$ (existe Γ) [Γ finito y $\Gamma \subseteq \Phi$ y $\Gamma \models \alpha$].

Con ello, si un conjunto de proposiciones Φ no tiene modelos, cualquier contradicción β verificará $\Phi \models \beta$, siguiéndose de [5] la existencia de un subconjunto finito Γ de Φ que verifica $\Gamma \models \beta$, con lo que Γ tampoco tendrá modelos. Así pues, *todo lenguaje completo es compacto.*

0.6. El lenguaje de primer orden

Puesto que un lenguaje completo es compacto (cfr. 0.5) y un lenguaje compacto necesariamente tiene una capacidad de expresión escasa (cfr. 0.2), parece que, a la hora de formalizar una teoría científica, estamos abocados a elegir entre dos opciones indeseables: formularla en un lenguaje incapaz de describir ciertos hechos, o tener que razonar con una lógica insuficiente para probar todas las consecuencias de un conjunto de proposiciones.

Tratando de buscar una salida al dilema, analizaremos la aparente imposibilidad de formular las matemáticas en el lenguaje de primer orden, cuya completitud demostró Gödel en 1930.

Para ello, empezamos precisando que llamaremos *lenguaje de primer orden* a todo lenguaje en el que las proposiciones se construyen, mediante ciertas reglas, a partir de símbolos de distintas categorías, que denotan individuos determinados (constantes), individuos indeterminados (variables), funciones, relaciones, la identidad, conectivos lógicos (conjunción, disjunción, negación, implicación, doble implicación) y cuantificadores (para todo, existe), pudiendo haber también símbolos auxiliares, tales como los paréntesis. Habitualmente, a las proposiciones las llamaremos *fórmulas*. Lo característico de estos lenguajes es que en ellos no hay variables para denotar relaciones o funciones, por lo que los símbolos de cuantificación sólo hacen referencia a individuos. Por ejemplo, las siguientes fórmulas pertenecen al lenguaje de primer orden de la aritmética:

$$\forall x\,\forall y\,\forall z\,(x\cdot(y+z)=x\cdot y+x\cdot z),$$
$$\forall x\,\forall y\,(x<y\rightarrow\exists z\,(x+z=y)),$$
$$\exists x\,(\neg\,(x=0)\ \wedge\ \forall y\,(x\cdot y=y)).$$

Por el contrario, las expresiones:

$$\exists f\,\forall x\,\forall y\,(f(x)=f(y)\rightarrow x=y),$$
$$\forall x\,\forall y\,(x=y\leftrightarrow\forall P\,(Px\leftrightarrow Py)),$$

no pertenecen a ese lenguaje, ya que en ellas los símbolos f y P denotan, respectivamente, una función y una propiedad (relación unitaria) indeterminada.

La insuficiencia de este lenguaje de primer orden para hablar, p. e., de la aritmética, proviene de la complejidad del universo que queremos describir, al contener números, relaciones entre números (ser mayor que, ser primo, ser múltiplo, etc.), funciones (cuadrado, cubo, factorial, máximo común divisor, etc.). Pero, obviamente, una relación entre números o una función númerica no son números, sino conjuntos de tuplas de números, lo que nos obliga a hacer afirmaciones existenciales y universales acerca de objetos de distinta naturaleza. Cuantificando sólo números no es posible expresar, p. e., que *todo conjunto no vacío de números naturales tiene un elemento ínfimo*. Y un problema similar se presenta cuando pretendemos formalizar en un lenguaje de primer orden proposiciones pertenecientes a otras ramas de la matemática: en álgebra hablamos de filtros e ideales; en análisis, de funciones; en geometría, de curvas; etc., que son, respectivamente, conjuntos de elementos, de tuplas de números reales, de puntos, etc.

0.7. Matemáticas y teoría de conjuntos

El anterior análisis pone de manifiesto que el problema que se presenta al tratar de describir el universo de los números naturales desaparecería si nuestro propósito fuese describir el universo de los conjuntos, en el que una tupla de conjuntos es un conjunto, y un producto cartesiano de conjuntos es un conjunto, y una aplicación de un conjunto en otro es un conjunto. En ese universo todo es un conjunto (¡no el universo!) y, por tanto, no hay objetos de órdenes distintos. De ahí que todo lo que se desee afirmar del universo de los conjuntos pueda hacerse en un lenguaje de primer orden. Y esto plantea el problema de si toda la matemática puede reducirse a la *teoría de conjuntos*.

La respuesta, empírica, es afirmativa, quizá con la excepción de la *teoría de categorías*, de la que para muchos propósitos se puede prescindir. De hecho, parece posible definir cualquier objeto matemático a partir de la noción de conjunto, lo que ilustraremos con un ejemplo, recorriendo alguna de las ramas del árbol que surge de la definición de *figura geométrica* en un espacio tridimensional:

figura geométrica: *conjunto* de *puntos* que verifica ciertas *relaciones*.

punto: *triple* de *números reales*.

número real: *clase de equivalencia* de *sucesiones de Cauchy*.

sucesión de Cauchy: *aplicación* de ω en el *conjunto* de los *números racionales*.

número racional: *clase de equivalencia* de *triples* de *números naturales*.

conjunto ω **de los números naturales**: *subconjunto* de todo *conjunto inductivo*.

conjunto inductivo: *conjunto* z tal que $\emptyset \in z \ \wedge \ \forall y\,(y \in z \rightarrow y' \in z)$.

$\emptyset \in z$: abreviatura de $\exists y\,(y \in z \ \wedge \neg \exists x\; x \in y)$.

$y' \in z$ abreviatura de $\exists u\,(u \in z \ \wedge \ u = y \cup \{y\})$.

$u = y \cup \{y\}$ abreviatura de $\forall v\,(v \in u \leftrightarrow (v \in y \ \vee \ v = y))$.

En otra rama del árbol aparece una determinada relación de equivalencia entre triples de naturales. Concretamente:

$$(p, q, r) \sim (u, v, w) \iff \tfrac{p-q}{1+r} = \tfrac{u-v}{1+w} \iff (1+w)p + (1+r)v = (1+w)q + (1+r)u$$

Y en las definiciones de *suma* y *producto de números naturales* van apareciendo sucesivamente las nociones de *biyección*, *aplicación*, *relación*, *producto cartesiano*, *par*, todas ellas definibles a partir de la de *conjunto*.

Como resultado del anterior análisis, una cierta figura geométrica será un conjunto, término indefinido, que satisface una determinada fórmula del lenguaje de la teoría de conjuntos, en la que el símbolo $\in$ denota la relación de pertenencia, también indefinida.

Por otra parte, puesto que las propiedades de un objeto dependen exclusivamente de las de los objetos que aparecen en su definición, es claro que las propiedades de todos los objetos matemáticos dependerán en último término de las que asignemos a los objetos indefinidos, *i.e.*, de los axiomas de la teoría de conjuntos.

0.8. La teoría ZFC

El hecho de que prácticamente todas las proposiciones matemáticas puedan traducirse al lenguaje de la teoría de conjuntos plantea el problema de la existencia de axiomas a partir de los cuales todas esas proposiciones puedan ser demostradas. De la existencia de tales axiomas se seguiría la posibilidad de englobar la inmensa mayoría de la matemática en una única teoría.

Aunque la respuesta es negativa (Gödel, 1931), sabemos que la teoría *ZFC*, obtenida a partir de los axiomas de *Zermelo-Fraenkel (ZF)* más el *axioma de elección* (choice, choix), contiene una parte ingente de la matemática, lo que, al tratarse de una teoría de primer orden, deja claro el interés de la lógica que vamos a estudiar.

Sin embargo, los axiomas de esa teoría dejan todavía muy indeterminada la noción de conjunto. Y el problema no puede solucionarse por muchos nuevos axiomas que se añadan a la teoría.

Incluso en un fragmento ínfimo T_0 de *ZFC* (cfr. [**Collins-Halpern**, 1970]) es posible demostrar ciertos resultados aritméticos elementales, una vez traducidos al lenguaje de la teoría de conjuntos, de los que se siguen teoremas de limitación referentes a todas las extensiones consistentes de ese fragmento, en particular *acerca de ZFC*. Uno de ellos *(teorema de incompletitud)*, debido a Gödel, asegura que en todas las extensiones axiomatizables y no contradictorias de T_0 hay fórmulas que no son ni demostrables ni refutables, lo que implica que esas teorías tienen modelos no isomorfos y que, por tanto, no determinan la noción de conjunto, que queda necesariamente abierta. Otro de esos teoremas de limitación (Church, Turing, 1936) afirma la *indecidibilidad* de todas las extensiones no contradictorias de T_0, desbaratando así creencias ampliamente difundidas entre los matemáticos de esa época. Finalmente, otro resultado, de nuevo debido a Gödel, asegura la imposibilidad de probar en una extensión no contradictoria T de *ZF* la traducción de la proposición que afirma la no contradicción de T. Identificando la matemática con una cierta extensión de ZFC, una consecuencia del resultado anterior es que si la matemática no es contradictoria, su no contradicción no puede demostrarse con métodos matemáticos. De forma más paradójica: una demostración de la no contradicción de la matemática únicamente demostraría que la matemática es contradictoria.

El interés de estos resultados podría ser suficiente para justificar el estudio de la lógica de primer orden.

1 LENGUAJES DE PRIMER ORDEN

Los alfabetos de todos los lenguajes formales tienen ciertos símbolos en común, como, por ejemplo, los que sirven para denotar variables, conectivos lógicos y cuantificadores. Junto a estos símbolos comunes, cada lenguaje, según su propósito, posee determinados símbolos específicos. Así, el lenguaje de la teoría de conjuntos contiene un símbolo específico para denotar la relación de pertenencia; el lenguaje de la aritmética contiene símbolos que denotan el número 0 y las funciones suma y producto; etc. Los símbolos específicos de cada lenguaje conducen a la noción de *tipo*, de forma que cada uno de los infinitos posibles tipos determina un lenguaje de primer orden, que puede disponer o no de símbolos de función o del símbolo de igualdad. Aunque lenguajes sin igualdad son interesantes para ciertos propósitos, aquí no los introduciremos.

Sin entrar todavía en tecnicismos, de momento sólo diremos que lo característico de los lenguajes de primer orden es que en ellos se permite únicamente construir proposiciones universales y existenciales acerca de los elementos del universo o universos de los que se pretende afirmar algo, pero no acerca de relaciones o funciones entre esos elementos. Esta limitación de los medios expresivos impedirá que en un lenguaje de primer orden puedan describirse adecuadamente determinadas propiedades del universo o universos que se tengan en mente.

1.1. Lenguajes de primer orden con identidad

Definición 1.1.1. *(Tipo)* Un tipo es una cuádrupla $\tau = (\mathbf{C}, \mathbf{F}, \mathbf{R}, \lambda)$, donde $\mathbf{C}$, $\mathbf{F}$ y $\mathbf{R}$ son conjuntos de símbolos y λ es una aplicación de $\mathbf{F} \cup \mathbf{R}$ en $\omega - \{0\}$.

Los elementos de $\mathbf{C}$ se denominarán *símbolos de constante*; los elementos f de $\mathbf{F}$ tales que $\lambda(f) = n$ se denominarán *símbolos de función n-aria*; los elementos P de $\mathbf{R}$ tales que $\lambda(P) = n$ se denominarán *símbolos de relación n-aria*. Si el conjunto de símbolos $\mathbf{C} \cup \mathbf{F} \cup \mathbf{R}$ es numerable, se dirá que el tipo es *numerable*.

Ejemplo 1.1.2.

[**a**] Un posible tipo del lenguaje de la aritmética, con símbolos específicos para denotar la constante *cero*, las funciones *sucesor*, *suma* y *producto*, y la relación *igual o menor*, es:

$$\tau = (\{0\},\ \{s,\ +,\ \times\},\ \{\leq\},\ \lambda),$$

donde:

$$\lambda(s) = 1, \quad \lambda(+) = \lambda(\times) = \lambda(\leq) = 2.$$

[**b**] El tipo habitual de la teoría de conjuntos es $(\emptyset,\ \emptyset,\ \{\epsilon\},\ \lambda)$, con $\lambda(\epsilon) = 2$.

Observación 1.1.3. Identificando constantes con funciones de cero argumentos, un tipo puede también ser identificado con un par de funciones. Por ejemplo, el tipo de la aritmética sería:

$$(\{(0,0),\ (s,1),\ (+,2),\ (\times,2)\};\ \{(\leq,2)\}),$$

y el de la teoría de conjuntos:

$(\emptyset;\ \{(\epsilon,2)\})$ (cfr. [**Prestel**, 1986]).

Otra posibilidad aún más simple sería identificar esos tipos, respectivamente, con las palabras:

$(0,1,2,2;2)$ y $(\ ;2)$ (cfr. [**Ebbinghaus** *et al.*, 1985]).

Definición 1.1.4. *(VAR) VAR* es el conjunto infinito de símbolos $\{x_0,\ x_1,\ x_2, \ldots\}$, y sus elementos se denominarán *variables*.

Nomenclatura 1.1.5. $x,\ y,\ z,\ u,\ v, \ldots,\ a,\ b,\ c, \ldots,\ f,\ g,\ h, \ldots,\ P,\ Q,\ R,\ S, \ldots$ denotarán, respectivamente, variables, constantes, funciones y relaciones.

Sea $\tau = (\mathbf{C},\ \mathbf{F},\ \mathbf{R},\ \lambda)$ un tipo.

Definición 1.1.6. *(Términos)* T^τ es el menor conjunto de sucesiones finitas de símbolos tal que:

[**a**] $\mathbf{C} \subseteq T^\tau$,

[**b**] *VAR* $\subseteq T^\tau$,

[**c**] Si $f \in \mathbf{F}$ y $\lambda(f) = n$ y $t_1, t_2, \ldots, t_n \in T^\tau$, entonces $f\, t_1\, t_2 \ldots t_n \in T^\tau$.

Los elementos de T^τ se denominarán *términos*.

Nomenclatura 1.1.7. De acuerdo con la práctica habitual, si f es un símbolo de función binaria, se podrá escribir $(t_1\, f\, t_2)$, o, si la omisión de los paréntesis no entraña ambigüedad, $t_1\, f\, t_2$, en vez de $f\, t_1\, t_2$.

Por ejemplo, en el lenguaje de la aritmética se escribirá $(x + y) \times (x + z)$ en vez de $\times + x\, y + x\, z$ (cfr. Definición 1.1.6.).

Definición 1.1.8. *(Símbolos lógicos primitivos)* Los elementos del conjunto $\mathbf{S} = \{\neg, \rightarrow, \exists\}$, respectivamente denominados *negación*, *implicación* y *cuantificador existencial*, se denominarán símbolos lógicos primitivos. El signo $\doteq$ se denominará *símbolo de igualdad.*

Sea $\tau = (\mathbf{C}, \mathbf{F}, \mathbf{R}, \lambda)$ un tipo.

Definición 1.1.9. *(Fórmula, Fórmula elemental)* F^τ es el menor conjunto de sucesiones finitas de símbolos de $\mathbf{C} \cup \mathbf{F} \cup \mathbf{R} \cup VAR \cup \mathbf{S}$, tal que:

[**a**] Si $t, t' \in T^\tau$, entonces $t \doteq t' \in F^\tau$.

[**b**] Si $P \in \mathbf{R}$ y $\lambda(P) = n$ y $t_1, t_2, \ldots, t_n \in T^\tau$, entonces $P\, t_1\, t_2 \ldots t_n \in F^\tau$.

[**c**] Si $\alpha \in F^\tau$, entonces $\neg\, \alpha \in F^\tau$.

[**d**] Si $\alpha, \beta \in F^\tau$, entonces $\rightarrow\, \alpha\, \beta \in F^\tau$.

[**e**] Si $\alpha \in F^\tau$, entonces $\exists x_i\, \alpha \in F^\tau$ para toda variable x_i.

Los elementos de F^τ se denominarán τ-fórmulas o simplemente fórmulas. Las fórmulas definidas por [**a**] y [**b**] no tienen símbolos lógicos y se denominarán *elementales.*

Observación 1.1.10. El símbolo "$\doteq$" *(igualdad)* es distinto de "=" (igualdad en el metalenguaje), que, según el contexto, tiene significaciones muy diversas.

Nomenclatura 1.1.11. De acuerdo con la práctica habitual se escribirá $(\alpha \rightarrow \beta)$, o, si la omisión de los paréntesis no entraña ambigüedad, $\alpha \rightarrow \beta$, en vez de $\rightarrow \alpha\, \beta$. Por otra parte, si R es un símbolo de relación binaria, se podrá escribir $(t\, R\, t')$ o $t\, R\, t'$ en vez de $R\, t\, t'$; asimismo, se escribirá $(t \neq t')$ en vez de $\neg\, (t \doteq t')$. Por ejemplo, se escribirá $\neg\, (x \leq z)$ en vez de $\neg \leq x\, z$, pero $x \leq z$ en vez de $(x \leq z)$.

Abreviaturas 1.1.12. *(Símbolos lógicos definidos)* Se escribirá:

$(\alpha \vee \beta)$ en vez de $(\neg\, \alpha \rightarrow \beta)$.

$(\alpha \wedge \beta)$ en vez de $\neg\, (\alpha \rightarrow \neg\, \beta)$.

$(\alpha \leftrightarrow \beta)$ en vez de $((\alpha \rightarrow \beta) \wedge (\beta \rightarrow \alpha))$.

$\forall x\, \alpha$ en vez de $\neg\, \exists x\, \neg\, \alpha$.

$(\alpha \vee \beta \vee \delta)$ en vez de $(\alpha \vee (\beta \vee \delta))$.

$(\alpha \wedge \beta \wedge \delta)$ en vez de $(\alpha \wedge (\beta \wedge \delta))$.

Los símbolos $\vee$, $\wedge$, $\leftrightarrow$, $\forall$ se denominarán, respectivamente, *disjunción*, *conjunción*, *doble implicación* y *cuantificador universal.*

Definición 1.1.13. *(Subfórmula)* El conjunto $Sub(\alpha)$ de las subfórmulas de una fórmula α se define por inducción sobre el número de los símbolos lógicos de α mediante las igualdades:

[1] Si α es una fórmula elemental, $Sub(\alpha) = \{\alpha\}$.

[2] $Sub(\neg\beta) = \{\neg\beta\} \cup Sub(\beta)$.

[3] $Sub(\beta \rightarrow \gamma) = \{\beta \rightarrow \gamma\} \cup Sub(\beta) \cup Sub(\gamma)$.

[4] $Sub(\exists x\, \beta) = \{\exists x\, \beta\} \cup Sub(\beta)$.

Ejemplo 1.1.14. El conjunto de las subfórmulas de $\forall x\,(Pxy \wedge \exists y\, Qyx)$, abreviatura de $\neg\exists x \neg\neg(Pxy \rightarrow \neg\exists y\, Qyx)$, consta de las fórmulas de la siguiente lista:

$\neg\exists x \neg\neg(Pxy \rightarrow \neg\exists y\, Qyx)$,
$\exists x \neg\neg(Pxy \rightarrow \neg\exists y\, Qyx)$,
$\neg\neg(Pxy \rightarrow \neg\exists y\, Qyx)$,
$\neg(Pxy \rightarrow \neg\exists y\, Qyx)$,
$Pxy \rightarrow \neg\exists y\, Qyx$,
Pxy,
$\neg\exists y\, Qyx$,
$\exists y\, Qyx$,
Qyx.

Sea $var(\alpha)$ el conjunto de los símbolos de variable de la fórmula α.

Definición 1.1.15. *(Aparición libre)* Una aparición de una variable u en una fórmula α está libre si no cae bajo el dominio de un cuantificador, *i.e.*, si no está en una subfórmula de α del tipo $\exists u\, \beta$.

Definición 1.1.16. *(Variables libres)* $lbr(\alpha)$ es el conjunto de las variables con alguna aparición libre en α, *i.e.*, el subconjunto de $var(\alpha)$ definido por inducción sobre el número de símbolos lógicos de α mediante las igualdades:

$$\begin{aligned}
lbr(t = t') &= var(t = t'),\\
lbr(R\,t_1\,t_2 \ldots t_n) &= var(R\,t_1\,t_2 \ldots t_n),\\
lbr(\neg\beta) &= lbr(\beta),\\
lbr(\beta \rightarrow \gamma) &= lbr(\beta) \cup lbr(\gamma),\\
lbr(\exists x_i\, \beta) &= lbr(\beta) - \{x_i\}.
\end{aligned}$$

Los elementos de $lbr(\alpha)$ se denominarán *variables libres de* α. De la definición se sigue:

$$lbr(\beta \wedge \gamma) = lbr(\beta) \cup lbr(\gamma),$$
$$lbr(\beta \vee \gamma) = lbr(\beta) \cup lbr(\gamma),$$
$$lbr(\forall x_i\, \beta) = lbr(\beta) - \{x_i\}.$$

Definición 1.1.17. *(Variable ligada)* Una aparición de una variable u en una fórmula α está ligada si cae bajo el dominio de un cuantificador, *i.e.*, si está en una subfórmula de α del tipo $\exists u\, \beta$.

Definición 1.1.18. $lig(\alpha)$ es el subconjunto de $var(\alpha)$ definido por inducción sobre el número de símbolos lógicos de α mediante las igualdades:

$$lig(t = t') = \emptyset,$$
$$lig(R\, t_1\, t_2 \ldots t_n) = \emptyset,$$
$$lig(\neg\, \beta) = lig(\beta),$$
$$lig(\beta \rightarrow \gamma) = lig(\beta) \cup lig(\gamma),$$
$$lig(\exists x_i\, \beta) = lig(\beta) \cup \{x_i\}.$$

Los elementos de $lig(\alpha)$ se denominarán *variables ligadas de* α. De la definición se sigue:

$$lig(\beta \wedge \gamma) = lig(\beta) \cup lig(\gamma),$$
$$lig(\beta \vee \gamma) = lig(\beta) \cup lig(\gamma),$$
$$lig(\forall x_i\, \beta) = lig(\beta) \cup \{x_i\}.$$

Ejemplo 1.1.19. Si $\alpha \overset{df}{=} \forall z\, (\forall x\, Pxyz \rightarrow \exists y\, Pxyz)$, entonces $lbr(\alpha) = \{x, y\}$ y $lig(\alpha) = \{x, y, z\}$.

Definición 1.1.20. *(Fórmula cerrada)* Una fórmula α es cerrada si $lbr(\alpha) = \emptyset$.

Definición 1.1.21. *(Lenguaje)* El lenguaje L^τ es el conjunto de fórmulas cerradas de F^τ, *i.e.*:

$$L^\tau = \{\alpha \in F^\tau : lbr(\alpha) = \emptyset\}.$$

Sea α una fórmula tal que $lbr(\alpha) = \{x_i, x_j, \ldots, x_k\}$, con $i < j < \ldots < k$.

Definición 1.1.22. *(Cierre universal)*

[1] El cierre universal de α, que será denotado por $\overline{\alpha}$, es la fórmula $\forall x_i\, \forall x_j \ldots \forall x_k\, \alpha$.

[2] Si Φ es un conjunto de fórmulas, su cierre universal es el conjunto $\overline{\Phi} = \{\overline{\alpha} : \alpha \in \Phi\}$.

1.2. Sustituciones

La noción de *sustitución en una fórmula de una variable libre por un término*, pese a su escaso contenido matemático, desempeña un considerable papel en la prueba del teorema de completitud. Aunque en la práctica matemática no plantea problemas, su definición rigurosa conlleva necesariamente cierto engorro, y obliga a introducir la noción de variante.

Si α, x y t son, respectivamente, una fórmula, una variable y un término, se pretende definir $[\alpha]_x^t$ como una fórmula que afirme de t lo mismo que α afirma de x. Para conseguir esto, lo natural sería, por ejemplo, que se verificase:

$$[\exists z\,(x \neq z)]_x^y \stackrel{df}{=} \exists z\,(y \neq z),$$

con lo que $[\exists z\,(x \neq z)]_x^y$ sería simplemente el resultado de sustituir en $\exists z\,(x \neq z)$ cada aparición libre de la variable x por y. Sin embargo, no cabe esperar una definición tan simple de sustitución, ya que, por ejemplo, no sería razonable que se verificase:

$$[\exists z\,(x \neq z)]_x^z \stackrel{df}{=} \exists z\,(z \neq z),$$

ya que la fórmula $\exists z\,(x \neq z)$ afirma que x no es el único elemento, mientras que $\exists z\,(z \neq z)$ afirma algo imposible. De la definición de sustitución que se dará al final de este capítulo se seguirá:

$$[\exists z\,(x \neq z)]_x^z \stackrel{df}{=} \exists y\,(z \neq y),$$

lo que resulta acorde con nuestro propósito, al afirmar $\exists y\,(z \neq y)$ que z no es el único elemento. Pero, para que se verifique la última identidad, que conlleva un cambio de la variable ligada z por una nueva variable y, la definición de sustitución tendrá que tener inevitablemente un cierto grado de sofisticación.

Sean u, t, t_0, respectivamente, una variable y dos términos.

Definición 1.2.1. *(Sustitución en un término de una variable por un término)* Se denotará por $[t_0]_u^t$ el término que resulta de sustituir en t_0 cada aparición de la variable u por el término t.

Equivalentemente, $[t_0]_u^t$ puede ser definido por inducción sobre el número de símbolos de función de t_0 de la siguiente forma:

$$[x_i]_u^t = \begin{cases} x_i & \text{si } u \neq x_i \\ t & \text{si } u = x_i\,, \end{cases}$$

$$[c]_u^t = c,$$

$$[f\,t_1\,t_2 \ldots t_n]_u^t \;=\; f[t_1]_u^t\,[t_2]_u^t \ldots [t_n]_u^t.$$

Sean α, u y t, respectivamente, una fórmula, una variable y un término.

Definición 1.2.2. *(Sustitución en una fórmula de una variable libre por un término).* Se denotará por $[\alpha]^t_u$ la fórmula definida por inducción sobre el número de símbolos lógicos de α de la siguiente forma:

$$[t_1 = t_2]^t_u \;=\; [t_1]^t_u = [t_2]^t_u\,,$$

$$[P\,t_1\,t_2 \ldots t_n]^t_u \;=\; P\,[t_1]^t_u\,[t_2]^t_u \ldots [t_n]^t_u\,,$$

$$[\neg\,\beta]^t_u \;=\; \neg\,[\beta]^t_u,$$

$$[\beta \to \gamma]^t_u \;=\; [\beta]^t_u \to [\gamma]^t_u\,,$$

$$[\exists v\,\beta]^t_u \;=\; \begin{cases} \exists v\,\beta & \text{si } u = v \\ \exists v\,[\beta]^t_u & \text{si } v \notin var(t) \\ \exists w\;[[\beta]^w_v]^t_u & \text{en los demás casos,} \end{cases}$$

donde w es la primera variable distinta de u que no está ni en β ni en t. De la definición se sigue:

$$[\beta \,\wedge\, \gamma]^t_u \;=\; [\beta]^t_u \,\wedge\, [\gamma]^t_u\,,$$

$$[\beta \,\vee\, \gamma]^t_u \;=\; [\beta]^t_u \,\vee\, [\gamma]^t_u\,,$$

$$[\forall v\,\beta]^t_u \;=\; \begin{cases} \forall v\,\beta & \text{si } u = v \\ \forall v\,[\beta]^t_u & \text{si } v \notin var(t) \\ \forall w\;[[\beta]^w_v]^t_u & \text{en los demás casos,} \end{cases}$$

donde w es la primera variable distinta de u que no está ni en β ni en t.

Sean x, y, z, u, v, w abreviaturas de $x_0, x_1, \ldots, x_5$.

Ejemplo 1.2.3.

$$[\exists v\,(P\,vx \,\wedge\, \forall x \neg\, Pxx)]^{fxyv}_x \stackrel{df}{=} \exists z\,(P\,z\,fxyv \,\wedge\, \forall x \neg\, Pxx).$$

Ejemplo 1.2.4.

$$[\forall x\, \exists y\,(x \neq y \,\wedge\, R\,xyz)]^{fxyz}_z \stackrel{df}{=} \forall u\,[\exists y\,(u \neq y \,\wedge\, R\,uyz)]^{fxyz}_z$$
$$\stackrel{df}{=} \forall u\,\exists v\,[(u \neq v \,\wedge\, R\,uvz)]^{fxyz}_z \stackrel{df}{=} \forall u\,\exists v\,(u \neq v \,\wedge\, R\,uv\,fxyz).$$

Ejercicio 1.2.5. Hallar:

$$[\forall z\,(\forall x\, Pzux \to \exists y\, Puyx)]^{fxyzu}_x.$$

Solución:

$$[\forall z\,(\forall x\,Pzux \to \exists y\,Puyx)]_x^{fxyzu} \stackrel{df}{=} \forall v\,[(\forall x\,Pvux \to \exists y\,Puyx)]_x^{fxyzu}$$

$$\stackrel{df}{=} \forall v\,([\forall x\,Pvux]_x^{fxyzu} \to [\exists y\,Puyx]_x^{fxyzu})$$

$$\stackrel{df}{=} \forall v\,(\forall x\,Pvux \to \exists v\,[Puvx]_x^{fxyzu})$$

$$\stackrel{df}{=} \forall v\,(\forall x\,Pvux \to \exists v\,Puvfxyzu).$$

Obsérvese que en la fórmula anterior la última aparición de la variable v cae bajo el dominio de dos cuantificadores, lo que no está en contradicción con 1.1.9. [**e**].

Notación 1.2.6.

[1] Se prescindirá de corchetes y paréntesis innecesarios, con lo que, por ejemplo, se escribirá α_x^t en vez de $[\alpha]_x^t$.

[2] $\exists!\,u\,\alpha$ es una abreviatura de $\exists u\,(\alpha \wedge \forall v\,(\alpha_u^v \to u = v))$, donde v es la primera variable distinta de u que no está en α. Aunque todavía no se han introducido nociones semánticas, es claro que se pretende que $\exists!\,u\,\alpha$ exprese: *existe exactamente un elemento que verifica* α.

[3] Si $lib(\phi) = \{z_1, z_2, \ldots, z_k\}$, en ocasiones se escribirá $\phi(z_1, z_2, \ldots, z_k)$ en vez de ϕ.

Observación 1.2.7. También podría haberse considerado $\exists!\,u\,\alpha$ como una abreviatura de $\exists u\,\forall v\,(\alpha_u^v \leftrightarrow u = v)$, pero esa definición tendría ciertas desventajas técnicas (cfr. Observación 5.9.).

Ejercicio 1.2.8. Demostrar que si la variable u no está en la fórmula α, entonces:

$$[\alpha_x^u]_u^x \equiv \alpha,$$

donde el símbolo metalingüístico $\equiv$ denota la identidad de dos sucesiones de símbolos.

Es de observar que la condición de que u no esté en α es imprescindible, ya que, por ejemplo:

$$[[\exists u\,(Rxu)]_x^u]_u^x \stackrel{df}{=} [\exists y\,Ruy]_u^x \stackrel{df}{=} \exists y\,Rxy.$$

Definición 1.2.9. *(Variante)* β es una variante de α si existe una sucesión de fórmulas $\gamma_0, \gamma_1, \ldots, \gamma_n$ tales que:

[1] γ_0 es igual a α.

[2] γ_n es igual a β.

[3] Cada una de las fórmulas γ_{i+1} se obtiene a partir de γ_i reemplazando una subfórmula del tipo $\exists u\,\delta$ por $\exists v\,\delta_u^v$, donde v es una variable que no está en γ_i.

Ejemplo 1.2.10. $\forall y\,(\exists z Pzv \rightarrow \forall x Qxy)$ es una variante de $\forall x(\exists y Pyv \rightarrow \forall z Qzx)$, como prueba la siguiente sucesión de fórmulas:

$$\forall x\,(\exists y\, Pyv \rightarrow \forall z\, Qzx),$$
$$\forall u\,(\exists y\, Pyv \rightarrow \forall z\, Qzu),$$
$$\forall u\,(\exists y\, Pyv \rightarrow \forall x\, Qxu),$$
$$\forall u\,(\exists z\, Pzv \rightarrow \forall x\, Qxu),$$
$$\forall y\,(\exists z\, Pzv \rightarrow \forall x\, Qxy).$$

Observación 1.2.11.

[1] La definición de variante permanece inalterada si, bajo las mismas hipótesis, se permiten reemplazamientos de una subfórmula del tipo $\forall u\, \delta$ por $\forall v\, \delta^v_u$.

[2] Una variable está libre en una fórmula si y sólo si está libre en cualquiera de sus variantes.

[3] Una fórmula tiene los mismos símbolos lógicos que cualquiera de sus variantes.

[4] La relación a que da lugar la noción de variante no es simétrica, pues, p. e., $\forall y\, \exists x\, Px$ es una variante de $\forall y\, \exists y\, Py$, pero no al revés.

Ejercicio 1.2.12. Sean x, y, z, u, v, w abreviaturas de x_0, $x_1, \ldots, x_5$ y sea

$$\alpha \overset{df}{=} \forall z\,(\exists x\, Pzux \rightarrow \forall x\, Pzyx).$$

Hallar la primera variante alfabética de α, cuyas variables ligadas sean distintas entre sí y distintas también de las variables libres.

Solución:

$$\forall x\,(\exists z\, Pxuz \rightarrow \forall v\, Pxyv).$$

2 SIMBOLIZACIÓN

Ejercicio 2.1. Sea $\mathfrak{G}$ el grafo con seis elementos representado en la Figura 2.1:

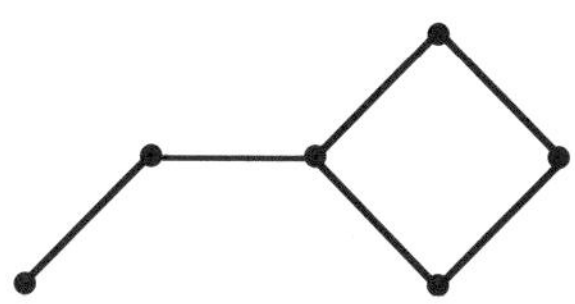

Figura 2.1

Denotando por L la relación de *conexión directa* entre dos elementos, expresar: [1] *El grafo consta exactamente de seis elementos.* [2] *Todo elemento está directamente relacionado con algún otro.* [3] *El grafo es conexo.* [4] *Hay un único elemento que está relacionado con otros tres.*

Solución:

[1] $\exists x\,\exists y\,\exists z\,\exists u\,\exists v\,\exists w\,(x \neq y \;\wedge\; \ldots \;\wedge\; x \neq w \;\wedge\; y \neq z \;\wedge\; \ldots \;\wedge\; v \neq w$
$\wedge\; \forall s\,(s = x \;\vee\; s = y \;\vee\; s = z \;\vee\; s = u \;\vee\; s = v \;\vee\; s = w)).$

[2] $\forall x\,\exists y\, Lxy.$

[3] $\forall x\,\forall y\,(x = y \;\vee\; Lxy \;\vee\; \exists u\,(Lxu \;\wedge\; Luy) \;\vee\; \exists u\,\exists v\,(Lxu \;\wedge\; Luv \;\wedge\; Lvy)$
$\vee\; \exists u\,\exists v\,\exists w\,(Lxu \;\wedge\; Luv \;\wedge\; Lvw \;\wedge\; Lwy)).$

[4] $\exists! x\,\exists u\,\exists v\,\exists w\,(u \neq v \;\wedge\; u \neq w \;\wedge\; v \neq w \;\wedge\; Lxu \;\wedge\; Lxv \;\wedge\; Lxw).$

Ejercicio 2.2. *(descendiente, varón, vivo)* Consideramos la estructura formada por el conjunto de los seres humanos, la relación *ser descendiente de* y las propiedades *ser varón* y *estar vivo*, que se denotarán, respectivamente, por D, M y V.

[1] Definir las relaciones *ser antepasado de*, *ser hijo/a de*, *ser nieto/a de*, *ser bisnieto/a de*.

[2] Definir las funciones *el padre de* y *la madre de*, las relaciones *ser hermano/a de*, *ser primo/a de*, *ser tío/a de*, y la propiedad *ser huérfano*.

[3] Simbolizar las proposiciones: [a] *Nadie es hijo de un primo.* [b] *Nadie desciende de un descendiente suyo.* [c] *Nadie tiene ocho bisabuelos vivos.* [d] *El que tiene una prima tiene al menos un tío.* [e] *El que tiene algún tío con alguna hija tiene alguna prima.* [f] *El que tiene una hermana huérfana es también huérfano.* [g] *Alguien no tiene antepasados vivos.*

Es obvio que para que la relación de paternidad dé lugar a una función hay que suponer que el universo es infinito, al no existir ningún ser humano sin padre.

Solución:

[1] $Axy \overset{df}{=} Dyx.$

$Hxy \overset{df}{=} (Dxy \wedge \neg \exists z\,(Dxz \wedge Dzy)).$

$Nxy \overset{df}{=} \exists z\,(Hxz \wedge Hzy).$

$Gxy \overset{df}{=} \exists z\,(Nxz \wedge Hzy).$

[2] $px = y \overset{df}{=} (Hxy \wedge My).$

$mx = y \overset{df}{=} (Hxy \wedge \neg My).$

$Fxy \overset{df}{=} (x \neq y \wedge px = py \wedge mx = my).$

$Pxy \overset{df}{=} (F\,px\,py \vee F\,px\,my \vee F\,mx\,py \vee F\,mx\,my).$

$Txy \overset{df}{=} (Fx\,py \vee Fx\,my).$

$Ux \overset{df}{=} (\neg V\,px \wedge \neg V\,mx).$

[3] [a] $\neg \exists x\, \exists y\,(Hxy \wedge Pxy).$

[b] $\neg \exists x\, \exists y\,(Dxy \wedge Dyx).$

[c] $\neg \exists x\, \exists y_1\, \exists y_2 \ldots \exists y_8\,(y_1 \neq y_2 \wedge \ldots \wedge y_7 \neq y_8 \wedge$

$Gxy_1 \wedge \ldots \wedge Gxy_8 \wedge Vy_1 \wedge \ldots \wedge Vy_8).$

[d] $\forall x\,(\exists y\,(Pxy \wedge \neg My) \to \exists u\, Tux).$

[e] $\forall x\,(\exists y\, \exists z\,(Tyx \wedge Hzy \wedge \neg Mz) \to \exists u\,(Pxu \wedge \neg Mu)).$

[f] $\forall x\,(\exists y\,(Fxy \wedge \neg My \wedge Uy) \to Ux).$

[g] $\exists x\, \forall y\,(Dxy \to \neg Vy).$

Ejercicio 2.3. *(profesor, estudiante, asignatura, aula)* (cfr. [**Kalish-Montague**, 1964], Cap. IV, Secc. 4).

Consideramos un universo compuesto por profesores, estudiantes, asignaturas y aulas entre los que está definida una relación cuaternaria, denotada por S, de forma que $Sxyzu$ expresa que el estudiante x cursa la asignatura y con el profesor z en el aula u.

[a] Analizar las siguientes posibles definiciones de las propiedades *ser un estudiante*, *ser un profesor*, *ser una asignatura* y *ser un aula.*

$$Ex \stackrel{df}{=} \exists y\,\exists z\,\exists u\,Sxyzu.$$
$$Ay \stackrel{df}{=} \exists x\,\exists z\,\exists u\,Sxyzu.$$
$$Pz \stackrel{df}{=} \exists x\,\exists y\,\exists u\,Sxyzu.$$
$$Hu \stackrel{df}{=} \exists x\,\exists y\,\exists z\,Sxyzu.$$

[b] Aceptando las tres primeras definiciones anteriores, simbolizar:

[1] Todo estudiante cursa alguna asignatura.

[2] Ninguna asignatura es impartida por dos profesores.

[3] Ningún estudiante cursa todas las asignaturas.

[4] Ningún estudiante cursa todas las asignaturas con el mismo profesor.

[5] Hay un aula en la que sólo explica un profesor.

[6] En ningún aula imparten alguna asignatura todos los profesores.

[7] Cada asignatura es estudiada por algún estudiante con algún profesor.

[8] Hay al menos un estudiante que también es profesor.

[9] Hay más de un profesor con el que todo estudiante estudia alguna asignatura.

[10] Hay un profesor con el que algún estudiante estudia tres asignaturas.

[11] Más de un estudiante sólo cursa asignaturas con un único profesor.

[12] Cualquier estudiante que estudia alguna asignatura consigo mismo es un profesor.

[13] En ningún aula se cursan todas las asignaturas.

[14] Hay alumnos que cursan todas sus asignaturas en la misma aula.

Solución de [1]-[3]:

[1] $\forall x\,(Ex \rightarrow \exists y\,\exists z\,\exists u\,Sxyzu)$.

[2] Si $Ruv \stackrel{df}{=} \exists p \exists q Spvuq$ (el profesor u imparte la asignatura v), entonces puede expresarse [2] mediante lá fórmula:

$$\neg\exists x\,\exists y\,\exists z\,(Px\ \wedge\ Py\ \wedge\ Az\ \wedge\ x \neq y\ \wedge\ R\,x\,z\ \wedge\ R\,y\,z).$$

[3] Si $Txy \stackrel{df}{=} \exists u\, \exists v\, Sxyuv$ (el estudiante x cursa la asignatura y), entonces puede expresarse [3] mediante lá fórmula:

$$\forall x\,(Ex \to \exists y\,(Ay \;\wedge\; \neg\, Txy)).$$

Ejercicio 2.4. *(Conjetura de Goldbach)* Encontrar una fórmula del lenguaje habitual de la aritmética (cfr. Ejemplo 1.1.2.) que exprese que todo número par mayor que 2 es la suma de dos numeros primos.

Solución: En primer lugar definiremos dos nuevos símbolos G y P para denotar las propiedades *ser par* y *ser primo* mediante las fórmulas:

$$Gx \stackrel{df}{=} \exists y\,(x = y + y),$$

$$Px \stackrel{df}{=} (\forall u \forall v\,(u \times v = x \to (u = x \;\vee\; v = x)) \;\wedge\; x \times x \neq x).$$

Con estas definiciones, la expresión buscada podría ser:

$$\forall x\,((Gx \;\wedge\; ss0 < x) \to \exists u\, \exists v\,(Pu \;\wedge\; Pv \;\wedge\; u + v = x)).$$

Ejercicio 2.5. En el lenguaje de la aritmética, encontrar una fórmula que exprese: *el producto de dos números es igual al de su máximo común divisor por su mínimo común múltiplo.*

Solución: Definiendo:

$$x = \dot{y} \stackrel{df}{=} \exists z\,(x = y \cdot z),$$

$$mcm\,(x,\, y,\, z) \stackrel{df}{=} \forall u\,((u = \dot{x} \;\wedge\; u = \dot{y}) \leftrightarrow u = \dot{z}),$$

$$mcd\,(x,\, y,\, z) \stackrel{df}{=} \forall u\,((x = \dot{u} \;\wedge\; y = \dot{u}) \leftrightarrow z = \dot{u}),$$

la fórmula buscada podría ser:

$$\forall x \forall y \forall z \forall w\,((mcm\,(x,\, y,\, z) \;\wedge\; mcd\,(x,\, y,\, w)) \to \; x \cdot y \;=\; z \cdot w).$$

Ejercicio 2.6. En el lenguaje de la teoría de conjuntos, cuyo único símbolo específico $\in$ denota la relación de pertenencia, simbolizar:

[1] Existe un conjunto vacío.

[2] Los conjuntos x e y son disjuntos.

[3] z es la unión de los conjuntos x e y.

[4] El conjunto x tiene al menos tres elementos.

[5] El conjunto x tiene a lo sumo tres elementos.

[6] El conjunto x tiene exactamente tres elementos.

[7] Dos conjuntos son iguales si y sólo si tienen los mismos elementos.

[8] Ningún conjunto es elemento de sí mismo.

[9] Si un conjunto está contenido en otro y éste en un tercero, entonces el primero está contenido en el tercero.

[10] Si dos conjuntos están incluidos en otro, entonces también lo está su unión.

[11] Si un conjunto tiene exactamente dos elementos y otro exactamente tres y ambos son disjuntos, entonces su unión tiene exactamente cinco elementos.

[12] Si un conjunto tiene a lo sumo dos elementos y otro a lo sumo tres, entonces su unión tiene a lo sumo cinco elementos.

Solución: Sea $x \notin y$ una abreviatura de $\neg \in xy$ o de $\neg (x \in y)$.

[1] $\exists x \forall y \, y \notin x$.

[2] $\forall z \, (z \in x \rightarrow z \notin y)$.

[3] $\forall u \, (u \in z \leftrightarrow (u \in x \;\vee\; u \in y))$.

[4] $\exists u \, \exists v \, \exists w \, (u \neq v \;\wedge\; u \neq w \;\wedge\; v \neq w \;\wedge\; u \in x \;\wedge\; v \in x \;\wedge\; w \in x)$.

[5] $\exists u \, \exists v \, \exists w \, \forall z \, (z \in x \leftrightarrow (z = u \;\vee\; z = v \;\vee\; z = w))$.

[6] $\exists u \, \exists v \, \exists w (u \neq v \wedge u \neq w \wedge v \neq w \wedge \forall z (z \in x \leftrightarrow (z = u \vee z = v \vee z = w)))$.

[7] $\forall x \forall y \, (x = y \leftrightarrow \forall z \, (z \in x \leftrightarrow z \in y))$.

[8] $\neg \exists x \; x \in x$.

Para simbolizar [9] definiremos previamente:

$$u \subseteq v \overset{df}{=} \forall w \, (w \in u \rightarrow w \in v).$$

[9] $\forall x \forall y \forall z \, ((x \subseteq y \;\wedge\; y \subseteq z) \rightarrow x \subseteq z)$.

Para simbolizar [10] definiremos previamente:

$$x \cup y \subseteq z \overset{df}{=} \forall u \, ((u \in x \;\vee\; u \in y) \rightarrow u \in z).$$

[10] $\forall x \forall y \forall z \, ((x \subseteq z \;\wedge\; y \subseteq z) \rightarrow x \cup y \subseteq z)$.

Para simbolizar [11] definiremos previamente:

x tiene exactamente n elementos $(n \neq 0)$:

$$\alpha_n(x) \overset{df}{=} \exists x_1 \, \exists x_2 \ldots \exists x_n \, (x_1 \neq x_2 \;\wedge\; \ldots \;\wedge\; x_{n-1} \neq x_n \;\wedge\; \forall z \, (z \in x \leftrightarrow (z = x_1 \;\vee\; \ldots \;\vee\; z = x_n))).$$

$$x \cap y = \emptyset \overset{df}{=} \forall z \, (z \in x \rightarrow z \notin y).$$

$$u = x \cup y \overset{df}{=} \forall v \, (v \in u \leftrightarrow (v \in x \;\vee\; v \in y)).$$

[11] $\forall x \forall y \forall u \, ((\alpha_2(x) \;\wedge\; \alpha_3(y) \;\wedge\; x \cap y = \emptyset \;\wedge\; u = x \cup y) \rightarrow \alpha_5(u))$.

Para simbolizar [12] definiremos previamente:

x tiene a lo sumo n *elementos* $(n \neq 0)$:

$$\beta_n(x) \overset{df}{=} \exists x_1 \exists x_2 \ldots \exists x_n \forall z \, (z \in x \leftrightarrow (z = x_1 \ \lor \ \ldots \ \lor \ z = x_n)).$$

[12] $\forall x \forall y \forall u \, ((\beta_2(x) \ \land \ \beta_3(y) \ \land \ u = x \cup y) \to \beta_5(u)).$

Ejercicio 2.7. *(5º axioma de Euclides)* Definir un lenguaje adecuado para simbolizar: "Por un punto exterior a una recta pasa una paralela a ella y sólo una".

Solución: Utilizando los símbolos P y R para denotar las propiedades *ser un punto* y *ser una recta*, y el símbolo de relación binaria I para denotar la relación de incidencia *estar sobre*, introduciremos un nuevo símbolo de relación binaria L, de forma que Lyz exprese que y y z *son rectas paralelas*, lo que puede hacerse mediante la definición (de acuerdo con la cual una recta no es paralela a sí misma):

$$Lyz \overset{df}{=} Ry \ \land \ Rz \ \land \neg \exists u (Pu \ \land \ Iuy \ \land \ Iuz).$$

Con ello, la proposición buscada podría ser:

$$\forall x \forall y \, ((Px \ \land \ Ry \ \land \neg Ixy) \to \exists! \, z \, (Rz \ \land \ Ixz \ \land \ Lyz)).$$

Otra posibilidad es utilizar un lenguaje con el único símbolo de relación I, y definir P y R mediante las equivalencias:

$$Px \overset{df}{=} \exists y \, Ixy,$$

$$Ry \overset{df}{=} \exists x \, Ixy.$$

Observación 2.8. Es posible ampliar el lenguaje con el que hablamos de una estructura o en el que formulamos una teoría matemática (término aún indefinido) introduciendo nuevos símbolos de relación, nuevos símbolos de función o nuevos símbolos de constante. Dada una fórmula con n variables libres $\delta(z_1, z_2, \ldots, z_n)$ siempre podemos enriquecer el lenguaje con un nuevo símbolo de relación n-aria R mediante la abreviatura:

$$R z_1 z_2 \ldots z_n \overset{df}{=} \delta(z_1, z_2, \ldots, z_n).$$

Por su parte, dada una fórmula con $n+1$ variables libres $\gamma(z_1, z_2, \ldots, z_n, y)$, para que sea posible introducir un nuevo símbolo de función n-aria f mediante la abreviatura:

$$f z_1 z_2 \ldots z_n = y \ \overset{df}{=} \ \gamma(z_1, z_2, \ldots, z_n, y),$$

es necesario que en la estructura se verifique (noción aún indefinida) o que en la teoría sea un teorema la fórmula:

$$\forall z_1 \forall z_2 \ldots \forall z_n \exists! \, y \, \gamma(z_1, z_2, \ldots, z_n, y).$$

Análogamente, dada una fórmula $\kappa(x)$ con una única variable libre, la introducción de un nuevo símbolo de constante m mediante la abreviatura:

$$m = x \overset{df}{=} \kappa(x),$$

exige que en la estructura se verifique, o que en la teoría sea un teorema, la fórmula:

$$\exists!\, x\, \kappa(x).$$

Así pues, las constantes se comportan como funciones de cero argumentos, con las que a veces se identifican.

Una vez introducido un nuevo símbolo de función n-aria f (y análogamente de constante), una expresión tal como:

$$\epsilon(u,\ v,\ fy_1\, y_2 \ldots y_n),$$

debe concebirse como una abreviatura de:

$$\exists\, w\, (fy_1\, y_2 \ldots y_n\ =\ w\ \wedge\ \epsilon(u,\ v, w)),$$

lo que ya ha sido definido.

3 MODELOS

Sea τ = (**C**, **F**, **R**, λ) un tipo.

Definición 3.1. *(τ-estructura)* Una τ-estructura es un par $\mathfrak{A} = (A, \mathfrak{a})$ tal que:

[**1**] A es un universo no vacío.

[**2**] Para cada símbolo de constante c de **C**, $\mathfrak{a}(c)$ es un elemento de A.

[**3**] Para cada símbolo de función $f \in \mathbf{F}$ con n argumentos, $\mathfrak{a}$(f) es una aplicación de A^n en A.

[**4**] Para cada símbolo de relación $R \in \mathbf{R}$ con n argumentos, $\mathfrak{a}$(R) es un subconjunto de A^n.

Habitualmente, escribiremos c^A, f^A y R^A, en vez de $\mathfrak{a}(c)$, $\mathfrak{a}(f)$ y $\mathfrak{a}(R)$, y si los símbolos específicos de τ son $c_0, \ldots, c_i$, $f_0, \ldots, f_j$, $R_0, \ldots, R_k$, frecuentemente se escribirá:

$$\mathfrak{A} = (A,\, c_0^A,\, \ldots,\, c_i^A,\, f_0^A,\, \ldots,\, f_j^A,\, R_0^A,\, \ldots,\, R_k^A)$$

en vez de $\mathfrak{A} = (A, \mathfrak{a})$ (cfr. [**Ebbinghaus** *et al.*, 1985]).

En el apartado [1] de la definición se ha preferido el término no técnico *universo* al de *conjunto* (más habitual), para evitar el problema que plantean los modelos de la teoría de conjuntos, cuyo universo no es un conjunto. Allí los conjuntos son los elementos del universo. Por esa razón, los términos función y relación introducidos en [3] y [4], no deben entenderse en el sentido técnico de la teoría de conjuntos.

Definición 3.2. *(Valoración)* Una valoración en la estructura $\mathfrak{A}$ es una aplicación del conjunto *VAR* (*i.e.*, $\{x_0, x_1, x_2, \ldots\}$) en el universo de $\mathfrak{A}$.

Sea v una valoración en la estructura $\mathfrak{A}$ de universo A y sean z y a, respectivamente, un símbolo de variable y un elemento de A.

Definición 3.3. (v_z^a) Se denotará por v_z^a la valoración en $\mathfrak{A}$ tal que para todo $u \in VAR$:

$$v_z^a(u) = \begin{cases} a & \text{si } u = z \\ v(u) & \text{si } u \neq z. \end{cases}$$

Definición 3.4. *(τ-interpretación)* Una τ-interpretación es un par $\mathfrak{I} = (\mathfrak{A}, v)$ donde $\mathfrak{A}$ es una τ-estructura y v una valoración en $\mathfrak{A}$.

Así pues, de acuerdo con la Definición 3.1., una τ-interpretación es un triple $(A, \mathfrak{a}, v)$, en el que A será denominado *universo de la interpretación.*

Sean $\mathfrak{A}$, v, z y a como en la Definición 3.3., y sea $\mathfrak{I}$ la interpretación $(\mathfrak{A}, v)$.

Definición 3.5. ($\mathfrak{I}_z^a$) Se denotará por $\mathfrak{I}_z^a$ la τ-interpretación $(\mathfrak{A}, v_z^a)$.

Definición 3.6. *(Valor de un término en una interpretación)* Una τ- interpretación $\mathfrak{I} = (\mathfrak{A}, v)$ determina una aplicación del conjunto de términos T^τ en el universo de $\mathfrak{A}$, definida por inducción sobre el número de símbolos de función de un término, mediante las identidades:

$\mathfrak{I}(x_i) = v(x_i)$, para todo símbolo de variable x_i.

$\mathfrak{I}(c) = c^A$, para todo símbolo de constante $c \in \mathbf{C}$.

$\mathfrak{I}(f\, t_1\, t_2 \ldots t_n) = f^A(\mathfrak{I}(t_1), \mathfrak{I}(t_2), \ldots, \mathfrak{I}(t_n))$.

El elemento $\mathfrak{I}(t)$ del universo de la interpretación $\mathfrak{I}$ se denominará valor de t en la interpretación.

Ejemplo 3.7. Sean:

ω : conjunto de los números naturales,

$+^\omega$: función suma,

$\times^\omega$: función producto,

$\mathfrak{A} = (\omega, +^\omega, \times^\omega)$,

v : valoración en ω tal que $v(x_i) = 2\,i$,

$\mathfrak{I} = (\mathfrak{A}, v)$,

$t = (x_1 + x_3) \times (x_2 + x_4)$.

Entonces:

$\mathfrak{I}(t) = (2 +^\omega 6) \times^\omega (4 +^\omega 8) = 96$.

La validez de una fórmula $\alpha \in F^\tau$ en la τ-interpretación $\mathfrak{I} = (\mathfrak{A}, v)$ de universo A, que será denotada por $\mathfrak{I} \models \alpha$ ($\mathfrak{I} \not\models \alpha$ denotará que no se verifica

$\mathfrak{I} \models \alpha$), se definirá por inducción sobre el número de símbolos lógicos de α de la siguiente forma:

Definición 3.8. *(Validez de una fórmula en una interpretación)*

$$\mathfrak{I} \models t \doteq t' \iff \mathfrak{I}(t) = \mathfrak{I}(t').$$

$$\mathfrak{I} \models R\,t_1\,t_2 \ldots t_n \iff (\mathfrak{I}(t_1),\, \mathfrak{I}(t_2),\, \ldots,\, \mathfrak{I}(t_n)) \in R^A.$$

$$\mathfrak{I} \models \neg\beta \iff \mathfrak{I} \not\models \beta.$$

$$\mathfrak{I} \models (\beta \to \gamma) \iff \mathfrak{I} \not\models \beta \text{ ó } \mathfrak{I} \models \gamma.$$

$$\mathfrak{I} \models \exists x \beta \iff \text{existe } a \in A : \mathfrak{I}^a_x \models \beta.$$

Ejemplo 3.9.

[1] Si P es un símbolo de relación monaria, $\mathfrak{A}$ es la estructura $(A,\ P^A)$, v es una valoración cualquiera e $\mathfrak{I}$ es la interpretación $(\mathfrak{A}, v)$, entonces:

$$\begin{aligned} \mathfrak{I} \models \exists x\, P\,x &\iff \text{existe } a \in A : \mathfrak{I}^a_x \models P\,x \\ &\iff \text{existe } a \in A : (\mathfrak{A},\ v^a_x) \models P\,x \\ &\iff \text{existe } a \in A :\ v^a_x(x) \in P^A \\ &\iff \text{existe } a \in A :\ a \in P^A. \end{aligned}$$

[2] Sean:

$$A = \{0,\ 1,\ 2\},$$

$$<^A = \{(2,1),\ (2,\ 0),\ (1,\ 0)\},$$

$$\mathfrak{A} = (A,\ <^A),$$

$$\beta \overset{df}{=} \exists x\, (x < y),$$

y sean $u,\ v,\ w$ valoraciones en A tales que:

$$u(y) = 0, \quad v(y) = 1, \quad w(y) = 2.$$

Claramente se tiene:

$(\mathfrak{A}, u) \models \beta$, ya que $(\mathfrak{A},\ u^2_x) \models x < y$

$(\mathfrak{A}, v) \models \beta$, ya que $(\mathfrak{A},\ v^2_x) \models x < y$

$(\mathfrak{A}, w) \not\models \beta$, ya que $(\mathfrak{A}, w^0_x) \not\models x < y$, $(\mathfrak{A}, w^1_x) \not\models x < y$, $(\mathfrak{A}, w^2_x) \not\models x < y$.

Observación 3.10. De la definición de $\mathfrak{I} \models \exists x\, \beta$ se sigue que la validez de una fórmula en una interpretación no depende del valor de las variables que no aparecen libres en ella.

Definición 3.11. Si la fórmula α es válida en la interpretación $\mathfrak{I}$ se dirá que $\mathfrak{I}$ es un modelo de α.

Ejercicio 3.12. Si $\mathfrak{I}$ es una interpretación de universo A, demostrar:

[1] $\mathfrak{I} \models \beta \vee \gamma \iff \mathfrak{I} \models \beta$ ó $\mathfrak{I} \models \gamma$.

[2] $\mathfrak{I} \models \beta \wedge \gamma \iff \mathfrak{I} \models \beta$ y $\mathfrak{I} \models \gamma$.

[3] $\mathfrak{I} \models \forall x\, \beta \iff$ para todo $m \in A$ se verifica $\mathfrak{I}_x^m \models \beta$.

[4] $\mathfrak{I} \models \exists! u\, \alpha$ si y sólo si existe un único elemento $m \in A$ tal que $\mathfrak{I}_u^m \models \alpha$.

Definición 3.13. *(Validez en una estructura, modelo)* La fórmula α es válida en la estructura $\mathfrak{A}$ o, equivalentemente, $\mathfrak{A}$ es un modelo de α, lo que será denotado por $\mathfrak{A} \models \alpha$, si para toda valoración v en el universo de $\mathfrak{A}$, se verifica $(\mathfrak{A}, v) \models \alpha$ ($\mathfrak{A} \not\models \alpha$ denotará que no se verifica $\mathfrak{A} \models \alpha$).

Notación 3.14. Si α es una fórmula tal que $lbr(\alpha) = \{x_{i_1}, x_{i_2}, \ldots, x_{i_n}\}$ con $i_1 < i_2 < \ldots < i_n$ y $a_{i_1}, a_{i_2}, \ldots, a_{i_n}$ son elementos del universo de la estructura $\mathfrak{A}$, entonces $\mathfrak{A} \models \alpha(a_{i_1}, a_{i_2}, \ldots, a_{i_n})$ denotará que α es valida en toda interpretación $(\mathfrak{A}, v)$ tal que $v(x_i) = a_i$.

Observación 3.15. Mientras que por definición se verifica $\mathfrak{I} \models \alpha$ si y sólo si $\mathfrak{I} \not\models \neg\alpha$, la equivalencia $\mathfrak{A} \models \alpha \iff \mathfrak{A} \not\models \neg\alpha$ es, en general, falsa, aunque cierta si α es una fórmula cerrada, ya que en tal caso la valoración de las variables es irrelevante. Por ejemplo, si $\mathfrak{A}$ es una estructura con más de un elemento, entonces $\mathfrak{A} \not\models v = w$ y $\mathfrak{A} \not\models \neg(v = w)$.

Sean $\mathfrak{I}$, x, t, t_0, α, respectivamente, una interpretación, una variable, dos términos y una fórmula.

Lema 3.16. (Lema de sustitución)

[1] $\mathfrak{I}([t_0]_x^t) = \mathfrak{I}_x^{\mathfrak{I}(t)}(t_0)$.

[2] $\mathfrak{I} \models \alpha_x^t \iff \mathfrak{I}_x^{\mathfrak{I}(t)} \models \alpha$.

La prueba de [1] es trivial. Una demostración detallada de [2] se encuentra en [**Ebbinghaus** *et al.*, 1992].

Definición 3.17. (*Modelo*) Una τ-estructura $\mathfrak{A}$ (una τ-interpretación $\mathfrak{I}$) es un modelo de un conjunto de fórmulas $\Phi \subseteq F^\tau$, lo que será denotado por $\mathfrak{A} \models \Phi$ ($\mathfrak{I} \models \Phi$), si para toda fórmula $\alpha \in \Phi$ se verifica $\mathfrak{A} \models \alpha$ ($\mathfrak{I} \models \alpha$).

Notación 3.18. $\mathfrak{A} \not\models \Phi$ y $\mathfrak{I} \not\models \Phi$ denotarán, respectivamente, que no se verifican $\mathfrak{A} \models \Phi$ y $\mathfrak{I} \models \Phi$.

Definición 3.19. *(Consecuencia)* Una fórmula α es una consecuencia del conjunto de fórmulas Φ, lo que se denotará por $\Phi \models \alpha$, si para toda estructura $\mathfrak{A}$ se verifica:

si $\mathfrak{A} \models \Phi$, entonces $\mathfrak{A} \models \alpha$.

Notación 3.20. Frecuentemente se escribirá $\alpha_0, \alpha_1, \ldots, \alpha_k \models \beta$ en vez de $\{\alpha_0, \alpha_1, \ldots, \alpha_k\} \models \beta$ y $\models \beta$ en vez de $\emptyset \models \beta$.

Ejemplo 3.21.

[p] $\alpha,\ \alpha \rightarrow \beta \models \beta$.

[q] $\alpha \rightarrow \delta,\ \beta \rightarrow \gamma,\ \alpha \vee \beta \models \delta \vee \gamma$.

En efecto:

[p] Si existe una estructura $\mathfrak{A}$ tal que:

$\mathfrak{A} \models \alpha$,

$\mathfrak{A} \models \alpha \rightarrow \beta$,

$\mathfrak{A} \not\models \beta$,

entonces existirá una valoración v tal que la interpretación $\mathfrak{I} = (\mathfrak{A}, v)$ verificará:

[1] $\mathfrak{I} \models \alpha$,

[2] $\mathfrak{I} \models \alpha \rightarrow \beta$,

[3] $\mathfrak{I} \not\models \beta$,

pero de [1] y [2] se sigue $\mathfrak{I} \models \beta$, contradicción.

[q] Si existe una estructura $\mathfrak{A}$ tal que:

$\mathfrak{A} \models \alpha \rightarrow \delta$,

$\mathfrak{A} \models \beta \rightarrow \gamma$,

$\mathfrak{A} \models \alpha \vee \beta$,

$\mathfrak{A} \not\models \delta \vee \gamma$,

entonces existirá una valoración v tal que la interpretación $\mathfrak{I} = (\mathfrak{A}, v)$ verificará:

[1] $\mathfrak{I} \models \alpha \rightarrow \delta$,

[2] $\mathfrak{I} \models \beta \rightarrow \gamma$,

[3] $\mathfrak{I} \models \alpha \vee \beta$,

[4] $\mathfrak{I} \not\models \delta \vee \gamma$,

[5] $\mathfrak{I} \not\models \delta$ [4],

[6] $\mathfrak{I} \not\models \gamma$ [4],

[7] $\mathfrak{I} \not\models \alpha$ [1], [5],

[8] $\mathfrak{I} \not\models \beta$ [2], [6],

[9] $\mathfrak{I} \not\models \alpha \vee \beta$ [7], [8].

[9] está en contradicción con [3].

Ejemplo 3.22. Si $x \notin lbr(\beta)$, entonces $\alpha \to \beta \models \exists x\, \alpha \to \beta$.

Demostraremos que para toda estructura $\mathfrak{A}$ se verifica:

$$\mathfrak{A} \not\models \exists x\, \alpha \to \beta \quad \Longrightarrow \quad \mathfrak{A} \not\models \alpha \to \beta.$$

En efecto, si $\mathfrak{A}$ es una estructura de universo A tal que $\mathfrak{A} \not\models \exists x\, \alpha \to \beta$, entonces existirá una valoración v en A tal que la interpretación $\mathfrak{I} = (\mathfrak{A}, v)$ verificará sucesivamente:

[1] $\mathfrak{I} \not\models \exists x\, \alpha \to \beta$ hipótesis,

[2] $\mathfrak{I} \models \exists x\, \alpha$ [1],

[3] $\mathfrak{I} \not\models \beta$ [1].

De [2] se sigue que existe $m \in A$ tal que:

[4] $\mathfrak{I}_x^m \models \alpha$,

con lo que:

[5] $\mathfrak{I}_x^m \not\models \beta$ [3], $x \notin lbr\,(\beta)$,

[6] $\mathfrak{I}_x^m \not\models \alpha \to \beta$ [4], [5],

[7] $\mathfrak{A} \not\models \alpha \to \beta$ [6].

□

Definición 3.23. *(Fórmula universalmente válida)* Una fórmula $\alpha \in F^\tau$ es universalmente válida, lo que se denotará por $\models \alpha$, si verifica cualquiera de las condiciones equivalentes:

[i] α es válida en toda τ-estructura.

[ii] α es válida en toda τ-interpretación.

[iii] α es consecuencia de un conjunto vacío de fórmulas.

La notación proviene de **[iii]**, ya que una fórmula α es universalmente válida si y sólo si $\emptyset \models \alpha$ (cfr. Notación 3.20.).

Ejemplo 3.24. Las siguientes fórmulas son universalmente válidas:

[$\mathbf{A_1}$] $\alpha \to (\beta \to \alpha)$.

[$\mathbf{A_2}$] $(\alpha \to (\beta \to \gamma)) \to ((\alpha \to \beta) \to (\alpha \to \gamma))$.

[$\mathbf{A_3}$] $(\neg\,\beta \to \neg\,\alpha) \to (\alpha \to \beta)$.

[$\mathbf{A_4}$] $\alpha_x^t \to \exists x\, \alpha$.

En efecto, si una fórmula $\delta \to \epsilon$ no es válida en la interpretación $\mathfrak{I}$, entonces $\mathfrak{I} \models \delta$ y $\mathfrak{I} \not\models \epsilon$. Con ello se tiene sucesivamente:

[$\mathbf{A_1}$]: existe $\mathfrak{I}$: $\mathfrak{I} \not\models \alpha \to (\beta \to \alpha)$,

$\mathfrak{I} \models \alpha$ y $\mathfrak{I} \not\models \beta \to \alpha$,

$\mathfrak{I} \models \alpha$ y $\mathfrak{I} \models \beta$ y $\mathfrak{I} \not\models \alpha$, contradicción.

[$\mathbf{A_2}$]: existe $\mathfrak{I}$: $\mathfrak{I} \not\models (\alpha \to (\beta \to \gamma)) \to ((\alpha \to \beta) \to (\alpha \to \gamma))$,

$\mathfrak{I} \models \alpha \to (\beta \to \gamma)$ y $\mathfrak{I} \not\models (\alpha \to \beta) \to (\alpha \to \gamma)$,

$\mathfrak{I} \models \alpha \to (\beta \to \gamma)$ y $\mathfrak{I} \models \alpha \to \beta$ y $\mathfrak{I} \not\models \alpha \to \gamma$,

$\mathfrak{I} \models \alpha \to (\beta \to \gamma)$ y $\mathfrak{I} \models \alpha \to \beta$ y $\mathfrak{I} \models \alpha$ y $\mathfrak{I} \not\models \gamma$,

$\mathfrak{I} \models \alpha$ y $\mathfrak{I} \models \beta$ y $\mathfrak{I} \models \gamma$ y $\mathfrak{I} \not\models \gamma$, contradicción.

[$\mathbf{A_3}$]: existe $\mathfrak{I}$: $\mathfrak{I} \not\models (\neg\,\beta \to \neg\,\alpha) \to (\alpha \to \beta)$,

$\mathfrak{I} \models \neg\,\beta \to \neg\,\alpha$ y $\mathfrak{I} \not\models \alpha \to \beta$,

$\mathfrak{I} \models \neg\,\beta \to \neg\,\alpha$ y $\mathfrak{I} \models \alpha$ y $\mathfrak{I} \models \neg\beta$,

$\mathfrak{I} \models \neg\,\alpha$ y $\mathfrak{I} \models \alpha$,

$\mathfrak{I} \not\models \alpha$ y $\mathfrak{I} \models \alpha$, contradicción.

[$\mathbf{A_4}$]: existe $\mathfrak{I}$: $\mathfrak{I} \not\models \alpha_x^t \to \exists x\, \alpha$,

$\mathfrak{I} \models \alpha_x^t$ y $\mathfrak{I} \not\models \exists x\, \alpha$,

$\mathfrak{I}_x^{\mathfrak{I}(t)} \models \alpha$ y $\mathfrak{I} \not\models \exists x\, \alpha$ (lema de sustitución),

$\mathfrak{I} \models \exists x\, \alpha$ y $\mathfrak{I} \not\models \exists x\, \alpha$, contradicción.

Ejercicio 3.25. Demostrar que $x \notin lbr\{\beta\}$ no implica la validez universal de la fórmula: $(\alpha \to \beta) \to (\exists x \alpha \to \beta)$.

Solución: Si $\mathfrak{I}$ es una interpretación tal que:

$\mathfrak{I} \models \exists x\, \alpha$,

$\mathfrak{I} \not\models \alpha$,

$\mathfrak{I} \not\models \beta$,

entonces:

$$\mathfrak{I} \models \alpha \to \beta,$$

$$\mathfrak{I} \not\models \exists x\alpha \to \beta,$$

con lo que:

$$\mathfrak{I} \not\models (\alpha \to \beta) \to (\exists x\alpha \to \beta).$$

Ejercicio 3.26. Probar la validez universal de las siguientes fórmulas:

[$\mathbf{A_5}$] $t = t$.

[$\mathbf{A_6}$] $t = t' \to t' = t$.

[$\mathbf{A_7}$] $t_1 = t_2 \to (t_2 = t_3 \to t_1 = t_3)$.

[$\mathbf{A_8}$] $t_1 = t'_1 \to (t_2 = t'_2 \to \ldots (t_n = t'_n \to (R\,t_1\,t_2 \ldots t_n \to R\,t'_1\,t'_2 \ldots t'_n)) \ldots)$.

[$\mathbf{A_9}$] $t_1 = t'_1 \to (t_2 = t'_2 \to \ldots (t_n = t'_n \to (f\,t_1\,t_2 \ldots t_n = f\,t'_1\,t'_2 \ldots t'_n)) \ldots)$.

Ejercicio 3.27. Demostrar que si α es una fórmula cerrada, entonces para toda fórmula β y todo conjunto de fórmulas Φ se verifica:

$$\Phi, \alpha \models \beta \iff \Phi \models \alpha \to \beta,$$

y probar mediante un contraejemplo que la anterior equivalencia puede no ser cierta si α no es cerrada.

Solución:

$\Longrightarrow$:

De $\Phi \not\models \alpha \to \beta$ se sigue sucesivamente:

[1] existe $\mathfrak{A}$: $\mathfrak{A} \models \Phi$ y $\mathfrak{A} \not\models \alpha \to \beta$.

[2] existe $\mathfrak{A}$ y existe v : $\mathfrak{A} \models \Phi$ y $(\mathfrak{A}, v) \models \alpha$ y $(\mathfrak{A}, v) \not\models \beta$.

[3] existe $\mathfrak{A}$ y existe v : $\mathfrak{A} \models \Phi$ y $\mathfrak{A} \models \alpha$ y $(\mathfrak{A}, v) \not\models \beta$.

[4] existe $\mathfrak{A}$ y existe v : $\mathfrak{A} \models \Phi$ y $\mathfrak{A} \models \alpha$ y $\mathfrak{A} \not\models \beta$.

[5] $\Phi, \alpha \not\models \beta$.

$\Longleftarrow$:

De $\Phi, \alpha \not\models \beta$ se sigue sucesivamente:

[1] existe $\mathfrak{A}$: $\mathfrak{A} \models \Phi$ y $\mathfrak{A} \models \alpha$ y $\mathfrak{A} \not\models \beta$.

[2] existe $\mathfrak{A}$ y existe v : $\mathfrak{A} \models \Phi$ y $\mathfrak{A} \models \alpha$ y $(\mathfrak{A}, v) \not\models \beta$.

[3] existe $\mathfrak{A}$ y existe v : $\mathfrak{A} \models \Phi$ y $(\mathfrak{A}, v) \models \alpha$ y $(\mathfrak{A}, v) \not\models \beta$.

[4] existe $\mathfrak{A}$ y existe v : $\mathfrak{A} \models \Phi$ y $(\mathfrak{A}, v) \not\models \alpha \to \beta$.

[5] existe $\mathfrak{A}$: $\mathfrak{A} \models \Phi$ y $\mathfrak{A} \not\models \alpha \to \beta$.

[6] $\Phi \not\models \alpha \to \beta$.

La necesidad de la condición de que α sea cerrada se sigue de que:

$$Px \models \forall x\, Px, \text{ pero } \not\models Px \to \forall x\, Px.$$

Ejercicio 3.28. Demostrar que para todo conjunto de fórmulas Φ y toda estructura $\mathfrak{A}$ se verifica:

$$\mathfrak{A} \models \Phi \iff \mathfrak{A} \models \overline{\Phi}.$$

Solución: Consecuencia de que:

$$\mathfrak{A} \models \overline{\alpha} \implies \mathfrak{A} \models \alpha,$$

ya que:

$$\mathfrak{A} \not\models \forall x\, \alpha \implies \text{existen } a,\, v \text{ tales que } (\mathfrak{A},\, v_x^a) \not\models \alpha \implies \mathfrak{A} \not\models \alpha.$$

$$\mathfrak{A} \not\models \alpha \implies \text{existe } v \text{ tal que } (\mathfrak{A},\, v) \not\models \alpha \implies (\mathfrak{A},\, v_x^{v(x)}) \not\models \alpha$$
$$\implies \mathfrak{A} \not\models \forall x\, \alpha.$$

Ejercicio 3.29. Demostrar:

$$\alpha \to \beta \models \exists x\alpha \to \exists x\beta.$$

Solución:

$$\mathfrak{A} \not\models \exists x\alpha \to \exists x\beta \implies (\text{existe } v)\, [(\mathfrak{A},\, v) \models \exists x\alpha \text{ y } (\mathfrak{A},\, v) \not\models \exists x\beta]$$
$$\implies (\text{existe } v)\, [\text{existe } m : (\mathfrak{A},\, v_x^m) \models \alpha \text{ y no existe } p : (\mathfrak{A},\, v_x^p) \models \beta]$$
$$\implies (\text{existe } v)\, (\text{existe } m)\, [(\mathfrak{A},\, v_x^m) \models \alpha \text{ y } (\mathfrak{A},\, v_x^m) \not\models \beta]$$
$$\implies \mathfrak{A} \not\models \alpha \to \beta.$$

Definición 3.30. *(Fórmula satisfactible)* Una fórmula es satisfactible si y sólo si es válida en alguna estructura. De lo contrario, la fórmula se llamará insatisfactible.

Observación 3.31. Algunos autores, como p. e. [**Rasiowa-Sikorski**, 1963], llaman satisfactibles a las fórmulas válidas en alguna interpretación. Obviamente, ambas definiciones coinciden para fórmulas cerradas, pero no para fórmulas abiertas. Por ejemplo, con la definición de satisfactibilidad de Rasiowa-Sikorski la fórmula $x \neq y$ es satisfactible, aunque no lo es con la definición dada aquí.

Obviamente se verifica:

Proposición 3.32. Una fórmula cerrada es insatisfactible si y sólo si su negación es universalmente válida.

Observación 3.33. En la anterior proposición es clara la necesidad de la condición de que la fórmula sea cerrada, ya que, p. e., $x \neq y$ es insatisfactible, pero $x = y$ no es universalmente válida.

4 DERIVABILIDAD

El concepto de *derivabilidad* se introducirá a partir del de *prueba* o *demostración formal*, que presupone los de *axioma lógico* y *regla de deducción.*

4.1. Demostraciones formales

Definición 4.1.1. *(Axioma)* Un axioma lógico es una fórmula universalmente válida de uno de los nueve tipos $[\mathbf{A_1}]$-$[\mathbf{A_9}]$ (cfr. Ejemplo 3.24. y Ejercicio 3.26.).

Definición 4.1.2. *(Regla de deducción)* Una regla de deducción con n premisas es una secuencia de fórmulas $\gamma_0, \gamma_1, \ldots, \gamma_n$ tal que toda estructura $\mathfrak{A}$ que es modelo de $\gamma_0, \gamma_1, \ldots, \gamma_{n-1}$ (premisas), es modelo de γ_n (conclusión).

Notación 4.1.3. Si **R** es la regla $\gamma_0, \gamma_1, \ldots, \gamma_n$, frecuentemente se escribirá:

$$\frac{\gamma_0, \gamma_1, \ldots, \gamma_{n-1}}{\gamma_n}$$

y se dirá que γ_n es *inmediatamente derivable* por **R** de $\gamma_0, \gamma_1, \ldots, \gamma_{n-1}$.

Definición 4.1.4. *(Modus ponens)* La *regla de separación* o *modus ponens* es la regla con dos premisas que permite derivar β de α y $\alpha \to \beta$, *i.e.*:

[MP] $$\frac{\alpha,\ \alpha \to \beta}{\beta}$$

(cfr. Ejemplo 3.21. **[p]**).

Definición 4.1.5. La *regla de introducción del cuantificador existencial en el antecedente* es la regla con una premisa:

$$[\mathbf{I}\,\exists\,\mathbf{A}] \qquad \frac{\alpha \to \beta}{\exists x\, \alpha \to \beta} \qquad \text{si } x \notin lbr(\beta)$$

(cfr. Ejemplo 3.22.).

Definición 4.1.6. *(Prueba formal)* La secuencia de fórmulas $\alpha_0, \alpha_1, \ldots, \alpha_n$ es una prueba (o demostración) formal de α_n a partir del conjunto de fórmulas Φ, si cada una de las fórmulas α_i es un axioma lógico, o pertenece a Φ, o es inmediatamente derivable de fórmulas anteriores en la secuencia mediante una de las reglas **[MP]** o $[\mathbf{I}\,\exists\,\mathbf{A}]$.

Por ejemplo:

$$\exists x\, Px, \quad Px \to \exists u\, Pu, \quad \exists x\, Px \to \exists u\, Pu, \quad \exists u\, Pu,$$

es una prueba formal de $\exists u\, Pu$ a partir de $\{\exists x\, Px\}$.

Frecuentemente, a las pruebas formales se las denominará derivaciones o demostraciones, aunque este término se utilice también para designar las demostraciones informales de proposiciones metalingüísticas. Es de observar que, de acuerdo con la Definición 4.1.6., si la secuencia de fórmulas $\alpha_0, \alpha_1, \ldots, \alpha_m, \ldots, \alpha_n$ es una demostración de α_n a partir de Φ, entonces $\alpha_0, \alpha_1, \ldots, \alpha_m$ es una demostración de α_m a partir de Φ.

Definición 4.1.7. *(Derivabilidad)* La fórmula α es derivable del conjunto de fórmulas Φ, lo que se denotará por $\Phi \vdash \alpha$, si existe una demostración de α a partir de Φ.

Notación 4.1.8. Se escribirá: $\vdash \alpha$, $\Phi, \beta \vdash \alpha$, $\Phi, \beta, \gamma \vdash \alpha$, etc., en vez de: $\emptyset \vdash \alpha$, $\Phi \cup \{\beta\} \vdash \alpha$, $\Phi \cup \{\beta, \gamma\} \vdash \alpha$, etc. $\Phi \nvdash \alpha$ denotará que la fórmula α no es derivable del conjunto de fórmulas Φ

Teorema 4.1.9. Si $\Phi \vdash \alpha$, entonces $\Phi \models \alpha$.

Demostración: Sea $\alpha_0, \alpha_1, \ldots, \alpha_n$ una demostración de α a partir de Φ, con lo que $\alpha_n \stackrel{df}{=} \alpha$, y sea $\mathfrak{A}$ un modelo de Φ. Es inmediato probar por inducción que $\mathfrak{A}$ es un modelo de todas las fórmulas de la demostración, con lo que $\mathfrak{A} \models \alpha$.

$n = 0:$ α_0 tiene que ser un axioma lógico o pertenecer a Φ, de donde $\mathfrak{A} \models \alpha_0$.

$n = k + 1:$ Por la hipótesis de inducción: $\mathfrak{A} \models \{\alpha_0, \alpha_1, \ldots, \alpha_k\}$. Y puesto que α_{k+1} tiene que pertenecer a Φ, o ser un axioma lógico, o ser inmediatamente derivable por *modus ponens* de dos fórmulas anteriores de la demostración, o ser inmediatamente derivable por la regla $[\mathbf{I}\,\exists\,\mathbf{A}]$ de una fórmula anterior, de acuerdo con lo demostrado en los Ejemplos 3.21., 3.22., 3.24. y Ejercicio 3.25., en cualquier caso se verificará $\mathfrak{A} \models \alpha_{k+1}$.

□

Observación 4.1.10. La noción de derivabilidad anteriormente introducida es aparentemente un tanto arbitraria, al haberse definido a partir de nueve determinados axiomas y dos determinadas reglas de deducción, que garantizan que se verifique el Teorema 4.1.9., pero no la implicación inversa. La validez de esta implicación se demostrará en el capítulo sexto.

Análogamente, la arbitrariedad de la noción de p-derivabilidad, que se introducirá en 4.2.1., desaparece como consecuencia del teorema de completitud del cálculo de proposiciones (Emil L. Post, 1921), al que aquí no se volverá a hacer referencia.

Definición 4.1.11. *(Consistencia)* Un conjunto de fórmulas Φ de un lenguaje L es consistente si verifica una de las condiciones equivalentes:

[1] Para ninguna fórmula $\alpha \in L$ se verifica $\Phi \vdash \alpha \wedge \neg \alpha$.

[2] Existe una fórmula $\beta \in L$ tal que $\Phi \nvdash \beta$.

Teorema 4.1.12. Un conjunto de fórmulas es consistente si y sólo si lo son todos sus subconjuntos finitos.

Demostración: Si un conjunto de fórmulas Φ es inconsistente y, por tanto, de él se deriva una cierta contradicción, ésta también se derivará del subconjunto de fórmulas de Φ que aparezcan en la demostración, que necesariamente será finito. Así pues, Φ tiene un subconjunto finito inconsistente. La implicación inversa es obvia.

Proposición 4.1.13. Si $\{\Phi_i : i \in \omega\}$ es una colección de conjuntos consistentes de fórmulas de un cierto lenguaje tales que $\Phi_i \subseteq \Phi_{i+1}$, entonces $\bigcup_{i\in\omega} \Phi_i$ es consistente.

Demostración: Si de $\bigcup_{i\in\omega} \Phi_i$ se deriva una contradicción, se derivará también de algún Φ_i. □

4.2. Derivabilidad proposicional

En este apartado se estudia una variante de la noción de derivabilidad que, al verificar el primer teorema de deducción (cfr. Teorema 4.2.7.), resulta extremadamente útil.

Definición 4.2.1. *(p-derivabilidad)* $\Phi \overset{p}{\vdash} \alpha$ denotará que existe una demostración de α a partir de Φ en la que sólo se hace uso de la regla de separación y de los axiomas $[\mathbf{A_1}]$-$[\mathbf{A_3}]$.

Notación 4.2.2. Para la relación $\overset{p}{\vdash}$ se utilizarán abreviaturas análogas a las de 4.1.8.

Proposición 4.2.3.

$$\Phi \overset{p}{\vdash} \alpha \implies \Phi \vdash \alpha \implies \Phi \models \alpha.$$

Definición 4.2.4. *(Tautología)* Una fórmula α es una tautología si verifica:

$$\overset{p}{\vdash} \alpha.$$

Lema 4.2.5. Para toda fórmula α se verifica:

$[\mathbf{T_1}]$ $\overset{p}{\vdash} \alpha \to \alpha.$

Demostración:

[1]	$(\alpha \to ((\alpha \to \alpha) \to \alpha)) \to ((\alpha \to (\alpha \to \alpha)) \to (\alpha \to \alpha))$	axioma $[\mathbf{A_2}]$
[2]	$\alpha \to ((\alpha \to \alpha) \to \alpha)$	axioma $[\mathbf{A_1}]$
[3]	$(\alpha \to (\alpha \to \alpha)) \to (\alpha \to \alpha)$	**[MP]**, [1], [2]
[4]	$\alpha \to (\alpha \to \alpha)$	axioma $[\mathbf{A_1}]$
[5]	$\alpha \to \alpha$	**[MP]**, [3], [4]

Corolario 4.2.6.

$[\mathbf{T_2}]$ $\overset{p}{\vdash} \alpha \vee \neg\alpha.$

Teorema 4.2.7. *(Primer teorema de deducción)* Para fórmulas cualesquiera α, β y para todo conjunto de fórmulas Φ se verifica:

[TD] $\Phi, \alpha \overset{p}{\vdash} \beta \iff \Phi \overset{p}{\vdash} \alpha \to \beta.$

Demostración: La implicación de derecha a izquierda es obvia. Probaremos la otra por inducción sobre la longitud l de la demostración de β a partir de Φ y α.

$l = 1$: Hay tres posibilidades: que β pertenezca a Φ, que sea un axioma lógico, o que sea igual a α. En los dos primeros casos, la secuencia:

$$\beta,\ \beta \to (\alpha \to \beta),\ \alpha \to \beta,$$

es una demostración de $\alpha \to \beta$ a partir de Φ. En el tercer caso el teorema es consecuencia del Lema 4.2.5.

$l = n + 1$: Hay cuatro posibilidades: las tres del caso $l = 1$, en las que se puede razonar de idéntica forma; y que β se haya derivado por *modus ponens* de una cierta fórmula γ y de $\gamma \to \beta$. En el último caso, puesto que las demostraciones de γ y de $\gamma \to \beta$ a partir de $\Phi \cup \{\alpha\}$, tienen longitudes iguales o menores que n, de acuerdo con la hipótesis de inducción se tendrá:

$$\Phi \overset{p}{\vdash} \alpha \to \gamma,$$
$$\Phi \overset{p}{\vdash} \alpha \to (\gamma \to \beta),$$

de donde, por el axioma $[\mathbf{A_2}]$, mediante la aplicación dos veces de **MP**, se sigue:

$$\Phi \overset{p}{\vdash} \alpha \to \beta.$$

Teorema 4.2.8. Para fórmulas cualesquiera α, β, γ se verifica:

$[\mathbf{T_3}]$ $\overset{p}{\vdash} (\alpha \to (\beta \to \gamma)) \to (\beta \to (\alpha \to \gamma))$.

$[\mathbf{T_4}]$ $\overset{p}{\vdash} (\alpha \to \beta) \to ((\beta \to \gamma) \to (\alpha \to \gamma))$.

$[\mathbf{T_5}]$ $\overset{p}{\vdash} \neg\neg\alpha \to \alpha$.

$[\mathbf{T_6}]$ $\overset{p}{\vdash} \alpha \to \neg\neg\alpha$.

$[\mathbf{T_7}]$ $\overset{p}{\vdash} \neg(\alpha \wedge \neg\alpha)$.

$[\mathbf{T_8}]$ $\overset{p}{\vdash} \alpha \to (\neg\alpha \to \beta)$.

$[\mathbf{T_9}]$ $\overset{p}{\vdash} (\neg\beta \to \alpha) \to (\neg\alpha \to \beta)$.

$[\mathbf{T_{10}}]$ $\overset{p}{\vdash} (\beta \to \alpha) \to (\neg\alpha \to \neg\beta)$.

$[\mathbf{T_{11}}]$ $\overset{p}{\vdash} (\beta \to \neg\alpha) \to (\alpha \to \neg\beta)$.

$[\mathbf{T_{12}}]$ $\overset{p}{\vdash} (\alpha \to (\beta \to (\alpha \wedge \beta))$.

$[\mathbf{T_{13}}]$ $\overset{p}{\vdash} (\gamma \to \alpha) \to ((\gamma \to \beta) \to (\gamma \to (\alpha \wedge \beta)))$.

$[\mathbf{T_{14}}]$ $\overset{p}{\vdash} (\alpha \wedge \beta) \to \alpha$.

$[\mathbf{T_{15}}]$ $\overset{p}{\vdash} (\alpha \wedge \beta) \to \beta$.

$[\mathbf{T_{16}}]$ $\overset{p}{\vdash} ((\alpha \wedge \beta) \to \gamma) \leftrightarrow (\alpha \to (\beta \to \gamma))$.

$[\mathbf{T_{17}}]$ $\overset{p}{\vdash} (\alpha \to \gamma) \to ((\neg\alpha \to \gamma) \to \gamma)$.

$[\mathbf{T_{18}}]$ $\overset{p}{\vdash} (\neg\alpha \to \alpha) \to \alpha$.

$[\mathbf{T_{19}}]$ $\overset{p}{\vdash} (\alpha \to \neg\alpha) \to \neg\alpha$.

$[\mathbf{T_{20}}]$ $\overset{p}{\vdash} \alpha \to (\alpha \vee \beta)$.

$[\mathbf{T_{21}}]$ $\overset{p}{\vdash} \beta \to (\alpha \vee \beta)$.

$[\mathbf{T_{22}}]$ $\overset{p}{\vdash} (\alpha \to \gamma) \to ((\beta \to \gamma) \to ((\alpha \vee \beta) \to \gamma))$.

$[\mathbf{T_{23}}]$ $\overset{p}{\vdash} \neg\beta \to ((\alpha \vee \beta) \to \alpha)$.

$[\mathbf{T_{24}}]$ $\overset{p}{\vdash} (\alpha \wedge (\beta \vee \gamma)) \leftrightarrow ((\alpha \wedge \beta) \vee (\alpha \wedge \gamma))$.

$[\mathbf{T_{25}}]$ $\overset{p}{\vdash} (\alpha \vee (\beta \wedge \gamma)) \leftrightarrow ((\alpha \vee \beta) \wedge (\alpha \vee \gamma))$.

La demostración de que todas las fórmulas que aparecen en $[\mathbf{T_3}]$-$[\mathbf{T_{25}}]$ son tautologías se hará a lo largo del resto del capítulo. La regla $[\mathbf{R_j}]$ implica $[\mathbf{T_j}]$.

4.3. Reglas de deducción proposicionales

Regla de implicación

$$[\mathbf{R_3}] \quad \frac{\alpha \to (\beta \to \gamma)}{\beta \to (\alpha \to \gamma)}$$

Demostración: Aplicar dos veces **[TD]** y **[MP]**.

Regla de transitividad

$$[\mathbf{R_4}] \quad \frac{\alpha \to \beta,\ \beta \to \gamma}{\alpha \to \gamma}$$

Demostración: Aplicar **[TD]** y **[MP]**.

Primera regla de negación

$$[\mathbf{N}] \quad \frac{\neg\beta \to \neg\alpha}{\alpha \to \beta}$$

Demostración: Consecuencia del axioma $[\mathbf{A_3}]$.

Primera regla de doble negación

$$[\mathbf{R_5}] \quad \frac{\neg\neg\alpha}{\alpha}$$

Demostración:

[1]	$\neg\neg\alpha$	(hipótesis)
[2]	$\neg\neg\alpha \to (\neg\neg\neg\neg\alpha \to \neg\neg\,\alpha)$	$[\mathbf{A_1}]$
[3]	$\neg\neg\neg\neg\alpha \to \neg\neg\,\alpha$	**[MP]**, [1], [2]
[4]	$\neg\alpha \to \neg\neg\neg\alpha$	**[N]**, [3]
[5]	$\neg\neg\alpha \to \alpha$	**[N]**, [4]
[6]	α	**[MP]**, [1], [5]

Es de observar que, al aplicarse la regla derivada [N], [1]-[6] no es una prueba formal en sentido estricto (cfr. Definición 4.1.6.), sino una demostración informal de que existe una prueba formal de α a partir de $\neg\neg\alpha$.

Segunda regla de doble negación

$$[\mathbf{R_6}] \quad \frac{\alpha}{\neg\neg\alpha}$$

Demostración:

[1]	α	(hipótesis)
[2]	$\neg\neg\neg\alpha \to \neg\alpha$	$[\mathbf{T_5}]$
[3]	$\alpha \to \neg\neg\,\alpha$	**[N]**, [2]
[4]	$\neg\neg\alpha$	**[MP]**, [1], [3]

De $[\mathbf{T_6}]$ y $[\,\mathbf{R_6}\,]$ se sigue $\overset{p}{\vdash}\ \neg\neg(\alpha \to \neg\neg\,\alpha)$ y, por tanto:

$[\mathbf{T_7}]\quad \overset{p}{\vdash}\ \neg(\alpha\ \wedge \neg\,\alpha).$

Ex contradictione quodlibet

$$[\mathbf{R_8}]\qquad \frac{\alpha,\ \neg\,\alpha}{\beta}$$

Demostración:

[1]	α	(hipótesis)
[2]	$\neg\,\alpha$	(hipótesis)
[3]	$\neg\,\alpha \to (\neg\,\beta \to \neg\,\alpha)$	$[\mathbf{A_1}]$
[4]	$\neg\,\beta \to \neg\,\alpha$	$[\mathbf{MP}]$, [2], [3]
[5]	$\alpha \to \beta$	$[\mathbf{N}]$, [4]
[6]	β	$[\mathbf{MP}]$, [1], [5]

Teorema 4.3.1. *(Ampliación de la hipótesis)* Para todo conjunto de fórmulas Φ y toda fórmula α se verifica:

$[\mathbf{AH1}]\quad \Phi,\ \neg\,\alpha \overset{p}{\vdash} \alpha \quad\Longrightarrow\quad \Phi \overset{p}{\vdash} \alpha.$

$[\mathbf{AH2}]\quad \Phi,\ \alpha \overset{p}{\vdash} \neg\alpha \quad\Longrightarrow\quad \Phi \overset{p}{\vdash} \neg\,\alpha.$

Demostración:

ad $[\mathbf{AH1}]$:

Sea β un axioma lógico. Se tiene sucesivamente:

[1]	$\Phi,\ \neg\alpha \overset{p}{\vdash} \alpha$	(hipótesis).
[2]	$\Phi,\ \neg\alpha \overset{p}{\vdash} \neg\,\alpha$	(obvio).
[3]	$\Phi,\ \neg\alpha \overset{p}{\vdash} \neg\,\beta$	$[\mathbf{R_8}]$, [1], [2].
[4]	$\Phi \overset{p}{\vdash} \neg\,\alpha \to \neg\,\beta$	$[\mathbf{TD}]$, [3].
[5]	$\Phi \overset{p}{\vdash} \beta \to \alpha$	$[\mathbf{N}]$, [4].
[6]	$\Phi \overset{p}{\vdash} \beta$	β es un axioma.
[7]	$\Phi \overset{p}{\vdash} \alpha$	$[\mathbf{MP}]$, [5], [6].

ad [**AH2**]:

Se tiene sucesivamente:

[1]	$\Phi, \alpha \overset{p}{\vdash} \neg\,\alpha$	(hipótesis).
[2]	$\Phi, \neg\,\neg\,\alpha \overset{p}{\vdash} \neg\,\alpha$	[$\mathbf{R_5}$], [1].
[3]	$\Phi \overset{p}{\vdash} \neg\,\alpha$	[**AH1**], [2].

Segunda regla de negación

[$\mathbf{R_9}$] $\dfrac{\neg\,\beta \to \alpha}{\neg\,\alpha \to \beta}$

Tercera regla de negación

[$\mathbf{R_{10}}$] $\dfrac{\beta \to \alpha}{\neg\,\alpha \to \neg\,\beta}$

Cuarta regla de negación

[$\mathbf{R_{11}}$] $\dfrac{\beta \to \neg\,\alpha}{\alpha \to \neg\,\beta}$

La demostración de [$\mathbf{R_9}$]-[$\mathbf{R_{11}}$] es completamente trivial aplicando [**TD**], [**AH1**], [**AH2**] y [$\mathbf{R_8}$].

Primera regla de conjunción

[$\mathbf{R_{12}}$] $\dfrac{\alpha,\ \beta}{\alpha\ \wedge\ \beta}$

Demostración: Se reduce a la prueba trivial de:

$$\alpha,\ \beta,\ \alpha \to \neg\,\beta \overset{p}{\vdash} \neg\,(\alpha \to \neg\beta).$$

Segunda regla de conjunción

[$\mathbf{R_{13}}$] $\dfrac{\gamma \to \alpha,\ \gamma \to \beta}{\gamma \to (\alpha\ \wedge\ \beta)}$

Demostración: Consecuencia de [**TD**], [**MP**] y [$\mathbf{R_{12}}$].

Tercera regla de conjunción

[$\mathbf{R_{14}}$] $\dfrac{\alpha\ \wedge\ \beta}{\alpha}$

Demostración: Por [**TD**], [$\mathbf{R_9}$] y la definición de $\alpha \wedge \beta$, las cinco siguientes proposiciones son equivalentes, siguiéndose la última de [$\mathbf{R_8}$]:

$$\alpha \wedge \beta \overset{p}{\vdash} \alpha,$$
$$\neg(\alpha \to \neg\beta) \overset{p}{\vdash} \alpha,$$
$$\overset{p}{\vdash} \neg(\alpha \to \neg\beta) \to \alpha,$$
$$\overset{p}{\vdash} \neg\alpha \to (\alpha \to \neg\beta),$$
$$\neg\alpha, \alpha \overset{p}{\vdash} \neg\beta.$$

Cuarta regla de conjunción

[$\mathbf{R_{15}}$] $$\frac{\alpha \wedge \beta}{\beta}$$

Demostración: Por [**TD**], [$\mathbf{R_9}$] y la definición de $\alpha \wedge \beta$, las cuatro siguientes proposiciones son equivalentes, siendo la última un axioma lógico:

$$\alpha \wedge \beta \overset{p}{\vdash} \beta,$$
$$\neg(\alpha \to \neg\beta) \overset{p}{\vdash} \beta,$$
$$\overset{p}{\vdash} \neg(\alpha \to \neg\beta) \to \beta,$$
$$\overset{p}{\vdash} \neg\beta \to (\alpha \to \neg\beta).$$

De [**TD**], [**MP**], [$\mathbf{R_{12}}$], [$\mathbf{R_{14}}$] y [$\mathbf{R_{15}}$] se sigue [$\mathbf{T_{16}}$] ([$\mathbf{R_{16}}$]).

Regla del dilema

[$\mathbf{R_{17}}$] $$\frac{\alpha \to \gamma,\ \neg\alpha \to \gamma}{\gamma}$$

La demostración es trivial, al reducirse a probar:

$$\alpha \to \gamma,\ \neg\alpha \to \gamma,\ \neg\gamma \overset{p}{\vdash} \gamma.$$

De [$\mathbf{R_{17}}$] y [**TD**] se sigue inmediatamente:

Teorema 4.3.2. *(Teorema de distinción de casos)* Para fórmulas cualesquiera α, γ y para todo conjunto de fórmulas Φ, se verifica:

[**DC**] $\Phi \overset{p}{\vdash} \gamma \iff \Phi, \alpha \overset{p}{\vdash} \gamma$ y $\Phi, \neg\alpha \overset{p}{\vdash} \gamma.$

Primera regla de implicación y negación

[$\mathbf{R_{18}}$] $$\frac{\alpha \to \neg\alpha}{\neg\alpha}$$

Segunda regla de implicación y negación

[R₁₉]

$$\frac{\neg\,\alpha \to \alpha}{\alpha}$$

[$\mathbf{R_{18}}$] y **[$\mathbf{R_{19}}$]** se siguen, respectivamente, de **[AH2]**, **[AH1]** y **[MP]**.

Primera regla de disjunción

[$\mathbf{R_{20}}$]

$$\frac{\alpha}{\alpha \lor \beta}$$

Segunda regla de disjunción

[$\mathbf{R_{21}}$]

$$\frac{\beta}{\alpha \lor \beta}$$

La prueba de **[$\mathbf{R_{20}}$]** y **[$\mathbf{R_{21}}$]** es trivial.

Tercera regla de disjunción

[$\mathbf{R_{22}}$]

$$\frac{\alpha \to \gamma,\ \beta \to \gamma}{(\alpha \lor \beta) \to \gamma}$$

Demostración: De acuerdo con **[TD]** y **[AH1]** basta demostrar:

$$\alpha \to \gamma,\ \beta \to \gamma,\ \neg\,\alpha \to \beta,\ \neg\,\gamma \overset{p}{\vdash} \gamma,$$

que se verifica trivialmente.

Regla de negación y disjunción

[$\mathbf{R_{23}}$]

$$\frac{\neg\,\beta,\ \alpha \lor \beta}{\alpha}$$

La prueba es inmediata aplicando **[$\mathbf{R_9}$]** y **[MP]**.

Primera regla de distributividad

[$\mathbf{R_{24a}}$]

$$\frac{(\gamma \land \alpha) \lor (\gamma \land \beta)}{\gamma \land (\alpha \lor \beta)}$$

Demostración: Por **[$\mathbf{R_{22}}$]** y **[TD]**, basta probar:

$$\gamma \land \alpha \overset{p}{\vdash} \gamma \land (\alpha \lor \beta),$$

$$\gamma \land \beta \overset{p}{\vdash} \gamma \land (\alpha \lor \beta),$$

que, por $[\mathbf{R_{12}}]$, se reducen a su vez a:

$$\gamma \wedge \alpha \overset{p}{\vdash} \gamma,$$

$$\gamma \wedge \alpha \overset{p}{\vdash} \alpha \vee \beta,$$

$$\gamma \wedge \beta \overset{p}{\vdash} \gamma,$$

$$\gamma \wedge \beta \overset{p}{\vdash} \alpha \vee \beta,$$

relaciones que se verifican trivialmente.

Segunda regla de distributividad

$$[\mathbf{R_{24b}}] \qquad \frac{\gamma \wedge (\alpha \vee \beta)}{(\gamma \wedge \alpha) \vee (\gamma \wedge \beta)}$$

Demostración: De acuerdo con la definición de la conjunción y la disjunción, se trata de probar:

$$\neg(\gamma \rightarrow \neg(\neg\alpha \rightarrow \beta)) \overset{p}{\vdash} \neg\neg(\gamma \rightarrow \neg\alpha) \rightarrow \neg(\gamma \rightarrow \neg\beta),$$

que, por aplicación reiterada de [**TD**] y [**N**], es equivalente a:

$$\gamma \rightarrow \neg\beta,\ \gamma \rightarrow \neg\alpha,\ \gamma \overset{p}{\vdash} \neg(\neg\alpha \rightarrow \beta),$$

a su vez equivalente, por [**AH2**], a:

$$\gamma \rightarrow \neg\beta,\ \gamma \rightarrow \neg\alpha,\ \gamma,\ \neg\alpha \rightarrow \beta \overset{p}{\vdash} \neg(\neg\alpha \rightarrow \beta),$$

que resulta ser obvia, al seguirse β y $\neg\beta$ de la hipótesis.

Tercera regla de distributividad

$$[\mathbf{R_{25a}}] \qquad \frac{(\gamma \vee \alpha) \wedge (\gamma \vee \beta)}{\gamma \vee (\alpha \wedge \beta)}$$

Demostración: De acuerdo con la definición de la conjunción y la disjunción, se trata de probar:

$$\neg((\neg\gamma \rightarrow \alpha) \rightarrow \neg(\neg\gamma \rightarrow \beta)) \overset{p}{\vdash} \neg\gamma \rightarrow \neg(\alpha \rightarrow \neg\beta),$$

que, por aplicación reiterada de [**TD**] y [**N**], es equivalente a:

$$\neg\gamma,\ \alpha \rightarrow \neg\beta,\ \neg\gamma \rightarrow \alpha \overset{p}{\vdash} \neg(\neg\gamma \rightarrow \beta)),$$

a su vez equivalente, por [**AH2**], a:

$$\neg\gamma,\ \alpha \rightarrow \neg\beta,\ \neg\gamma \rightarrow \alpha,\ \neg\gamma \rightarrow \beta \overset{p}{\vdash} \neg(\neg\gamma \rightarrow \beta)),$$

que resulta ser obvia, al seguirse β y $\neg\beta$ de la hipótesis.

Cuarta regla de distributividad

$[\mathbf{R_{25b}}]$ $$\frac{\gamma \lor (\alpha \land \beta)}{(\gamma \lor \alpha) \land (\gamma \lor \beta)}$$

Demostración: Por $[\mathbf{R_{22}}]$, basta probar:

$$\gamma \overset{p}{\vdash} (\gamma \lor \alpha) \land (\gamma \lor \beta),$$

$$\alpha \land \beta \overset{p}{\vdash} (\gamma \lor \alpha) \land (\gamma \lor \beta),$$

que, por $[\mathbf{R_{12}}]$, se reducen a su vez a:

$$\gamma \overset{p}{\vdash} \gamma \lor \alpha,$$

$$\gamma \overset{p}{\vdash} \gamma \lor \beta,$$

$$\alpha \land \beta \overset{p}{\vdash} \gamma \lor \alpha,$$

$$\alpha \land \beta \overset{p}{\vdash} \gamma \lor \beta,$$

relaciones que se verifican trivialmente.

Ejercicio 4.3.3. Demostrar que si el axioma $[\mathbf{A_3}]$ se reemplaza por $[\mathbf{T_5}]$ o por $[\mathbf{T_6}]$, la relación $\overset{p}{\vdash}$ resultante es extensionalmente distinta de la definida en 4.2.1.

Sugerencia: Modificar la semántica del símbolo de negación.

Ejercicio 4.3.4. Estudiar si se verifica:

$$\overset{p}{\vdash} (\alpha \leftrightarrow \beta) \to ((\delta \land \alpha) \leftrightarrow (\delta \land \beta)),$$

$$\overset{p}{\vdash} ((\delta \land \alpha) \leftrightarrow (\delta \land \beta)) \to (\alpha \leftrightarrow \beta).$$

4.4. Reglas de deducción para cuantificadores

Hasta el momento, se tiene un axioma y una regla en los que aparecen símbolos de cuantificación:

$[\mathbf{A_4}]$ $[\alpha]^t_x \to \exists x\, \alpha.$

Regla de introducción del cuantificador existencial en el antecedente

$[\mathbf{I} \exists \mathbf{A}]$ $$\frac{\alpha \to \beta}{\exists x\, \alpha \to \beta} \qquad \text{si } x \notin lbr(\beta)$$

Y, puesto que $\forall x\, \alpha$ es una abreviatura de $\neg \exists x \neg \alpha$, se verificará:

$$\vdash \forall x\, \alpha \leftrightarrow \neg \exists x \neg \alpha.$$

Regla de introducción del cuantificador universal en el consiguiente

[**I** $\forall$ **C**] $\dfrac{\beta \to \alpha}{\beta \to \forall x\, \alpha}$ si $x \notin lbr(\beta)$

Demostración:

[1] $\beta \to \alpha$ (hipótesis)

[2] $\neg\, \alpha \to \neg\, \beta$ [$\mathbf{R_{10}}$], [1]

[3] $\exists x \neg\, \alpha \to \neg\, \beta$ [**I** $\exists$ **A**], [2], $x \notin lbr(\neg\, \beta)$

[4] $\beta \to \neg\, \exists x \neg\, \alpha$ [$\mathbf{R_{11}}$], [3]

Regla de introducción del cuantificador existencial en el consiguiente

[**I** $\exists$ **C**] $\dfrac{\beta \to \alpha}{\beta \to \exists x\, \alpha}$

Demostración: Obvio, pues al ser $\alpha^x_x \overset{df}{=} \alpha$, $\alpha \to \exists x\, \alpha$ es un axioma.

Regla de introducción del cuantificador universal en el antecedente

[**I** $\forall$ **A**] $\dfrac{\alpha \to \beta}{\forall x\, \alpha \to \beta}$

Demostración:

[1] $\alpha \to \beta$ (hipótesis)

[2] $\neg\, \beta \to \neg\, \alpha$ [$\mathbf{R_{10}}$], [1]

[3] $\neg\, \beta \to \exists x \neg\, \alpha$ [**I** $\exists$ **C**], [2]

[4] $\neg\, \exists\, x\, \neg\, \alpha \to \beta$ [$\mathbf{R_{9}}$], [3]

Regla de eliminación del cuantificador existencial en el antecedente

[**E** $\exists$ **A**] $\dfrac{\exists x\, \alpha \to \beta}{\alpha \to \beta}$

Demostración: Consecuencia de que $\alpha \to \exists x\, \alpha$ es un axioma.

Regla de eliminación del cuantificador universal en el consiguiente

[**E** $\forall$ **C**] $\dfrac{\beta \to \forall x\, \alpha}{\beta \to \alpha}$

Demostración:

[1]	$\beta \rightarrow \neg \exists x \neg \alpha$	(hipótesis)
[2]	$\exists x \neg \alpha \rightarrow \neg \beta$	$[\mathbf{R_{11}}]$, [1]
[3]	$\neg \alpha \rightarrow \neg \beta$	[**E** $\exists$ **A**], [2]
[4]	$\beta \rightarrow \alpha$	[**N**], [3]

Regla de Generalización

$$[\mathbf{G}] \qquad \frac{\alpha}{\forall x\, \alpha}$$

Demostración:

[1]	α	(hipótesis)
[2]	$\alpha \rightarrow (\neg \forall x\, \alpha \rightarrow \alpha)$	axioma $[\mathbf{A_1}]$
[3]	$\neg \forall x\, \alpha \rightarrow \alpha$	[**MP**], [1], [2]
[4]	$\neg \forall x\, \alpha \rightarrow \forall x \alpha$	[**I** $\forall$ **C**], [3], $x \notin lbr(\forall x \alpha)$
[5]	$\forall x \alpha$	$[\mathbf{R_{19}}]$, [4]

Regla de particularización

$$[\mathbf{P}] \qquad \frac{\forall x\, \alpha}{\alpha_x^t}$$

Demostración: Consecuencia de que $\neg [\alpha]_x^t \rightarrow \exists x \neg \alpha$ es un axioma.

Regla de introducción del cuantificador existencial en el antecedente y consiguiente

$$[\mathbf{I} \exists \mathbf{A\,C}] \qquad \frac{\alpha \rightarrow \beta}{\exists x\, \alpha \rightarrow \exists x\, \beta}$$

Demostración:

[1]	$\alpha \rightarrow \beta$	(hipótesis)
[2]	$\alpha \rightarrow \exists x\, \beta$	[**I** $\exists$ **C**], [1]
[3]	$\exists x\, \alpha \rightarrow \exists x\, \beta$	[**I** $\exists$ **A**], [2], $x \notin lbr(\exists x\, \beta)$

Regla de introducción del cuantificador universal en el antecedente y consiguiente

$$[\mathbf{I} \forall \mathbf{A\,C}] \qquad \frac{\alpha \rightarrow \beta}{\forall x\, \alpha \rightarrow \forall x\, \beta}$$

Demostración dual.

Observación 4.4.1. Las dos últimas reglas, junto con la de transitividad, justifican pasos triviales tales como:

$$\frac{\gamma \to \exists x\,(\neg\,\delta\ \vee\ \neg\,\epsilon)}{\gamma \to \exists x\,\neg\,(\delta\ \wedge\ \epsilon)} \qquad\qquad \frac{\gamma \to \forall x\,(\neg\,\delta\ \vee\ \epsilon)}{\gamma \to \forall x\,(\delta \to \epsilon)}$$

Regla de doble introducción del cuantificador existencial en el consiguiente

$$[\mathbf{I}\,\exists\,\exists\,\mathbf{C}] \qquad \frac{\beta \to (\gamma \to \delta)}{\beta \to (\exists x\,\gamma \to \exists x\,\delta)} \qquad \text{si } x \notin lbr(\beta)$$

Demostración:

[1]	$\beta \to (\gamma \to \delta)$	(hipótesis)
[2]	$\gamma \to (\beta \to \delta)$	$[\mathbf{R_3}]$, [1]
[3]	$(\gamma\ \wedge\ \beta) \to \delta$	$[\mathbf{T_{16}}]$, [2]
[4]	$(\gamma\ \wedge\ \beta) \to \exists x\,\delta$	$[\mathbf{I}\,\exists\,\mathbf{C}]$, [3]
[5]	$\gamma \to (\beta \to \exists x\,\delta)$	$[\mathbf{T_{16}}]$, [4]
[6]	$\exists x\,\gamma \to (\beta \to \exists x\,\delta)$	$[\mathbf{I}\,\exists\,\mathbf{A}]$, [5], $x \notin lbr(\beta \to \exists x\,\delta)$
[7]	$\beta \to (\exists x\,\gamma \to \exists x\,\delta)$	$[\mathbf{R_3}]$, [6]

Regla de doble introducción del cuantificador universal en el consiguiente

$$[\mathbf{I}\,\forall\,\forall\,\mathbf{C}] \qquad \frac{\beta \to (\gamma \to \delta)}{\beta \to (\forall x\,\gamma \to \forall x\,\delta)} \qquad \text{si } x \notin lbr(\beta)$$

Demostración: Inmediata a partir de la anterior.

Teorema 4.4.2. Para fórmulas cualesquiera α, β y toda variable $x \notin lbr(\beta)$ se verifica:

$[\mathbf{Q_1}]$ $\vdash (\exists x\,\alpha\ \vee\ \beta)\ \leftrightarrow\ \exists x\,(\alpha\ \vee\ \beta)$

$[\mathbf{Q_2}]$ $\vdash (\exists x\,\alpha\ \wedge\ \beta)\ \leftrightarrow\ \exists x\,(\alpha\ \wedge\ \beta)$

$[\mathbf{Q_3}]$ $\vdash (\forall x\,\alpha\ \vee\ \beta)\ \leftrightarrow\ \forall x\,(\alpha\ \vee\ \beta)$

$[\mathbf{Q_4}]$ $\vdash (\forall x\,\alpha\ \wedge\ \beta)\ \leftrightarrow\ \forall x\,(\alpha\ \wedge\ \beta)$

Demostración:

Ad $[\mathbf{Q_1}]$ $\to$:

[1]	$\exists x\,\alpha \to \exists x(\alpha\ \vee\ \beta)$	$[\mathbf{T_{20}}]$, $[\mathbf{I}\,\exists\,\mathbf{A}\,\mathbf{C}]$
[2]	$\beta \to \exists x(\alpha\ \vee\ \beta)$	$[\mathbf{T_{21}}]$, $[\mathbf{I}\,\exists\,\mathbf{C}]$
[3]	$(\exists x\,\alpha\ \vee\ \beta) \to \exists x\,(\alpha\ \vee\ \beta)$	$[\mathbf{R_{22}}]$, [1], [2]

Ad $[\mathbf{Q_1}]$ $\leftarrow$:

[1]	$\neg\beta \to (\exists x\,(\alpha \vee \beta) \to \exists x\,\alpha)$	$[\mathbf{T_{23}}]$, $[\mathbf{I}\,\exists\,\exists\,\mathbf{C}]$, $x \notin lbr(\beta)$
[2]	$\exists x\,(\alpha \vee \beta) \to (\neg\beta \to \exists x\,\alpha)$	$[\mathbf{R_3}]$, [1]
[3]	$\exists x\,(\alpha \vee \beta) \to (\neg\exists x\,\alpha \to \beta)$	$[\mathbf{T_9}]$, $[\mathbf{R_4}]$, [2]
[4]	$\exists x\,(\alpha \vee \beta) \to (\exists x\,\alpha \vee \beta)$	[3]

Ad $[\mathbf{Q_2}]$ $\to$:

[1]	$\beta \to (\alpha \to (\alpha \wedge \beta))$	$[\mathbf{T_{12}}]$, $[\mathbf{R_3}]$
[2]	$\beta \to (\exists x\,\alpha \to \exists x\,(\alpha \wedge \beta))$	$[\mathbf{I}\,\exists\,\exists\,\mathbf{C}]$, [1], $x \notin lbr(\beta)$
[3]	$(\exists x\,\alpha \wedge \beta) \to \exists x(\alpha \wedge \beta))$	$[\mathbf{R_3}]$, $[\mathbf{T_{16}}]$, [2]

Ad $[\mathbf{Q_2}]$ $\leftarrow$:

[1]	$\exists x\,(\alpha \wedge \beta) \to \exists x\,\alpha$	$[\mathbf{T_{14}}]$, $[\mathbf{I}\,\exists\,\mathbf{A}\,\mathbf{C}]$
[2]	$\exists x\,(\alpha \wedge \beta) \to \beta$	$[\mathbf{T_{15}}]$, $[\mathbf{I}\,\exists\,\mathbf{A}]$, $x \notin lbr(\beta)$
[3]	$\exists x\,(\alpha \wedge \beta) \to (\exists x\,\alpha \wedge \beta)$	$[\mathbf{R_{13}}]$, [1], [2]

$[\mathbf{Q_3}]$ se obtiene sustituyendo en $[\mathbf{Q_2}]$ α por $\neg\alpha$ y β por $\neg\beta$.

$[\mathbf{Q_4}]$ se obtiene sustituyendo en $[\mathbf{Q_1}]$ α por $\neg\alpha$ y β por $\neg\beta$.

Corolario 4.4.3. Si $x \notin lbr(\beta)$ se verifica:

$[\mathbf{Q_5}]$ $\vdash (\exists x\,\alpha \to \beta) \leftrightarrow \forall x\,(\alpha \to \beta)$

$[\mathbf{Q_6}]$ $\vdash (\beta \to \exists x\,\alpha) \leftrightarrow \exists x\,(\beta \to \alpha)$

$[\mathbf{Q_7}]$ $\vdash (\forall x\,\alpha \to \beta) \leftrightarrow \exists x\,(\alpha \to \beta)$

$[\mathbf{Q_8}]$ $\vdash (\beta \to \forall x\,\alpha) \leftrightarrow \forall x\,(\beta \to \alpha)$

Demostración: Sustituyendo α por $\neg\alpha$ en $[\mathbf{Q_1}]$, $[\mathbf{Q_2}]$, $[\mathbf{Q_3}]$ y $[\mathbf{Q_4}]$ se obtienen, respectivamente, $[\mathbf{Q_7}]$, $[\mathbf{Q_8}]$, $[\mathbf{Q_5}]$ y $[\mathbf{Q_6}]$.

Observación 4.4.4. Sin necesidad de que x no esté libre en β se verifica:

[1] $\vdash (\exists x\,\alpha \vee \beta) \to \exists x\,(\alpha \vee \beta)$

[2] $\vdash \forall x(\alpha \wedge \beta) \to (\forall x\,\alpha \wedge \beta)$

[3] $\vdash (\forall x\alpha \to \beta) \to \exists x(\alpha \to \beta)$

[4] $\vdash (\beta \to \exists x\alpha) \to \exists x(\beta \to \alpha)$

En efecto:

[1] cfr. prueba de $[\mathbf{Q_1}] \rightarrow$

[2] Sustituyendo en [1] α por $\neg\,\alpha$ y β por $\neg\,\beta$

[3] Sustituyendo en [1] α por $\neg\,\alpha$.

[4] Sustituyendo en [1] β por $\neg\,\beta$.

Como consecuencia inmediata de $[\mathbf{Q_1}]$-$[\mathbf{Q_8}]$ se obtienen dieciséis reglas de deducción, doce de las cuales son válidas bajo la hipótesis de que $x \notin lbr(\beta)$.

$[\mathbf{R1}]$ $$\frac{\exists x\,\alpha \ \vee \ \beta}{\exists x\,(\alpha \ \vee \ \beta)}$$

$[\mathbf{R2}]$ $$\frac{\exists x\,(\alpha \ \vee \ \beta)}{\exists x\,\alpha \ \vee \ \beta} \qquad x \notin lbr(\beta)$$

$[\mathbf{R3}]$ $$\frac{\exists x\,\alpha \ \wedge \ \beta}{\exists x\,(\alpha \ \wedge \ \beta)} \qquad x \notin lbr(\beta)$$

$[\mathbf{R4}]$ $$\frac{\exists x\,(\alpha \ \wedge \ \beta)}{\exists x\,\alpha \ \wedge \ \beta} \qquad x \notin lbr(\beta)$$

$[\mathbf{R5}]$ $$\frac{\forall x\,(\alpha \ \wedge \ \beta)}{\forall x\,\alpha \ \wedge \ \beta}$$

$[\mathbf{R6}]$ $$\frac{\forall x\,\alpha \ \wedge \ \beta}{\forall x\,(\alpha \ \wedge \ \beta)} \qquad x \notin lbr(\beta)$$

$[\mathbf{R7}]$ $$\frac{\forall x\,\alpha \ \vee \ \beta}{\forall x\,(\alpha \ \vee \ \beta)} \qquad x \notin lbr(\beta)$$

$[\mathbf{R8}]$ $$\frac{\forall x\,(\alpha \ \vee \ \beta)}{\forall x\,\alpha \ \vee \ \beta} \qquad x \notin lbr(\beta)$$

$[\mathbf{R9}]$ $$\frac{\exists x\,\alpha \rightarrow \beta}{\forall x\,(\alpha \rightarrow \beta)} \qquad x \notin lbr(\beta)$$

[**R10**] $\dfrac{\forall x\,(\alpha \to \beta)}{\exists x\,\alpha \to \beta}$ $x \notin lbr(\beta)$

[**R11**] $\dfrac{\beta \to \exists x\,\alpha}{\exists x\,(\beta \to \alpha)}$

[**R12**] $\dfrac{\exists x\,(\beta \to \alpha)}{\beta \to \exists x\,\alpha}$ $x \notin lbr(\beta)$

[**R13**] $\dfrac{\forall x\,\alpha \to \beta}{\exists x(\alpha \to \beta)}$

[**R14**] $\dfrac{\exists x(\alpha \to \beta)}{\forall x\,\alpha \to \beta}$ $x \notin lbr(\beta)$

[**R15**] $\dfrac{\beta \to \forall x\,\alpha}{\forall x(\beta \to \alpha)}$ $x \notin lbr(\beta)$

[**R16**] $\dfrac{\forall x(\beta \to \alpha)}{\beta \to \forall x\,\alpha}$ $x \notin lbr(\beta)$

4.5. Equivalencia lógica

Definición 4.5.1. (*Fórmulas equivalentes*) Dos fórmulas α, β son equivalentes respecto al conjunto de fórmulas Φ, lo que se denotará por $\overset{\Phi}{\sim}$, si se verifica:

$$\Phi \vdash \alpha \leftrightarrow \beta.$$

Definición 4.5.2. (*Fórmulas lógicamente equivalentes*) Dos fórmulas α, β son lógicamente equivalentes, lo que se denotará por $\alpha \sim \beta$, si se verifica:

$$\vdash \alpha \leftrightarrow \beta.$$

Observación 4.5.3. Aunque dos fórmulas lógicamente equivalentes tienen los mismos modelos, el recíproco es falso, ya que, por ejemplo, Px y Py tienen los mismos modelos, pero $\nvdash Px \leftrightarrow Py$.

Lema 4.5.4. Si la variable u no aparece en $\exists x\,\alpha$, entonces esta fórmula es lógicamente equivalente a $\exists u\,[\alpha]_x^u$.

Demostración:

[1]	$[\alpha]^u_x \to \exists x\, \alpha$	$[\mathbf{A_4}]$
[2]	$\exists u\, [\alpha]^u_x \to \exists x\, \alpha$	$[\mathbf{I} \exists\, \mathbf{A}]$, [1], $u \notin lbr(\exists x\, \alpha)$
[3]	$[[\alpha]^u_x]^x_u \to \exists u\; [\alpha]^u_x$	$[\mathbf{A_4}]$
[4]	$\alpha \to \exists u\; [\alpha]^u_x$	[3], pues $[[\alpha]^u_x]^x_u$ es α
[5]	$\exists x\, \alpha \to \exists u\; [\alpha]^u_x$	$[\mathbf{I} \exists\, \mathbf{A}]$, [4], $x \notin lbr(\exists u\; [\alpha]^u_x)$

De [2] y [5] se sigue: $\vdash \exists x\, \alpha \leftrightarrow \exists u\; [\alpha]^u_x$.

Del Lema 4.5.4. se sigue inmediatamente:

Lema 4.5.5. Si la variable u no aparece en $\forall x\, \alpha$, entonces:

$$\forall x\, \alpha \;\sim\; \forall u\, [\alpha]^u_x.$$

Lema 4.5.6. (*Sustitución de equivalentes*) Si se verifica:

[1] δ es una subfórmula de α,

[2] $\Phi \vdash \delta \leftrightarrow \delta'$,

[3] α' es el resultado de sustituir δ por δ' en α,

entonces:

$$\Phi \vdash \alpha \leftrightarrow \alpha'.$$

La prueba puede realizarse fácilmente por inducción sobre el número de símbolos lógicos de α, teniendo en cuenta que, para fórmulas cualesquiera γ y ϵ, de $\Phi \vdash \gamma \leftrightarrow \gamma'$ se sigue:

$$\Phi \vdash \neg\gamma \leftrightarrow \neg\gamma',$$

$$\Phi \vdash (\epsilon \to \gamma) \leftrightarrow (\epsilon \to \gamma'),$$

$$\Phi \vdash (\gamma \to \epsilon) \leftrightarrow (\gamma' \to \epsilon),$$

$$\Phi \vdash \exists x\, \gamma \leftrightarrow \exists x\, \gamma'.$$

De las anteriores implicaciones se obtienen otras análogas para los símbolos lógicos definidos.

Ejemplo 4.5.7. Si $\Phi \vdash \alpha \leftrightarrow \beta$, entonces:

$$\Phi \vdash \exists x\, (\gamma \to \forall y\, (\delta \;\wedge\; \alpha)) \;\leftrightarrow\; \exists x\, (\gamma \to \forall y\, (\delta \;\wedge\; \beta)),$$

ya que, denotando por $\overset{\Phi}{\sim}$ la equivalencia respecto a Φ, se tiene sucesivamente:

$$\alpha \overset{\Phi}{\sim} \beta,$$

$$\delta \wedge \alpha \overset{\Phi}{\sim} \delta \wedge \beta,$$

$$\forall y\,(\delta \wedge \alpha) \overset{\Phi}{\sim} \forall y\,(\delta \wedge \beta),$$

$$\gamma \to \forall y\,(\delta \wedge \alpha) \overset{\Phi}{\sim} \gamma \to \forall y\,(\delta \wedge \beta),$$

$$\exists x\,(\gamma \to \forall y\,(\delta \wedge \alpha)) \overset{\Phi}{\sim} \exists x\,(\gamma \to \forall y\,(\delta \wedge \beta)).$$

Corolario 4.5.8. Una fórmula es lógicamente equivalente a todas sus variantes.

Por ejemplo, $\forall z(\exists u\, Rxu \to \forall v\, Pvxz)$ es lógicamente equivalente a su variante $\forall w(\exists y\, Rxy \to \forall t\, Ptxw)$, ya que, de acuerdo con los Lemas 4.5.4.-4.5.6., se verifican las equivalencias:

$$\begin{aligned}\forall z(\exists u\, Rxu \to \forall v\, Pvxz) &\sim \forall w(\exists u\, Rxu \to \forall v\, Pvxw)\\ &\sim \forall w(\exists y\, Rxy \to \forall v\, Pvxw)\\ &\sim \forall w(\exists y\, Rxy \to \forall t\, Ptxw).\end{aligned}$$

A partir de los dos últimos resultados y de $[\mathbf{Q_5}]$-$[\mathbf{Q_8}]$ se obtienen las siguientes equivalencias, supuesto que $x \notin lbr(\beta)$ y que la variable u no aparezca ni en α ni en β :

$$\begin{aligned}\exists x\,\alpha \leftrightarrow \beta &\sim (\exists x\,\alpha \to \beta) \wedge (\beta \to \exists x\,\alpha)\\ &\sim (\exists x\,\alpha \to \beta) \wedge (\beta \to \exists u\,\alpha^u_x)\\ &\sim \forall x\,(\alpha \to \beta) \wedge \exists u\,(\beta \to \alpha^u_x),\end{aligned}$$

y, en consecuencia, de acuerdo con $[\mathbf{Q_2}]$ y $[\mathbf{Q_4}]$:

$[\mathbf{Q_9}]$ $\vdash (\exists x\,\alpha \leftrightarrow \beta) \leftrightarrow \forall x\,\exists u\,((\alpha \to \beta) \wedge (\beta \to \alpha^u_x)).$

$[\mathbf{Q_{10}}]$ $\vdash (\exists x\,\alpha \leftrightarrow \beta) \leftrightarrow \exists u\,\forall x\,((\alpha \to \beta) \wedge (\beta \to \alpha^u_x)).$

De forma completamente similar (y bajo las mismas hipótesis acerca de las variables x, u) se obtiene:

$[\mathbf{Q_{11}}]$ $\vdash (\forall x\,\alpha \leftrightarrow \beta) \leftrightarrow \exists x\,\forall u\,((\alpha \to \beta) \wedge (\beta \to \alpha^u_x)).$

$[\mathbf{Q_{12}}]$ $\vdash (\forall x\,\alpha \leftrightarrow \beta) \leftrightarrow \forall u\,\exists x\,((\alpha \to \beta) \wedge (\beta \to \alpha^u_x)).$

Ejercicio 4.5.9. Demostrar:

[a] $\vdash \exists x\,\exists y\,\alpha \leftrightarrow \exists y\,\exists x\,\alpha.$

[b] $\vdash \exists x\,\forall y\,\alpha \to \forall y\,\exists x\,\alpha.$

[c] $\vdash \exists x\,(\alpha \vee \beta) \leftrightarrow (\exists x\,\alpha \vee \exists x\,\beta).$

[d] $\vdash \forall x\,(\alpha \wedge \beta) \leftrightarrow (\forall x\,\alpha \wedge \forall x\,\beta)$.

[e] $\vdash (\forall x\,\alpha \rightarrow \exists x\beta) \leftrightarrow \exists x\,(\alpha \rightarrow \beta)$.

[f] $\vdash \exists x\,(\phi(x) \rightarrow \forall y\,\phi(y))$ (cfr. Notación 1.2.6. [3]).

Soluciones:

ad [a]:

[1]	$\alpha \rightarrow \exists x\,\alpha$	$[\mathbf{A_4}]$
[2]	$\alpha \rightarrow \exists y\,\exists x\,\alpha$	[1]
[3]	$\exists y\,\alpha \rightarrow \exists y\,\exists x\,\alpha$	[2]
[4]	$\exists x\,\exists y\,\alpha \rightarrow \exists y\,\exists x\,\alpha$	[3]

ad [b] :

[1]	$\alpha \rightarrow \exists x\,\alpha$	$[\mathbf{A_4}]$
[2]	$\forall y\,\alpha \rightarrow \exists x\,\alpha$	[1]
[3]	$\forall y\,\alpha \rightarrow \forall y\,\exists x\,\alpha$	[2]
[4]	$\exists x\,\forall y\,\alpha \rightarrow \forall y\,\exists x\,\alpha$	[3]

ad [c] $\rightarrow$:

[1]	$\alpha \rightarrow \exists x\,\alpha$	$[\mathbf{A_4}]$
[2]	$\beta \rightarrow \exists x\,\beta$	$[\mathbf{A_4}]$
[3]	$(\alpha \vee \beta) \rightarrow (\exists x\,\alpha \vee \exists x\,\beta)$	[1], [2]
[4]	$\exists x\,(\alpha \vee \beta) \rightarrow (\exists x\,\alpha \vee \exists x\,\beta)$	[3]

ad [c] $\leftarrow$:

[1]	$\alpha \rightarrow (\alpha \vee \beta)$	$[\mathbf{T_{20}}]$
[2]	$\exists x\,\alpha \rightarrow \exists x\,(\alpha \vee \beta)$	[1]
[3]	$\beta \rightarrow (\alpha \vee \beta)$	$[\mathbf{T_{21}}]$
[4]	$\exists x\,\beta \rightarrow \exists x\,(\alpha \vee \beta)$	[2]
[5]	$(\exists x\,\alpha \vee \exists x\,\beta) \rightarrow \exists x\,(\alpha \vee \beta)$	[2], [4]

ad [d]: dual de [c].

ad [e] $\rightarrow$:

[1]	$\beta \rightarrow (\alpha \rightarrow \beta)$	$[\mathbf{A_1}]$
[2]	$\exists x\,\beta \rightarrow \exists x\,(\alpha \rightarrow \beta)$	[1]
[3]	$\neg\,\alpha \rightarrow (\alpha \rightarrow \beta)$	$[\mathbf{T_8}]$, $[\mathbf{R_3}]$
[4]	$\exists x\,\neg\,\alpha \rightarrow \exists x\,(\alpha \rightarrow \beta)$	[3]
[5]	$\neg\,\forall x\,\alpha \rightarrow \exists x\,(\alpha \rightarrow \beta)$	[4]
[6]	$(\neg\,\forall x\,\alpha \vee \exists x\,\beta) \rightarrow \exists x\,(\alpha \rightarrow \beta)$	[5], [2]
[7]	$(\forall x\,\alpha \rightarrow \exists x\,\beta) \rightarrow \exists x\,(\alpha \rightarrow \beta)$	[6]

ad[e] $\leftarrow$: [1] $\alpha \to ((\alpha \to \beta) \to \beta)$ $[\mathbf{T_1}]$, $[\mathbf{R_3}]$

[2] $\forall x\alpha \to ((\alpha \to \beta) \to \beta)$ [1]

[3] $\forall x\alpha \to (\exists x\,(\alpha \to \beta) \to \exists x\,\beta)$ [2]

[4] $\exists x\,(\alpha \to \beta) \to (\forall x\alpha \to \exists x\,\beta)$ [3]

ad[f]: [1] $\neg\,\phi(x) \to (\phi(x) \to \forall y\,\phi(y))$ $[\mathbf{T_8}]$, $[\mathbf{R_3}]$

[2] $\exists x \neg\,\phi(x) \to \exists x\,(\phi(x) \to \forall y\,\phi(y))$ [1]

[3] $\neg\,\forall x\,\phi(x) \to \exists x\,(\phi(x) \to \forall y\,\phi(y))$ [2]

[4] $\forall x\,\phi(x) \to (\phi(x) \to \forall x\,\phi(x))$ $[\mathbf{A_1}]$

[5] $\forall x\,\phi(x) \to (\phi(x) \to \forall y\,\phi(y))$ [4]

[6] $\forall x\,\phi(x) \to \exists x\,(\phi(x) \to \forall y\,\phi(y))$ [5]

[7] $\exists x\,(\phi(x) \to \forall y\,\phi(y))$ [3], [6]

Ejercicio 4.5.10. Derivar la proposición "Carlos no afeita a nadie" a partir de "Carlos afeita a todos los habitantes de Sitges que no se afeitan a si mismos y sólo a ellos" y "Carlos es un habitante de Sitges" (cfr. [**Mosterín**, 1970], p. 63).

Solución: Simbolización:

c : *Carlos.*

Sx : *x es de Sitges.*

Axy : *x afeita a y.*

[1] $\forall x\,(Acx \leftrightarrow (Sx\ \wedge \neg\,Axx))$ (hipótesis)

[2] Sc (hipótesis)

[3] $Acc \leftrightarrow (Sc\ \wedge \neg\,Acc)$ [1]

[4] $Acc \to \neg\,Acc$ [3]

[5] $\neg\,Acc$ $[\mathbf{R_{18}}]$, [4]

[6] Acc [2], [3], [5]

[7] $\neg\,\exists x\,Acx$ $[\mathbf{R_8}]$, [5], [6].

Ejercicio 4.5.11. Probar que la siguiente argumentación es correcta: "Sócrates es el único sofista que enseña gratuitamente. Sócrates argumenta mejor que cualquier otro sofista. Platón argumenta mejor que algún sofista que enseña gratuitamente. Si uno argumenta mejor que otro, entonces éste no argumenta mejor que aquel. Por consiguiente, Platón no es un sofista" (cfr. [**Mosterín**, 1970], p. 77).

Solución: Simbolización:

s :	*Sócrates.*
p :	*Platón.*
Fx :	*x es un sofista.*
Gx :	*x enseña gratuitamente.*
Axy :	*x argumenta mejor que y.*

Sean α, β, γ, δ y ϵ las proposiciones:

$$\alpha \stackrel{df}{=} \forall x\,((Fx \wedge Gx) \leftrightarrow x = s),$$
$$\beta \stackrel{df}{=} \forall x\,((Fx \wedge x \neq s) \rightarrow Asx),$$
$$\gamma \stackrel{df}{=} \exists x\,(Fx \wedge Gx \wedge Apx),$$
$$\delta \stackrel{df}{=} \forall x\,\forall y\,(Axy \rightarrow \neg Ayx),$$
$$\epsilon \stackrel{df}{=} Fp.$$

Se trata de probar:

$$\{\alpha, \beta, \gamma, \delta\} \vdash \neg\,\epsilon,$$

o, equivalentemente:

$$\{\alpha, \beta, \gamma, \delta, \epsilon\} \vdash \neg\,\gamma.$$

[1]	$\forall x\,((Fx \wedge Gx) \leftrightarrow x = s)$	(hipótesis)
[2]	$\forall x\,((Fx \wedge x \neq s) \rightarrow Asx)$	(hipótesis)
[3]	$\exists x\,(Fx \wedge Gx \wedge Apx)$	(hipótesis)
[4]	$\forall x\,\forall y\,(Axy \rightarrow \neg\,Ayx)$	(hipótesis)
[5]	Fp	(hipótesis)
[6]	$\exists x\,(x = s \wedge Apx)$	[1], [3]
[7]	Aps	[6]
[8]	$Aps \rightarrow (s = p \rightarrow App)$	(axioma $[\mathbf{A_8}]$), $[\mathbf{R_3}]$
[9]	$s = p \rightarrow App$	[7], [8]
[10]	$App \rightarrow \neg\,App$	[4]
[11]	$\neg\,App$	[10]
[12]	$p \neq s$	[9], [11]
[13]	$(Fp \wedge p \neq s) \rightarrow Asp$	[2]
[14]	Asp	[5], [12], [13]
[15]	$Asp \rightarrow \neg\,Aps$	[4]
[16]	$\neg\,Aps$	[14], [15]

[17]	$x = s \to \neg Apx$	[16]
[18]	$(Fx \wedge Gx) \to \neg Apx$	[17], [1]
[19]	$\forall x\,((Fx \wedge Gx) \to \neg Apx)$	[18]
[20]	$\neg \exists x\,(Fx \wedge Gx \wedge Apx)$	[19]

□

Ejercicio 4.5.12. Demostrar que el siguiente razonamiento es correcto: "Quien desprecia a todos los fanáticos desprecia también a todos los políticos. Alguien no desprecia a un determinado político. Por consiguiente, hay un fanático al que no todo el mundo desprecia" (cfr. [**Mosterín**, 1970], pp. 63-64).

Solución: Simbolización:

Fx : *x es un fanático.*

Px : *x es un político.*

Dxy : *x desprecia a y.*

Sean, respectivamente, α, β y γ las fórmulas:

$$\alpha \stackrel{df}{=} \forall x\,(\forall y\,(Fy \to Dxy) \to \forall y\,(Py \to Dxy)),$$

$$\beta \stackrel{df}{=} \exists y\,(Py \wedge \exists x \neg Dxy),$$

$$\gamma \stackrel{df}{=} \exists y\,(Fy \wedge \exists x \neg Dxy),$$

y, en consecuencia, denotando por $\sim$ la equivalencia lógica:

$$\neg\beta \sim \neg\exists y\,\exists x\,(Py \wedge \neg Dxy) \sim \forall y \forall x\,(Py \to Dxy) \sim \forall x \forall y\,(Py \to Dxy),$$

$$\neg\gamma \sim \neg\exists y\,\exists x\,(Fy \wedge \neg Dxy) \sim \forall y \forall x\,(Fy \to Dxy) \sim \forall x \forall y\,(Fy \to Dxy),$$

probaremos: $\{\alpha, \neg\gamma\} \vdash \neg\beta$, con lo que $\{\alpha, \beta\} \vdash \gamma$.

[1]	$\forall x\,(\forall y\,(Fy \to Dxy) \to \forall y\,(Py \to Dxy))$	(α)
[2]	$\forall x \forall y\,(Fy \to Dxy)$	$(\neg\gamma)$
[3]	$\forall y\,(Fy \to Dxy)$	[2]
[4]	$\forall y\,(Fy \to Dxy) \to \forall y\,(Py \to Dxy)$	[1]
[5]	$\forall y\,(Py \to Dxy)$	[3], [4]
[6]	$\forall x \forall y\,(Py \to Dxy)$	[5]

Ejercicio 4.5.13. Probar que la siguiente argumentación es correcta: "Ninguna mujer, excepto Anke, Britta y Claudia, asisten a la conferencia. De los que asisten a la conferencia sólo fuman mujeres. Anke no fuma. De los que van a la conferencia a lo sumo dos fuman".

Solución: Simbolización:

$a:$ *Anke.*
$b:$ *Britta.*
$c:$ *Claudia.*
$Cx:$ *x asiste a la conferencia.*
$Mx:$ *x es mujer.*
$Fx:$ *x fuma.*

Sean las proposiciones:

$$\alpha \overset{df}{=} \forall x\,((Cx \wedge Mx) \leftrightarrow (x = a \vee x = b \vee x = c)),$$
$$\beta \overset{df}{=} \forall x((Cx \wedge Fx) \rightarrow Mx),$$
$$\gamma \overset{df}{=} \neg Fa,$$
$$\delta \overset{df}{=} \exists y\,\exists z\,\forall x\,((Cx \wedge Fx) \rightarrow (x = y \vee x = z)).$$

Se trata de probar:

$$\{\alpha, \beta, \gamma\} \vdash \delta.$$

[1]	$\forall x\,((Cx \wedge Mx) \leftrightarrow (x = a \vee x = b \vee x = c))$	(hipótesis)
[2]	$\forall x((Cx \wedge Fx) \rightarrow Mx)$	(hipótesis)
[3]	$\neg Fa$	(hipótesis)
[4]	$(Cx \wedge Fx) \rightarrow (x = a \vee x = b \vee x = c))$	[1], [2]
[5]	$x = a \rightarrow \neg Fx$	[3]
[6]	$Fx \rightarrow x \neq a$	[5]
[7]	$(Cx \wedge Fx) \rightarrow (x = b \vee x = c)$	[$\mathbf{R_{23}}$], [4], [6],
[8]	$\forall x\,((Cx \wedge Fx) \rightarrow (x = b \vee x = c))$	[7]
[9]	$\exists y\,\exists z\,\forall x\,((Cx \wedge Fx) \rightarrow (x = y \vee x = z))$	[8]

Ejercicio 4.5.14. Convertir en una prueba formal la siguiente demostración informal de que en un grupo todo elemento tiene un inverso por la izquierda.

Sean:

$$\alpha \overset{df}{=} \forall x \forall y \forall z\,((x \cdot y) \cdot z = x \cdot (y \cdot z)),$$
$$\beta \overset{df}{=} \forall x\,(x \cdot e = x),$$
$$\gamma \overset{df}{=} \forall x\,\exists y\,(x \cdot y = e),$$
$$\delta \overset{df}{=} \forall x\,\exists y\,(y \cdot x = e).$$

Se trata de probar:

$$\alpha,\ \beta,\ \gamma \vdash \delta.$$

Demostración informal: De γ se sigue que para todo x existen y, z que verifican:

$$x \cdot y = e,$$

$$y \cdot z = e,$$

con lo que se tiene:

$$y \cdot x = (y \cdot x) \cdot e = (y \cdot x) \cdot (y \cdot z) = (y \cdot (x \cdot y)) \cdot z = (y \cdot e) \cdot z = y \cdot z = e.$$

Solución: A partir de la demostración informal se obtiene fácilmente:

$$\alpha,\ \beta \vdash y \cdot z = e \rightarrow (x \cdot y = e \rightarrow y \cdot x = e),$$

con lo que se tiene sucesivamente:

$$\alpha,\ \beta \vdash \exists z\, (y \cdot z = e) \rightarrow (x \cdot y = e \rightarrow y \cdot x = e),$$

$$\alpha,\ \beta \vdash \forall y\, \exists z\, (y \cdot z = e) \rightarrow (x \cdot y = e \rightarrow y \cdot x = e),$$

$$\alpha,\ \beta,\ \forall y\, \exists z\, (y \cdot z = e) \vdash x \cdot y = e \rightarrow y \cdot x = e,$$

$$\alpha,\ \beta,\ \forall y\, \exists z\, (y \cdot z = e) \vdash \exists y\, (x \cdot y = e) \rightarrow \exists y\, (y \cdot x = e),$$

$$\alpha,\ \beta,\ \forall y\, \exists z\, (y \cdot z = e) \vdash \forall x\, \exists y\, (x \cdot y = e) \rightarrow \forall x\, \exists y\, (y \cdot x = e),$$

i.e.:

$$\alpha,\ \beta,\ \forall y\, \exists z\, (y \cdot z = e) \vdash \gamma \rightarrow \delta.$$

Y, puesto que $\forall y\, \exists z\, (y \cdot z = e)$ es una variante de γ, por lo que ambas fórmulas son lógicamente equivalentes, se tiene finalmente:

$$\alpha,\ \beta,\ \gamma \vdash \delta.$$

4.6. El teorema de Herbrand

Teorema 4.6.1. *(Segundo teorema de deducción*, Herbrand, 1930*)* Si α es una fórmula cerrada, para toda fórmula β y todo conjunto de fórmulas Φ se verifica:

$$\Phi,\ \alpha \vdash \beta \iff \Phi \vdash \alpha \rightarrow \beta$$

(cfr. Ejercicio 3.27.).

Es de observar que éste no es el conocido teorema de Herbrand referente a las condiciones de insatisfactibilidad de una fórmula, que juega un papel central en la demostración automática de teoremas.

Demostración: La implicación de derecha a izquierda es obvia. Probaremos la inversa por inducción.

Si la longitud de la demostración de β a partir de Φ y α es igual a 1, el razonamiento es idéntico al del primer teorema de deducción. Es igualmente idéntico en el caso en que la demostración de β tenga longitud $n+1$ y sea un axioma lógico, una fórmula de $\Phi \cup \{\alpha\}$, o haya sido derivada por *modus ponens*. Si la longitud de la demostración es $n+1$ y β ha sido derivada mediante la regla $[\mathbf{I}\,\exists\,\mathbf{A}]$, β será de la forma $\exists x\, \delta \rightarrow \epsilon$, con $x \notin lbr(\epsilon)$, y $\delta \rightarrow \epsilon$ habrá sido derivada de Φ y α con una demostración de longitud igual o menor que n. Así pues, por la hipótesis de inducción:

$$\Phi \vdash \alpha \rightarrow (\delta \rightarrow \epsilon),$$

y, en consecuencia, por $[\mathbf{R_3}]$:

$$\Phi \vdash \delta \rightarrow (\alpha \rightarrow \epsilon),$$

y puesto que $x \notin lbr(\alpha \rightarrow \epsilon)$,

$$\Phi \vdash \exists x\, \delta \rightarrow (\alpha \rightarrow \epsilon),$$

de donde se sigue finalmente:

$$\Phi \vdash \alpha \rightarrow (\exists x\, \delta \rightarrow \epsilon),$$

i.e.:

$$\Phi \vdash \alpha \rightarrow \beta.$$

Corolario 4.6.2. Si α es una fórmula cerrada se verifican las siguientes equivalencias:

[DC1] $\Phi \vdash \gamma \iff \Phi, \alpha \vdash \gamma$ y $\Phi, \neg\alpha \vdash \gamma.$

[DC2] $\Phi \vdash \alpha \iff \Phi, \neg\alpha \vdash \alpha.$

[DC3] $\Phi \vdash \neg\alpha \iff \Phi, \alpha \vdash \neg\alpha.$

Ejercicio 4.6.3. Demostrar que el Teorema de Herbrand es falso si se omite la condición de que la fórmula α sea cerrada

Sugerencia: Probar:

$$x \neq y \vdash x = y,$$

$$\nvdash x \neq y \rightarrow x = y.$$

5 FÓRMULAS ESPECIALES

En este capítulo, cuya lectura puede omitirse, se demuestra que toda fórmula de primer orden es lógicamente equivalente a otra con todos sus cuantificadores al comienzo. El número de alternancias de cuantificadores de esta nueva fórmula constituye una razonable medida de la complejidad de aquélla.

Definición 5.1. *(Fórmula prénex)* Una fórmula tiene forma prénex si tiene la estructura:

$$Q_1\, z_1\, Q_2\, z_2 \ldots Q_n\, z_n\, \delta,$$

donde $Q_1, \ldots, Q_n \in \{\exists, \forall\}$ y δ es un fórmula sin cuantificadores.

Ejemplo: $\forall x\, \exists y\, \exists z (y \neq z \ \wedge\ fyz = x)$.

A partir de resultados elementales y de las equivalencias $[\mathbf{Q_1}]$ - $[\mathbf{Q_{12}}]$, se obtiene fácilmente, mediante inducción sobre el número de símbolos lógicos de una fórmula:

Teorema 5.2. Toda fórmula es lógicamente equivalente a otra en forma prénex con el mismo número de símbolos lógicos y de cuantificadores y con las mismas variables libres.

Ejemplo 5.3. Sea la fórmula:

$$(\forall u\, Puv \to \forall u\, Qvu) \ \wedge\ (\neg \forall z\, (\exists x\, Pxy \to \exists x\, Qzx) \ \vee\ \neg Qxy),$$

con lo que:

$$lbr(\alpha) = \{v,\ x,\ y\},$$

$$VAR \text{ - } lbr(\alpha) = \{r,\ s,\ u,\ w,\ z,\ \ldots\}.$$

Variante de α con todas las variables ligadas distintas y no pertenecientes a $lbr(\alpha)$:

$$(\forall u\, Puv \rightarrow \forall r\, Qvr) \;\wedge\; (\neg \forall z\, (\exists s\, Psy \rightarrow \exists w\, Qzw) \;\vee\; \neg\, Qxy).$$

Equivalentes de α:

$$\exists u\, \forall r\, (Puv \rightarrow\; Qvr) \;\wedge\; (\neg \forall z\, \forall s\, \exists w\, (Psy \rightarrow Qzw) \;\vee\; \neg\, Qxy),$$
$$\exists u\, \forall r\, (Puv \rightarrow\; Qvr) \;\wedge\; (\exists z\, \exists s\, \forall w\, (Psy \;\wedge \neg\, Qzw) \;\vee\; \neg\, Qxy),$$
$$\exists u\, \exists z\, \exists s\, \forall r\, \forall w\, ((Puv \rightarrow\; Qvr) \;\wedge\; ((Psy \;\wedge \neg\, Qzw) \;\vee\; \neg\, Qxy)).$$

Ejercicio 5.4. Dar una demostración por inducción del Teorema 5.2.

Sea τ un tipo:

Definición 5.5. $(\Sigma_n^\tau, \Pi_n^\tau)$.

Σ_0^τ y Π_0^τ son el conjunto de fórmulas de F^τ sin símbolos de cuantificación.

Σ_{n+1}^τ es el conjunto de fórmulas de F^τ lógicamente equivalentes a otra de la forma $\exists z_0\, \exists z_1 \ldots \exists z_r\, \beta$, siendo β una fórmula de la clase Π_n^τ.

Π_{n+1}^τ es el conjunto de fórmulas de F^τ lógicamente equivalentes a otra de la forma $\forall z_0\, \forall z_1 \ldots \forall z_s\, \beta$, siendo β una fórmula de la clase Σ_n^τ.

Notación 5.6. Se escribirá Σ_n y Π_n en vez de Σ_n^τ y Π_n^τ siempre que de la simplificación no se deriven ambigüedades. Una fórmula de la forma $\exists z_0\, \exists z_1 \ldots \exists z_r\, \beta$ $(\forall z_0\, \forall z_1 \ldots \forall z_s\, \beta)$ se denotará mediante la abreviatura $\exists^r \beta$ $(\forall^s \beta)$.

Ejemplo 5.7. Una fórmula lógicamente equivalente a otra de la forma $\exists^r\, \forall^s\, \exists^u\, \beta$ $(\forall^r\, \exists^s\, \forall^u\, \beta)$, donde $\beta \in F^\tau$ es una fórmula sin cuantificadores, pertenece a la clase Σ_3^τ (Π_3^τ).

Ejercicio 5.8. Demostrar:

[1] $\alpha \in \Sigma_n$ si y sólo si $\neg\, \alpha \in \Pi_n$.

[2] $\Sigma_n \cup \Pi_n \subseteq \Sigma_{n+1} \cap \Pi_{n+1}$.

[3] $\alpha \in \Sigma_n$ y $\beta \in \Sigma_n \implies \alpha \wedge \beta \in \Sigma_n$ y $\alpha \vee \beta \in \Sigma_n$.

[4] $\alpha \in \Sigma_n$ y $\beta \in \Pi_n \implies \alpha \wedge \beta \in \Sigma_{n+1} \cap \Pi_{n+1}$.

[5] $\alpha \in \Sigma_n \cup \Pi_n$ y $\beta \in \Sigma_n \cup \Pi_n \implies \alpha \leftrightarrow \beta \in \Sigma_{n+1} \cap \Pi_{n+1}$.

[6] $\alpha \in \Sigma_n \implies \exists!\, x\, \alpha \in \Sigma_{n+1}$ (cfr. Notación 1.2.6.).

[7] $\alpha \in \Pi_n \implies \exists!\, x\, \alpha \in \Sigma_{n+2}$.

Observación 5.9. Si en Notación 1.2.6. se hubiera definido:

$$\exists!\, u\, \alpha \overset{df}{=} \exists u\, \forall v\, (\alpha_u^v \leftrightarrow v = u),$$

siendo v la primera variable distinta de u que no aparece en α, entonces en vez de [6] se tendría:

$$\alpha \in \Sigma_n \implies \exists!\, x\, \alpha \in \Sigma_{n+2},$$

resultado que, sin ser falso, es manifiestamente mejorable.

Ejercicio 5.10. Clasificar la fórmula definida en el Ejercicio 2.5., que expresa en el lenguaje usual de la aritmética que el producto de dos números es igual al de su máximo común divisor por su mínimo común múltiplo.

Solución: Con las definiciones:

$$x = \dot{y} \overset{df}{=} \exists z\, (x = y \cdot z),$$
$$mcm\,(x,\, y,\, z) \overset{df}{=} \forall u\, ((u = \dot{x} \,\wedge\, u = \dot{y}) \leftrightarrow u = \dot{z}),$$
$$mcd\,(x,\, y,\, z) \overset{df}{=} \forall u\, ((x = \dot{u} \,\wedge\, y = \dot{u}) \leftrightarrow z = \dot{u}),$$

la fórmula que se pretende clasificar es:

$$\forall x\, \forall y\, \forall z\, \forall w\, ((mcm\,(x,\, y,\, z) \,\wedge\, mcd\,(x,\, y,\, w)) \rightarrow x \cdot y = z \cdot w).$$

Con ello, si τ es el tipo de la aritmética, se tiene sucesivamente:

$$x = \dot{y} \in \Sigma_1^\tau,$$
$$mcm\,(x,\, y,\, z) \in \Pi_2^\tau,$$
$$mcd\,(x,\, y,\, w) \in \Pi_2^\tau,$$
$$\forall x\, \forall y\, \forall z\, \forall w\, ((mcm\,(x,\, y,\, z) \,\wedge\, mcd\,(x,\, y,\, w)) \rightarrow x \cdot y = z \cdot w) \in \Pi_3^\tau.$$

Ejercicio 5.11. Obtener la mejor clasificación posible de la fórmula obtenida en el Ejercicio 2.7. para simbolizar el 5º axioma de Euclides.

Solución: La clasificación depende obviamente del lenguaje escogido. Si su tipo τ incluye los tres símbolos P, R e I para denotar, respectivamente, las propiedades *ser un punto*, *ser una recta*, y la relación de incidencia *estar sobre*, entonces se trata de clasificar la fórmula α tal que:

$$\alpha \overset{df}{=} \forall x\, \forall y\, ((Px \,\wedge\, Ry \,\wedge\, \neg\, Ixy) \rightarrow \exists!\, z\, (Rz \,\wedge\, Ixz \,\wedge\, \beta(y,\, z))),$$

en la que $\beta(y, z)$ es una abreviatura de:

$$Ry \,\wedge\, Rz \,\wedge \neg\, \exists u\, (Pu \,\wedge\, Iuy \,\wedge\, Iuz).$$

Con ello se tiene sucesivamente:

$$\beta(y,\, z) \in \Pi_1^\tau,$$
$$\exists!\, z\, (Rz \,\wedge\, Ixz \,\wedge\, \beta(y,\, z)) \in \Sigma_3^\tau,$$
$$\alpha \in \Pi_4^\tau.$$

Eligiendo un tipo τ' con el único símbolo de relación I y definiendo:

$$Px \overset{df}{\leftrightarrow} \exists y\, Ixy,$$

$$Ry \overset{df}{\leftrightarrow} \exists x\, Ixy,$$

se tendría:

$$\beta(y, z) \in \Sigma_2^{\tau'} \cap \Pi_2^{\tau'},$$

$$\exists!\, z\, (Rz \wedge Ixz \wedge \beta(y, z)) \in \Sigma_3^{\tau'},$$

$$\alpha \in \Pi_4^{\tau'}.$$

La coincidencia es casual.

Ejercicio 5.12. Encontrar la clase (o clases) de menor índice a la que pertenece la fórmula:

$$\alpha \overset{df}{=} (\forall x\, Px \to \forall y\, Qy) \leftrightarrow (\exists x\, Px \to \exists y\, Qy).$$

Solución informal:

$$\alpha \in \Sigma_2 \cap \Pi_2,$$

ya que:

$$\begin{aligned} \alpha &\sim ((\forall \to \forall) \leftrightarrow (\exists \to \exists)) \\ &\sim ((\forall \to \forall) \to (\exists \to \exists)) \wedge ((\exists \to \exists) \to (\forall \to \forall)) \\ &\sim (\exists\forall \to \forall\exists) \wedge (\exists\forall \to \forall\exists) \\ &\sim \forall\forall\exists\exists \wedge \forall\forall\exists\exists \\ &\sim \forall\forall\forall\forall\exists\exists\exists\exists. \end{aligned}$$

Además:

$$\begin{aligned} \alpha &\sim ((\forall \to \forall) \leftrightarrow (\exists \to \exists)) \\ &\sim ((\forall \to \forall) \to (\exists \to \exists)) \wedge ((\exists \to \exists) \to (\forall \to \forall)) \\ &\sim (\forall\exists \to \exists\forall) \wedge (\forall\exists \to \exists\forall) \\ &\sim \exists\exists\forall\forall \wedge \exists\exists\forall\forall \\ &\sim \exists\exists\exists\exists\forall\forall\forall\forall. \end{aligned}$$

También podría haberse procedido directamente. Puesto que α es una fórmula del tipo $\beta \leftrightarrow \gamma$, con $\beta \in \Sigma_2 \cap \Pi_2$, $\gamma \in \Sigma_2 \cap \Pi_2$, se tiene que $\beta \to \gamma \in \Sigma_2 \cap \Pi_2$ y $\gamma \to \beta \in \Sigma_2 \cap \Pi_2$, lo que implica $\alpha \in \Sigma_2 \cap \Pi_2$.

Ejercicio 5.13. Encontrar una fórmula que exprese que la función f es continua y hallar la clase de menor índice a la que pertenece.

Ejercicio 5.14. Encontrar una fórmula que exprese que la función f es uniformemente continua y hallar la clase de menor índice a la que pertenece.

Ejercicio 5.15. *(Teorema de Desargues)* Formular el teorema de Desargues mediante una fórmula Π_1.

Solución:

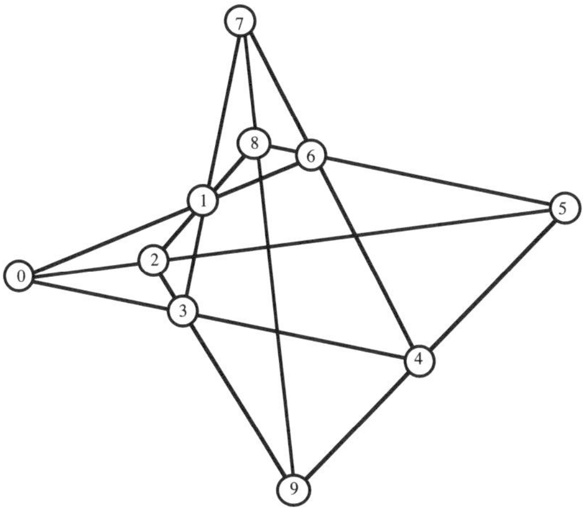

Figura 5.1

En una de sus posibles formulaciones, el teorema de Desargues afirma que si entre diez puntos de un plano se dan nueve alineaciones, entonces también se da una décima. De forma más precisa (cfr. Figura 5.1), si mediante $Axyz$ se denota que x, y y z son puntos distintos alineados y $\alpha(x_0, x_1, \ldots, x_9)$ es una abreviatura de la conjunción de las fórmulas: $A\,x_0\,x_1\,x_6$, $A\,x_0\,x_2\,x_5$, $A\,x_0\,x_3\,x_4$, $A\,x_2\,x_1\,x_8$, $A\,x_5\,x_6\,x_8$, $A\,x_3\,x_1\,x_7$, $A\,x_4\,x_6\,x_7$, $A\,x_2\,x_3\,x_9$ y $A\,x_5\,x_4\,x_9$, entonces el teorema admite la siguiente formulación:

$$\forall x_0 \forall x_1 \forall x_2 \forall x_3 \forall x_4 \forall x_5 \forall x_6 \forall x_7 \forall x_8 \forall x_9 (\alpha(x_0, x_1, \ldots, x_9) \rightarrow Ax_7\,x_8\,x_9),$$

expresión con la forma $\forall^{10}\gamma$, donde γ es una fórmula sin cuantificadores, en la que cada una de las diez variables cuantificadas aparece tres veces.

Denotando por $Bxyz$ la concurrencia en un punto de las rectas x, y y z, el teorema dual se obtiene sustituyendo en la anterior expresión el símbolo A por B, con lo que su estructura lógica es idéntica.

Otra formulación del teorema mediante una fórmula Π_2 puede obtenerse denotando mediante Px, Rx y Ixy, respectivamente, que *x es un punto*, *x es una recta* y que *el punto x está sobre la recta y*, con lo que la relación de alineación entre tres puntos puede definirse mediante la equivalencia:

[$\star$] $Axyz \leftrightarrow (Px \wedge Py \wedge Pz \wedge \exists u(Ru \wedge Ixu \wedge Iyu \wedge Izu))$.

Pero, puesto que, obviamente, se verifica:

$$Px \leftrightarrow \exists u\, Ixu,$$

$$Ru \leftrightarrow \exists x\, Ixu,$$

de [⋆] se sigue fácilmente:

$$[\star\star] \quad Axyz \leftrightarrow \exists u\,(Ixu \ \wedge \ Iyu \ \wedge \ Izu),$$

y, en consecuencia, existirá una fórmula β, tal que la fórmula $\alpha(x_0, x_1, \ldots, x_9)$ que aparece en la primera formulación del teorema es equivalente a:

$$\exists u_0\, \exists u_1\, \exists u_2\, \exists u_3\, \exists u_4\, \exists u_5\, \exists u_6\, \exists u_7\, \exists u_8\, \beta(x_0, x_1, \ldots, x_9, u_0, u_1, \ldots, u_8)$$

y $A\, x_7\, x_8\, x_9$ es equivalente a:

$$\exists u_9\,(I\, x_7\, u_9 \ \wedge \ I\, x_8\, u_9 \ \wedge \ I\, x_9\, u_9),$$

con lo que el teorema admite otra formulación del tipo:

$$\forall^{10}\,(\exists^{9}\, \delta_{27} \to \exists\, \delta_3),$$

lógicamente equivalente a:

$$\forall^{19}\, \exists\,(\delta_{27} \to \delta_3),$$

donde δ_{27} y δ_3 son, respectivamente, conjunciones de veintisiete y de tres fórmulas del tipo Ixy, apareciendo tres veces cada una de las veinte variables cuantificadas en $(\delta_{27} \to \delta_3)$.

Definición 5.16. *(Forma normal conjuntiva)* Una fórmula sin cuantificadores tiene forma normal conjuntiva si tiene la estructura $\beta_0 \wedge \beta_1 \wedge \ldots \wedge \beta_n$, donde, a su vez, cada β_i es una fórmula elemental o la negación de una fórmula elemental o una disjunción de fórmulas de los tipos anteriores.

Ejemplo:

$$(Pxy \vee \neg Qx \vee x \neq fx) \wedge (\neg Pxx \ \vee \ Qx \ \vee \ y = fx) \wedge Qy \wedge \neg Pzx.$$

Ejercicio 5.17. Demostrar que toda fórmula sin cuantificadores es lógicamente equivalente a otra con forma normal conjuntiva.

Del ejercicio anterior y el Teorema 5.2. se sigue:

Corolario 5.18. Toda fórmula es lógicamente equivalente a otra con la estructura

$$Q_1\, z_1\, Q_2\, z_2 \ldots Q_n\, z_n\, \delta,$$

donde δ es una fórmula sin cuantificadores con forma normal conjuntiva.

6 EL TEOREMA DE COMPLETITUD

En este capítulo se da una prueba del teorema de completitud para lenguajes numerables, que consta básicamente de cuatro partes: la introducción de la noción de *conjunto de Henkin*; la prueba de que todo conjunto consistente de fórmulas de un lenguaje numerable está contenido en uno de esos conjuntos; la definición de la *interpretación generada por un conjunto de Henkin* y la prueba de que las fórmulas válidas en esa interpretación son exactamente las pertenecientes a ese conjunto. Como consecuencia de lo anterior, todo conjunto consistente de fórmulas de un lenguaje numerable tiene un modelo numerable *(Teorema de Skolem)*, lo que implica el *teorema de completitud.*

Es de notar que si, como es frecuente, la noción de consecuencia se introduce a partir de la de interpretación, mediante la equivalencia:

$$\Phi \models \alpha \quad \overset{df}{\Longleftrightarrow} \quad \text{(para toda interpretación } \mathfrak{I}\text{)} \ (\mathfrak{I} \models \Phi \ \text{ implica } \ \mathfrak{I} \models \alpha),$$

entonces existe una dualidad obvia entre el concepto sintáctico de *teoría* (cfr. Capítulo 12) y la noción algebraica de *filtro* (cfr. Capítulo 8), correspondiéndose los denominados por Rasiowa **Q**-*ultrafiltros* con los *conjuntos de Henkin* o los *conjuntos saturados* de Smullyan. Con ello, el teorema de completitud se sigue de que *todo conjunto consistente de fórmulas es extensible a un conjunto de Henkin*, lo que viene a ser lo mismo que el teorema de Rasiowa-Sikorski, que asegura que en toda álgebra de Boole no degenerada cualquier elemento distinto del ínfimo pertenece a un **Q**-*ultrafiltro*, resultado que puede probarse sin dificultad con técnicas algebraicas usuales.

Sin embargo, con la definición de consecuencia dada aquí, únicamente ciertos filtros, los denominados por Rasiowa *filtros intersección*, se corresponden con teorías, con lo que, al adaptar la construcción de Rasiowa para eliminar nociones algebraicas, aparece como noción dual de filtro la que aquí hemos denominado *semiteoría*, concepto inusual y quizá indeseable, pero extraordinariamente útil para nuestro propósito.

6.1 Conjuntos de Henkin

El Teorema 4.1.9. asegura que si una fórmula α es derivable a partir del conjunto de fórmulas Φ, entonces es válida en todos los modelos de Φ, *i.e.*:

Si $\Phi \vdash \alpha$, entonces $\Phi \models \alpha$.

La implicación inversa es igualmente cierta, aunque mucho más difícil de probar, y constituye uno de los resultados más notables de la lógica formal, con enormes repercusiones para la matemática. El teorema, demostrado por Gödel en 1930, generalizado por Malt'sev para lenguajes no numerables en 1936, y notablemente simplificado por Henkin en 1949, es conocido como *teorema de completitud del cálculo funcional de primer orden* y, en contra de lo que parece desprenderse de su formulación, puede ser contemplado como un resultado negativo, al poner de manifiesto la limitada capacidad de expresión de todo lenguaje de primer orden.

Nuestro objetivo es mostrar que existe un modelo de todo conjunto consistente de fórmulas Φ de un lenguaje numerable (Corolario 6.4.1.), de lo que se sigue inmediatamente el teorema de completitud. Y siendo el único punto de partida un conjunto de sucesiones finitas de símbolos, el modelo tendrá que ser construido con material sintáctico. De hecho, su universo serán las clases de términos originadas por una relación de equivalencia definida a partir de una cierta extensión de Φ. Puesto que la construcción es un tanto sofisticada, comenzamos exponiendo algunas de las ideas subyacentes.

Si τ es un tipo, $\mathfrak{I}$ es una interpretación del lenguaje L^τ y Ω es el conjunto $\{\alpha \in F^\tau : \mathfrak{I} \models \alpha\}$, obviamente se verifican las siguientes propiedades:

[$\mathbf{S_1}$] Si $\vdash \alpha$, entonces $\alpha \in \Omega$.

[$\mathbf{S_2}$] Si $\alpha \to \beta \in \Omega$ y $\alpha \in \Omega$, entonces $\beta \in \Omega$.

[$\mathbf{S_3}$] $\neg\alpha \in \Omega$ si y sólo si $\alpha \notin \Omega$.

Además, en el caso particular en que para todo elemento a del universo $|\mathfrak{I}|$ de la interpretación exista un término t tal que $\mathfrak{I}(t) = a$, de acuerdo con el lema de sustitución, se tendrían las equivalencias:

$$\begin{aligned}\exists x\,\alpha \in \Omega &\iff \mathfrak{I} \models \exists x\,\alpha \iff \text{existe } a \in |\mathfrak{I}|\colon\ \mathfrak{I}^a_x \models \alpha\\ &\iff \text{existe } t \in T^\tau\colon\ \mathfrak{I}^{\mathfrak{I}(t)}_x \models \alpha \iff \text{existe } t \in T^\tau\colon\ \mathfrak{I} \models \alpha^t_x\\ &\iff \text{existe } t \in T^\tau\colon\ \alpha^t_x \in \Omega,\end{aligned}$$

y en consecuencia:

[$\mathbf{S_4}$] $\exists x\,\alpha \in \Omega$ si y sólo si existe un $t \in T^\tau$ tal que $\alpha^t_x \in \Omega$.

Un conjunto de fórmulas $\Omega \subseteq F^\tau$ que verifique las condiciones [$\mathbf{S_1}$]-[$\mathbf{S_4}$] se denominará *saturado*. En consecuencia, ciertas interpretaciones dan lugar a un conjunto saturado.

Recíprocamente, tal como se demostrará en 6.3.2., a partir de cualquier conjunto saturado $\Omega \subseteq F^{\tau}$ puede definirse de modo completamente natural una interpretación $\mathfrak{I}_{\Omega}$ del lenguaje L^{τ}, de forma que se verifique $\Omega = \{\alpha \in F^{\tau} \colon \mathfrak{I}_{\Omega} \models \alpha\}$, con lo que $\mathfrak{I}_{\Omega} \models \Omega$.

Así pues, en cierto sentido, conjuntos saturados y determinada clase de interpretaciones son objetos duales, lo que sugiere la posibilidad de construir un modelo de un conjunto consistente de fórmulas Φ, extendiéndolo a un conjunto saturado Ω y definiendo a partir de él una interpretación $\mathfrak{I}_{\Omega}$ que verificará $\mathfrak{I}_{\Omega} \models \Omega$ y, por tanto, $\mathfrak{I}_{\Omega} \models \Phi$. Y es casi inmediato demostrar que este resultado implica el teorema de completitud.

Definición 6.1.1. *(Conjunto de Henkin)* Un conjunto de fórmulas $\Omega \subseteq F^{\tau}$ se denominará saturado si satisface $[\mathbf{S_1}]$-$[\mathbf{S_4}]$.

Un conjunto saturado se denominará también *conjunto de Henkin*.

Proposición 6.1.2. En todo conjunto de Henkin Ω se verifica:

$[\mathbf{S_5}]$ $\gamma \wedge \delta \in \Omega$ si y sólo si $\gamma \in \Omega$ y $\delta \in \Omega$.

$[\mathbf{S_6}]$ $\neg\gamma \vee \delta \in \Omega$ si y sólo si $\gamma \rightarrow \delta \in \Omega$.

$[\mathbf{S_7}]$ $\gamma \vee \delta \in \Omega$ si y sólo si $\gamma \in \Omega$ ó $\delta \in \Omega$.

Demostración: $[\mathbf{S_5}]$ se sigue de $[\mathbf{S_1}]$, $[\mathbf{S_2}]$ y

$$\vdash (\gamma \wedge \delta) \rightarrow \gamma,$$

$$\vdash (\gamma \wedge \delta) \rightarrow \delta,$$

$$\vdash \gamma \rightarrow (\delta \rightarrow (\gamma \wedge \delta)).$$

$[\mathbf{S_6}]$ es consecuencia de $[\mathbf{S_1}]$, $[\mathbf{S_2}]$ y

$$\vdash (\neg\gamma \vee \delta) \leftrightarrow (\gamma \rightarrow \delta).$$

$[\mathbf{S_7}]$ es consecuencia de $[\mathbf{S_1}]$, $[\mathbf{S_2}]$, $[\mathbf{S_3}]$, $[\mathbf{S_5}]$ y de que:

$$\vdash \neg(\gamma \vee \delta) \leftrightarrow (\neg\gamma \wedge \neg\delta),$$

con lo que:

$$\begin{aligned} \gamma \vee \delta \in \Omega \iff \neg(\gamma \vee \delta) \notin \Omega &\iff \neg\gamma \wedge \neg\delta \notin \Omega \\ \iff \neg\gamma \notin \Omega \text{ ó } \neg\delta \notin \Omega &\iff \gamma \in \Omega \text{ ó } \delta \in \Omega. \end{aligned}$$

Con objeto de probar que todo conjunto consistente de fórmulas está contenido en un conjunto de Henkin, introduciremos la nueva noción auxiliar de semiteoría:

Definición 6.1.3. Un conjunto Ω de fórmulas es una *semiteoría* si y sólo si verifica $[\mathbf{S_1}]$ y $[\mathbf{S_2}]$.

Ejemplo 6.1.4. Si τ es un tipo y $\Phi \cup \{\mu\} \subseteq F^\tau$, entonces los siguientes conjuntos de fórmulas son semiteorías:

[a] $\{\gamma \in F^\tau : \Phi \vdash \gamma\}$.

[b] $\{\gamma \in F^\tau : \ \vdash \mu \to \gamma\}$.

Proposición 6.1.5. Toda semiteoría Ω verifica $[\mathbf{S_5}]$ y $[\mathbf{S_6}]$.

Definición 6.1.6. Una semiteoría $T \subseteq F^\tau$ es propia si para toda fórmula $\gamma \in F^\tau$ se verifica:

$[\mathbf{S_{3a}}]$ Si $\gamma \in T$, entonces $\neg\gamma \notin T$.

Observación 6.1.7. Aunque una semiteoría consistente es obviamente propia, el recíproco no es necesariamente cierto, ya que, para cualquier tipo τ, la semiteoría $T = \{\delta \in F^\tau : \ \vdash x \neq y \to \delta\}$ es inconsistente (pues $x \neq y \in T$), aunque es propia, pues de $\gamma \in T$ y $\neg\gamma \in T$ se sigue:

$$\vdash x \neq y \to \gamma$$

y

$$\vdash x \neq y \to \neg\gamma,$$

que a su vez implican:

$$\vdash x = y,$$

manifiestamente falso.

Sean τ, $\alpha \in F^\tau$ y $T \subseteq F^\tau$, respectivamente, un tipo, una fórmula y una semiteoría.

Definición 6.1.8.

$$T[\alpha] \overset{df}{=} \{\gamma \in F^\tau : \text{existe } \mu \in T : \ \vdash (\mu \wedge \alpha) \to \gamma\}.$$

Proposición 6.1.9.

[1] $T[\alpha]$ es una semiteoría.

[2] $T \subseteq T[\alpha]$.

[3] $\alpha \in T[\alpha]$.

[4] $T[\alpha]$ es propia si y sólo si $\neg\alpha \notin T$.

La prueba es trivial, por lo que sólo probaremos:

Si $T[\alpha]$ es impropia, entonces $\neg\alpha \in T$.

Demostración: Si existe una fórmula $\delta \in F^{\tau}$ tal que $\delta \in T[\alpha]$ y $\neg\delta \in T[\alpha]$, entonces existen $\mu,\ \nu \in T$ tales que:

$$\vdash (\mu \wedge \alpha) \rightarrow \delta$$

y

$$\vdash (\nu \wedge \alpha) \rightarrow \neg\,\delta,$$

con lo que $\mu \wedge \nu \in T$, verificándose sucesivamente:

$$\vdash (\mu \wedge \nu \wedge \alpha) \rightarrow (\delta \wedge \neg\,\delta),$$

$$\vdash (\mu \wedge \nu) \rightarrow \neg\,\alpha,$$

$$\neg\,\alpha \in T. \qquad \square$$

Proposición 6.1.10. Si τ es un tipo y para todo $i \in \omega$, T_i es una semiteoría propia en F^{τ} que verifica $T_i \subseteq T_{i+1}$, entonces $\bigcup_{i\in\omega} T_i$ es una semiteoría propia en F^{τ}.

La prueba es trivial.

Definición 6.1.11. Una semiteoría T es maximal si verifica [$\mathbf{S_3}$].

Sea τ un tipo numerable (cfr. Definición 1.1.1.).

Lema 6.1.12. Todo conjunto consistente de fórmulas $\Phi \subseteq F^{\tau}$ está contenido en una semiteoría maximal.

Demostración: Si $\{\alpha_i : i \in \omega\}$ es una cierta enumeración de las fórmulas de F^{τ}, definiremos:

$$T_0 \overset{df}{=} \{\gamma \in F^{\tau} : \Phi \vdash \gamma\},$$

$$T_{n+1} \overset{df}{=} \begin{cases} T_n[\alpha_n] & \text{si } \neg\,\alpha_n \notin T_n \\ T_n & \text{en caso contrario,} \end{cases}$$

$$T_{\omega} \overset{df}{=} \bigcup_{i\in\omega} T_i.$$

Puesto que $\{T_i : i \in \omega\}$ es una cadena ascendente de semiteorías propias, también lo es su unión T_{ω} (cfr. Proposición 6.1.10.), que además es maximal, ya que:

$$\alpha_k \notin T_{\omega} \implies \alpha_k \notin T_{k+1} \implies T_{k+1} = T_k \implies \neg\,\alpha_k \in T_k \subseteq T_{\omega}.$$

6.2. El teorema de Henkin

El siguiente paso, el más arduo, es probar que todo conjunto consistente de fórmulas de un lenguaje numerable está contenido en un conjunto de Henkin, construcción que se realizará con ayuda de un lema sugerido por Tarski (cfr. [**Feferman**, 1952]).

Sea τ un tipo numerable y sea $\Phi \subseteq F^\tau$ un conjunto consistente de fórmulas; sea $\{\exists u_i\, \delta_i : i \in \omega\}$ una cierta enumeración de las fórmulas existenciales de F^τ y sea α una fórmula tal que $\Phi \not\vdash \alpha$; sea finalmente:

$$\beta_0 \stackrel{df}{=} \neg\, \alpha,$$
$$\beta_{n+1} \stackrel{df}{=} \beta_n \wedge (\exists u_n \delta_n \rightarrow [\delta_n]^{v_n}_{u_n}),$$

donde v_n es la primera variable que no aparece ni en β_n ni en $\exists u_n \delta_n$.

Lema 6.2.1. *(Tarski*, 1952*)* Para todo n, $\Phi \not\vdash \neg\, \beta_n$.

Demostración :

$n = 0$: De $\Phi \vdash \neg\, \beta_0$ se sigue $\Phi \vdash \alpha$, en contra de la hipótesis.

$n+1$: De $\Phi \vdash \neg\, \beta_{n+1}$ se sigue sucesivamente:

[1] $\Phi \vdash \neg(\beta_n \wedge (\exists u_n \delta_n \rightarrow [\delta_n]^{v_n}_{u_n}))$,
[2] $\Phi \vdash \beta_n \rightarrow (\exists u_n \delta_n \wedge \neg\, [\delta_n]^{v_n}_{u_n})$,
[3] $\Phi \vdash \beta_n \rightarrow \exists u_n \delta_n$,
[4] $\Phi \vdash \beta_n \rightarrow \neg\, [\delta_n]^{v_n}_{u_n}$,
[5] $\Phi \vdash [\delta_n]^{v_n}_{u_n} \rightarrow \neg\, \beta_n$,
[6] $\Phi \vdash \exists v_n [\delta_n]^{v_n}_{u_n} \rightarrow \neg\, \beta_n$ (pues v_n no aparece en β_n),
[7] $\Phi \vdash \exists u_n \delta_n \rightarrow \neg\, \beta_n$ (pues $\exists v_n\, [\delta_n]^{v_n}_{u_n}$ es una variante de $\exists u_n \delta_n$),
[8] $\Phi \vdash \beta_n \rightarrow \neg\, \beta_n$ (por [3] y [7]),
[9] $\Phi \vdash \neg\, \beta_n$ [8].

[9] contradice la hipótesis de inducción. □

Definición 6.2.2. Sea $\Phi^\star \stackrel{df}{=} \{\gamma \in F^\tau \colon \Phi \vdash \gamma\}$.

Obviamente, $\Phi \subseteq \Phi^\star$. Y de la consistencia de Φ se sigue la de $\Phi^\star$, que, en consecuencia, es una semiteoría propia. Y puesto que $\Phi \not\vdash \neg\, \beta_n$ implica $\neg\, \beta_n \notin \Phi^\star$, se tiene:

Corolario 6.2.3. Para todo $n \in \omega$, $\Phi^\star[\beta_n]$ es una semiteoría consistente.

Teorema 6.2.4. *(Henkin*, 1949, *Rasiowa y Sikorski*, 1950*)* Todo conjunto consistente de fórmulas de un lenguaje numerable está contenido en un conjunto de Henkin (cfr. [**Henkin**, 1949]).

Demostración: Sea $\Phi \subseteq F^\tau$, un conjunto consistente de fórmulas y sea $\Phi^\star[\beta_n]$ la semiteoría propia anteriormente definida. Puesto que $\vdash \beta_{n+1} \rightarrow \beta_n$, se tiene que:

$$\Phi^\star[\beta_n] \subseteq \Phi^\star[\beta_{n+1}],$$

con lo que $\bigcup_{i\in\omega} \Phi^\star[\beta_n]$ será una semiteoría propia (cfr. Proposición 6.1.10.), que estará contenida en otra maximal Ω (cfr. Lema 6.1.12.). Probaremos que Ω es un conjunto de Henkin, para lo que bastará demostrar que se verifica $[\mathbf{S_4}]$, *i.e.*:

$$\exists x\, \alpha \in \Omega \text{ si y sólo si existe un término } t \text{ tal que } \alpha^t_x \in \Omega.$$

La implicación de derecha a izquierda es inmediata, al ser Ω una semiteoría y verificarse:

$$\vdash \alpha^t_x \to \exists x\, \alpha.$$

Para probar la implicación inversa basta tener en cuenta que una fórmula existencial será de la forma $\exists u_n \delta_n$, y que para una cierta variable v_n se verifica:

$$\vdash \beta_{n+1} \to (\exists u_n \delta_n \to [\delta_n]^{v_n}_{u_n}),$$

con lo que de:

$$\beta_{n+1} \in \Phi^\star[\beta_{n+1}] \subseteq \Omega$$

y

$$\exists u_n \delta_n \in \Omega$$

se sigue por $[\mathbf{S_1}]$ y $[\mathbf{S_2}]$:

$$[\delta_n]^{v_n}_{u_n} \in \Omega. \qquad \square$$

Observación 6.2.5. Del teorema anterior se sigue que un conjunto de Henkin puede ser inconsistente. Por ejemplo, si τ es el tipo $(\emptyset, \emptyset, \emptyset, \emptyset)$ y $\Phi \subseteq F^\tau$ es el conjunto consistente $\{\exists y\, (y \neq x)\}$, de acuerdo con el teorema anterior, $\{\exists y\, (y \neq x)\}$ estará contenido en un conjunto de Henkin $\Omega \subseteq F^\tau$, que al verificar $[\mathbf{S_4}]$, puesto que las variables son los únicos términos de ese lenguaje, para una cierta variable u la fórmula $u \neq x$ estará en Ω, con lo que se verificará $\Omega \vdash \forall u \forall x\, (u \neq x)$, que pone de manifiesto la inconsistencia de Ω.

6.3. Interpretación generada por un conjunto de Henkin

Definición 6.3.1. *(Relación de equivalencia determinada por un conjunto de Henkin)* Sea $\Omega \subseteq F^\tau$ un conjunto saturado y sea $\overset{\Omega}{\sim} \subseteq T^\tau \times T^\tau$ la relación definida en el conjunto de términos tal que:

$$t_1 \overset{\Omega}{\sim} t_2 \iff t_1 = t_2 \in \Omega.$$

De $[\mathbf{A_5}]$-$[\mathbf{A_7}]$ se sigue que $\overset{\Omega}{\sim}$ es una relación de equivalencia. La clase de equivalencia del término t será denotada por $\underline{t}$ y T^τ/Ω denotará el conjunto $\{\underline{t} : t \in T^\tau\}$.

Definición 6.3.2. *(Interpretación generada por un conjunto de Henkin)* $\mathfrak{I}_\Omega$ es la τ-interpretación $(A, \mathfrak{a}, v_\Omega)$ tal que:

[1] $A = T^\tau/\Omega$.

[2] Para cada símbolo de constante c, $\mathfrak{a}(c)$ es el elemento c^A de A tal que:

$$c^A \stackrel{df}{=} \underline{c}.$$

[3] Para cada símbolo de función con n argumentos f, $\mathfrak{a}(f)$ es la función $f^A : A^n \to A$ tal que:

$$f^A(\underline{t_1}, \ldots, \underline{t_n}) \stackrel{df}{=} \underline{f t_1 \ldots t_n}.$$

[4] Para cada símbolo de relación con n argumentos P, $\mathfrak{a}(P)$ es la relación $P^A \subseteq A^n$ tal que:

$$(\underline{t_1}, \ldots, \underline{t_n}) \in P^A \quad \text{si y sólo si} \quad P t_1 \ldots t_n \in \Omega.$$

Como consecuencia de $[\mathbf{A_8}]$ y $[\mathbf{A_9}]$ las dos últimas definiciones son correctas.

[5] v_Ω es la aplicación de VAR en A tal que para toda variable x, $v_\Omega(x) = \underline{x}$.

Lema 6.3.3. Para todo término $t \in T^\tau$ se verifica:

$$\mathfrak{I}_\Omega(t) = \underline{t}.$$

En efecto, es cierto si t es una variable o un símbolo de constante. Además:

$$\mathfrak{I}_\Omega(f t_1 \ldots t_n) = f^A(\mathfrak{I}_\Omega(t_1), \ldots, \mathfrak{I}_\Omega(t_n)) = f^A(\underline{t_1}, \ldots, \underline{t_n}) = \underline{f t_1 \ldots t_n}.$$

Teorema 6.3.4. Para toda fórmula $\alpha \in L^\tau$ se verifica:

$$\mathfrak{I}_\Omega \models \alpha \iff \alpha \in \Omega.$$

Demostración: Sea n el número de símbolos lógicos de α.

$n = 0$:

$$\begin{aligned} \mathfrak{I}_\Omega \models t_1 = t_2 &\iff \mathfrak{I}_\Omega(t_1) = \mathfrak{I}_\Omega(t_2) \\ &\iff \underline{t_1} = \underline{t_2} \\ &\iff t_1 \stackrel{\Omega}{\sim} t_2 \\ &\iff t_1 = t_2 \in \Omega. \end{aligned}$$

$$\begin{aligned} \mathfrak{I}_\Omega \models P t_1 \ldots t_n &\iff (\mathfrak{I}_\Omega(t_1), \mathfrak{I}_\Omega(t_2), \ldots, \mathfrak{I}_\Omega(t_n)) \in P^A \\ &\iff (\underline{t_1}, \underline{t_2}, \ldots, \underline{t_n}) \in P^A \\ &\iff P t_1 t_2 \ldots t_n \in \Omega. \end{aligned}$$

$n+1$:

$$\begin{aligned}
\mathfrak{I}_\Omega \models \neg\beta &\iff \mathfrak{I}_\Omega \not\models \beta\\
&\iff \beta \notin \Omega\\
&\iff \neg\beta \in \Omega.
\end{aligned}$$

$$\begin{aligned}
\mathfrak{I}_\Omega \models \beta \to \gamma &\iff \mathfrak{I}_\Omega \not\models \beta \ \text{ ó } \ \mathfrak{I}_\Omega \models \gamma\\
&\iff \beta \notin \Omega \ \text{ ó } \ \gamma \in \Omega\\
&\iff \neg\beta \in \Omega \ \text{ ó } \ \gamma \in \Omega\\
&\iff \neg\beta \vee \gamma \in \Omega \qquad \text{(cfr. Proposición 6.1.2.)}\\
&\iff \beta \to \gamma \in \Omega \qquad \text{(cfr. Proposición 6.1.2.).}
\end{aligned}$$

Finalmente, puesto que β^t_x tiene los mismos símbolos lógicos que β:

$$\begin{aligned}
\mathfrak{I}_\Omega \models \exists x\,\beta &\iff \text{existe } t \in T^\tau : (\mathfrak{I}_\Omega)^{t}_{x} \models \beta\\
&\iff \text{existe } t \in T^\tau : (\mathfrak{I}_\Omega)^{\mathfrak{I}_\Omega(t)}_{x} \models \beta\\
&\iff \text{existe } t \in T^\tau : \mathfrak{I}_\Omega \models \beta^t_x \qquad \text{(Lema de sustitución)}\\
&\iff \text{existe } t \in T^\tau : \beta^t_x \in \Omega\\
&\iff \exists x\,\beta \in \Omega.
\end{aligned}$$

□

6.4. Los teoremas de Löwenheim-Skolem y Gödel

Corolario 6.4.1. *(Löwenheim*, 1915, *Skolem*, 1920*)* Todo conjunto consistente de fórmulas de un lenguaje numerable tiene un modelo numerable.

Demostración: Sea Φ un conjunto consistente de fórmulas y sea $\overline{\Phi} \overset{df}{=} \{\overline{\gamma} : \gamma \in \Phi\}$, donde $\overline{\gamma}$ es el cierre universal de γ (cfr. Definición 1.1.22.). Puesto que si Φ es consistente también lo es $\overline{\Phi}$ (cfr. Ejercicio 3.28.), existirá un conjunto saturado Ω tal que $\overline{\Phi} \subseteq \Omega$ y la interpretación $\mathfrak{I}_\Omega = (\mathfrak{A}_\Omega, v_\Omega)$ verificará (cfr. Teorema 6.3.4.):

$$\mathfrak{I}_\Omega \models \overline{\Phi},$$

con lo que, al ser cerradas todas las fórmulas de $\overline{\Phi}$, se verificará también:

$$\mathfrak{A}_\Omega \models \overline{\Phi}.$$

Y puesto que Φ y $\overline{\Phi}$ tienen los mismos modelos, se tiene finalmente:

$$\mathfrak{A}_\Omega \models \Phi.$$

La numerabilidad de $\mathfrak{A}_\Omega$ es consecuencia de la del conjunto de los términos del lenguaje.

Corolario 6.4.2. *(Teorema de completitud*, Gödel, 1930*)*

Si $\Phi \models \alpha$, entonces $\Phi \vdash \alpha$.

Demostración: Si se verifica $\Phi \nvdash \alpha$, se sigue sucesivamente:

$\Phi \nvdash \overline{\alpha}$,

$\Phi \cup \{\neg \overline{\alpha}\} \nvdash \overline{\alpha}$,

$\Phi \cup \{\neg \overline{\alpha}\}$ es consistente,

$\Phi \cup \{\neg \overline{\alpha}\}$ tiene un modelo,

existe un modelo de Φ que no es un modelo de $\overline{\alpha}$,

existe un modelo de Φ que no es un modelo de α,

$\Phi \not\models \alpha$.

Corolario 6.4.3. Si $\models \alpha$, entonces $\vdash \alpha$.

Observación 6.4.4. Una consecuencia del corolario anterior es la existencia de un procedimiento efectivo de enumeración del conjunto de fórmulas universalmente válidas de un lenguaje numerable de primer orden.

7 RETÍCULOS Y ÁLGEBRAS DE HEYTING

En este capítulo se introducen algunas nociones algebraicas, que permitirán dar en el capítulo 9 una elegante prueba del teorema de completitud, que recoge ideas de Leon Henkin, Helena Rasiowa, Roman Sikorski y Alfred Tarski. Puesto que una demostración algebraica de ese teorema no requiere todas las nociones aquí definidas, las estrictamente necesarias para ese propósito se repiten en el capítulo siguiente, pudiéndose por tanto omitir la lectura de éste, que ha sido concebido como una introducción al estudio del álgebra de la lógica intuicionista.

7.1. Órdenes parciales

Definición 7.1.1. *(Orden parcial)* Un conjunto parcialmente ordenado (abreviadamente un *poset*) es una estructura $(A, \leq^A)$ en la que se verifica:

$\mathbf{H_1}$ $\forall x\,(x \leq x)$ *(reflexividad).*

$\mathbf{H_2}$ $\forall x\,\forall y\,((x \leq y \;\wedge\; y \leq x) \rightarrow x = y)$ *(antisimetría).*

$\mathbf{H_3}$ $\forall x\,\forall y\,\forall z\,((x \leq y \;\wedge\; y \leq z) \rightarrow x \leq z)$ *(transitividad).*

Ejemplo 7.1.2. En la Figura 7.1 aparecen los cinco posibles tipos de posets con tres elementos.

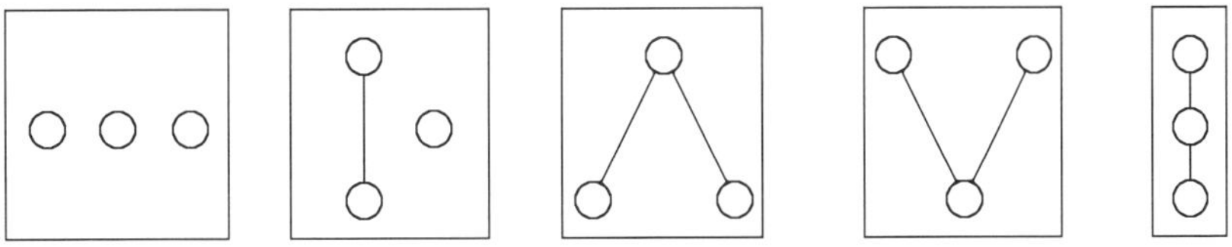

Figura 7.1

Ejemplo 7.1.3. Un ejemplo de poset es la estructura $(\mathcal{P}(A),\ \subseteq)$, donde A es un conjunto no vacío y $\mathcal{P}(A) = \{B : B \subseteq A\}$.

Definición 7.1.4. *(Orden total)* Un orden es total si además de los axiomas $[\mathbf{H_1}]$-$[\mathbf{H_3}]$ se verifica:

$$\forall x\,\forall y\,(x \leq y\ \vee\ y \leq x).$$

Definición 7.1.5. *(Supremo, ínfimo)* Un elemento de un poset se denomina supremo (ínfimo) si todo elemento es igual o menor (igual o mayor) que él. Por $\mathbf{H_2}$, los elementos supremo e ínfimo, si existen, son únicos, y se denotarán, respectivamente, por 1 y 0. Así pues:

$$x = 1 \leftrightarrow \forall y\,(y \leq x),$$
$$x = 0 \leftrightarrow \forall y\,(x \leq y).$$

Definición 7.1.6. *(Átomo)* En un poset con elemento ínfimo, un átomo es un elemento situado inmediatamente por encima del 0, *i.e.*, x es un átomo si verifica:

$$x \neq 0\ \wedge\ \forall y\,(y \leq x \rightarrow (y = x\ \vee\ y = 0)).$$

Ejemplo 7.1.7. El cuarto poset de la Figura 7.1 posee dos átomos, y el quinto, uno. En los tres primeros, al no haber elemento ínfimo, no puede haber átomos.

Definición 7.1.8. *(Cota superior e inferior)* Si $(A,\ \leq^A)$ es un poset y M un subconjunto de A, una cota superior (inferior) de M es un elemento b de A tal que todo elemento de M es igual o menor (igual o mayor) que b.

Definición 7.1.9. *(Cota superior mínima, cota inferior máxima)* Si $(A,\ \leq^A)$ es un poset y M un subconjunto de A, b es la cota superior mínima de M si se verifica:

[1] b es una cota superior de M.

[2] b es igual o menor que toda cota superior de M.

La definición de cota inferior máxima es dual.

Obviamente, la cota superior mínima de un conjunto $M \subseteq A$ no siempre existe; pero si existe, es única, y suele ser denotada por $sup(M)$ o $\bigcup M$, o bien por $\bigcup_{i \in I} m_i$, en el caso en que $M = \{m_i : i \in I\}$, o por $a \cup b$ si $M = \{a,\ b\}$.

La cota inferior máxima de M, si existe, se denotará por $inf(M)$ o $\bigcap M$, o por $\bigcap_{i \in I} m_i$ en el caso en que $M = \{m_i : i \in I\}$, o por $a \cap b$ si $M = \{a,\ b\}$.

Como consecuencia de las anteriores definiciones se tiene:

$$z = x \cup y \overset{df}{=} (x \leq z\ \wedge\ y \leq z\ \wedge\ \forall u\,((x \leq u\ \wedge\ y \leq u) \rightarrow z \leq u)).$$
$$z = x \cap y \overset{df}{=} (z \leq x\ \wedge\ z \leq y\ \wedge\ \forall u\,((u \leq x\ \wedge\ u \leq y) \rightarrow u \leq z)).$$

7.2. Retículos

Definición 7.2.1. *(Retículo)* Un retículo es un poset en el que cada par de elementos tiene una cota superior mínima y una cota inferior máxima. Así pues, un retículo es una estructura $(A, \leq^A)$ que verifica $[\mathbf{H_1}]$-$[\mathbf{H_5}]$, donde:

$\mathbf{H_4}$ $\forall x \forall y \exists z (x \leq z \wedge y \leq z \wedge \forall u((x \leq u \wedge y \leq u) \rightarrow z \leq u))$.

$\mathbf{H_5}$ $\forall x \forall y \exists z (z \leq x \wedge z \leq y \wedge \forall u((u \leq x \wedge u \leq y) \rightarrow u \leq z))$.

Un poset que verifica $\mathbf{H_4}$ ($\mathbf{H_5}$) se denomina semi-retículo ascendente (descendente).

Ejemplo 7.2.2. Las estructuras tercera y cuarta de la Figura 7.1 son ejemplos de semi-retículos. La última es obviamente un retículo. En la Figura 7.2 aparecen representados todos los tipos de retículos con seis elementos (cfr. [**Hermes**, 1967], p.14).

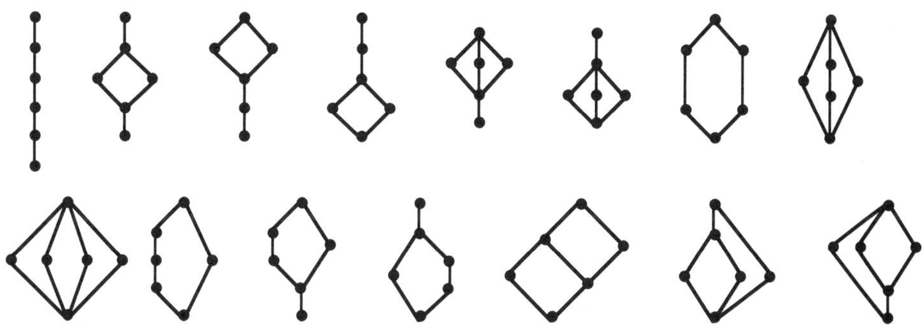

Figura 7.2

Ejercicio 7.2.3. Sea ω el conjunto de los números naturales y sea $\preceq \subseteq \omega \times \omega$ la relación tal que:

$$x \preceq y \iff y = \dot{x},$$

i.e.:

$$x \preceq y \iff \exists z (x \cdot z = y).$$

Demostrar que $(\omega, \preceq)$ es un retículo con elementos supremo e ínfimo, cuyos átomos son los números primos.

Teorema 7.2.4. En todo retículo se verifica:

$\mathbf{H_6}$ $x \cup y = y \cup x$.

$\mathbf{H_7}$ $x \cap y = y \cap x$.

$\mathbf{H_8}$ $x \cup (y \cup z) = (x \cup y) \cup z$.

$\mathbf{H_9}$ $x \cap (y \cap z) = (x \cap y) \cap z$.

$\mathbf{H_{10}}$ $x \cup (x \cap y) = x$.

$\mathbf{H_{11}}$ $x \cap (x \cup y) = x$.

$\mathbf{H_{12}}$ $x \cup x = x$.

$\mathbf{H_{13}}$ $x \cap x = x$.

Las propiedades $\mathbf{H_6}$-$\mathbf{H_7}$, $\mathbf{H_8}$-$\mathbf{H_9}$, $\mathbf{H_{10}}$-$\mathbf{H_{11}}$ y $\mathbf{H_{12}}$-$\mathbf{H_{13}}$ se denominan, respectivamente, *conmutativas*, *asociativas*, de *absorción* e *idempotencia*.

Demostración:

$\mathbf{H_6}$, $\mathbf{H_7}$, $\mathbf{H_{10}}$ y $\mathbf{H_{11}}$ se verifican trivialmente.

$\mathbf{H_8}$: Si $x \cup (y \cup z) = u$ y $(x \cup y) \cup z = v$, entonces $x \leq u$, $y \leq u$, $z \leq u$, que implican $v \leq u$; y, análogamente, $u \leq v$.

$\mathbf{H_{12}}$: De las propiedades de absorción se sigue:

$$x = x \cup (x \cap (x \cup x)) = x \cup x.$$

Las pruebas de $\mathbf{H_9}$ y $\mathbf{H_{13}}$ son duales.

Ejercicio 7.2.5. Demostrar que en todo retículo se verifica:

$\mathbf{H_{14}}$ $x \leq y$ si y sólo si $x \cup y = y$ si y sólo si $x \cap y = x$.

Ejercicio 7.2.6. Demostrar que en todo retículo se verifica:

$\mathbf{H_{15}}$ Si $x \leq y$, entonces $x \cup z \leq y \cup z$.

$\mathbf{H_{16}}$ Si $x \leq y$, entonces $x \cap z \leq y \cap z$.

Ejercicio 7.2.7. Demostrar que si $\mathfrak{A} = (A, \cup^A, \cap^A)$ verifica [$\mathbf{H_6}$]-[$\mathbf{H_{11}}$], entonces $\mathfrak{R} = (A, \leq^A)$, donde $\leq^A = \{(a, b) : a \cup^A b = b\}$, es un retículo.

Ejercicio 7.2.8. Demostrar la independencia de las propiedades [$\mathbf{H_6}$]-[$\mathbf{H_{11}}$], que, de acuerdo con el Ejercicio anterior, podrían haberse elegido como axiomas de la teoría de retículos.

Solución (cfr. [**Dubreil-Jacotin**, 1953]): Por dualidad bastará demostrar la independencia de $\mathbf{H_7}$, $\mathbf{H_9}$ y $\mathbf{H_{11}}$, *i.e.*:

[1] $\mathbf{H_6}$, $\mathbf{H_8}$, $\mathbf{H_9}$, $\mathbf{H_{10}}$, $\mathbf{H_{11}} \not\models \mathbf{H_7}$,

[2] $\mathbf{H_6}$, $\mathbf{H_7}$, $\mathbf{H_8}$, $\mathbf{H_{10}}$, $\mathbf{H_{11}} \not\models \mathbf{H_9}$,

[3] $\mathbf{H_6}$, $\mathbf{H_7}$, $\mathbf{H_8}$, $\mathbf{H_9}$, $\mathbf{H_{10}} \not\models \mathbf{H_{11}}$.

Puesto que debemos encontrar estructuras que verifiquen cinco de los seis axiomas de la teoría de retículos, pero no el restante, esas estructuras tendrán bastante en común con un retículo.

ad [1]: Sea $\mathfrak{B}$ la estructura obtenida a partir del retículo $\mathfrak{A}$ de dos elementos $\{a, b\}$, $b < a$, modificando la operación $\cap$, al definir $a \cap b = a$, con lo que $x \cap y = x$. Con ello:

$\mathfrak{B} \models \mathbf{H_6}$ y $\mathfrak{B} \models \mathbf{H_8}$, ya que la operación $\cup$ de $\mathfrak{A}$ no se modifica,

$\mathfrak{B} \models \mathbf{H_9}$, pues $x \cap (y \cap z) = (x \cap y) \cap z = x$,

$\mathfrak{B} \models \mathbf{H_{10}}$, pues $x \cup (x \cap y) = x \cup x = x$.

$\mathfrak{B} \models \mathbf{H_{11}}$, pues $x \cap (x \cup y) = x$,

$\mathfrak{B} \not\models \mathbf{H_7}$, pues $a \cap b = a$; $b \cap a = b$.

ad [3]: Sea $\mathfrak{C}$ la estructura obtenida partiendo del mismo $\mathfrak{A}$ definido en la prueba de [1], modificando la operación $\cap$, al definir $a \cap a = b$, con lo que $x \cap y = b$. Con ello:

$\mathfrak{C} \models \mathbf{H_6}$ y $\mathfrak{C} \models \mathbf{H_8}$, ya que la operación $\cup$ de $\mathfrak{A}$ no se modifica,

$\mathfrak{C} \models \mathbf{H_7}$, pues $x \cap y = y \cap x = b$,

$\mathfrak{C} \models \mathbf{H_9}$, pues $x \cap (y \cap z) = (x \cap y) \cap z = b$,

$\mathfrak{C} \models \mathbf{H_{10}}$, pues $x \cup (x \cap y) = x \cup b = x$,

$\mathfrak{C} \not\models \mathbf{H_{11}}$, pues $a \cap (a \cup a) = b$.

ad [2]: Sea $\mathfrak{D}$ la estructura obtenida a partir del retículo $\mathfrak{R}$ representado en la Figura 7.3, modificando la operación $\cap$, al definir $b \cap c = c \cap b = e$.

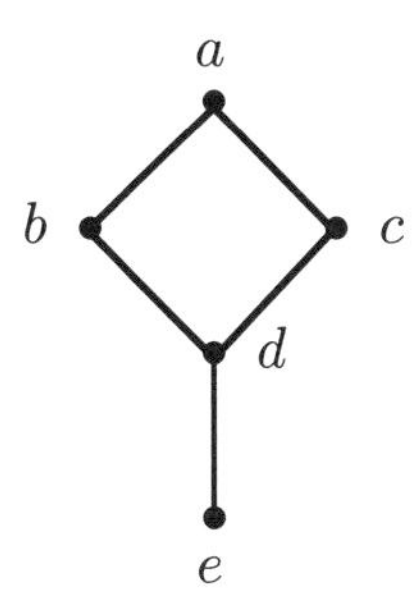

Figura 7.3

Con ello:

$\mathfrak{D} \models \mathbf{H_6}$ y $\mathfrak{D} \models \mathbf{H_8}$, ya que la operación $\cup$ de $\mathfrak{R}$ no se modifica,

$\mathfrak{D} \models \mathbf{H_7}$, pues la operación $\cap$ de $\mathfrak{D}$ es conmutativa,

$\mathfrak{D} \models \mathbf{H_{10}}$, pues $x \cup (x \cap y) = x$,

$\mathfrak{D} \models \mathbf{H_{11}}$, pues la modificación de $\mathfrak{D}$ respecto a $\mathfrak{R}$ sólo afecta a elementos incomparables en $\mathfrak{R}$, pero en $\mathfrak{R}$, $x \leq x \cup y$,

$\mathfrak{D} \not\models \mathbf{H_9}$, pues $d \cap (b \cap c) = d \cap e = e; \quad (d \cap b) \cap c = d \cap c = d.$ □

Definición 7.2.9. *(Retículo distributivo)* Un retículo es distributivo si verifica alguna de las propiedades equivalentes:

$\mathbf{H_{17}}$ $\quad x \cup (y \cap z) = (x \cup y) \cap (x \cup z).$

$\mathbf{H_{18}}$ $\quad x \cap (y \cup z) = (x \cap y) \cup (x \cap z).$

Las anteriores propiedades se denominan *distributivas*.

En la Figura 7.4. se representa el más simple de los retículos no distributivos, en el que $0 = (a \cap b) \cup (a \cap c) \neq a \cap (b \cup c) = a.$

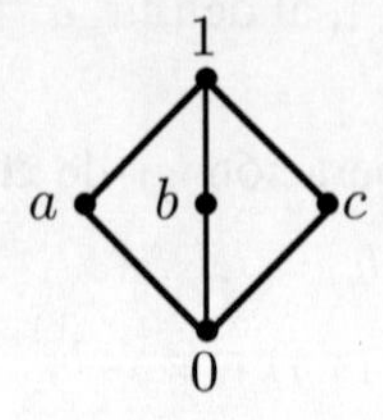

Figura 7.4

Ejercicio 7.2.10. Demostrar la equivalencia de $\mathbf{H_{17}}$ y $\mathbf{H_{18}}$ en todo retículo.

Solución: $\mathbf{H_{17}}$ implica $\mathbf{H_{18}}$ y, dualmente, $\mathbf{H_{18}}$ implica $\mathbf{H_{17}}$, ya que:

$$\begin{aligned}
(x \cap y) \cup (x \cap z) &= ((x \cap y) \cup x) \cap ((x \cap y) \cup z) && (\mathbf{H_{17}})\\
&= x \cap ((x \cap y) \cup z) && (\mathbf{H_6}, \mathbf{H_{10}})\\
&= x \cap ((x \cup z) \cap (y \cup z)) && (\mathbf{H_6}, \mathbf{H_{17}})\\
&= (x \cap (x \cup z)) \cap (y \cup z) && (\mathbf{H_9})\\
&= x \cap (y \cup z) && (\mathbf{H_{11}})
\end{aligned}$$

Definición 7.2.11. *(Pseudo-complemento relativo)* c es el pseudo-complemento de a relativo a b, si c es el máximo elemento que intersecado con a es igual o menor que b.

Por definición, el pseudo-complemento de a relativo a b, si existe, es único, y será denotado por $a \Rightarrow b$.

Ejercicio 7.2.12 Demostrar que en el retículo de los subconjuntos de un cierto conjunto U se verifica:

$$X \Rightarrow Y = \overline{X} \cup Y,$$

donde:

$$\overline{X} = U - X.$$

Definición 7.2.13. *(Retículo relativamente pseudo-complementario)* Un retículo es relativamente pseudo-complementario (abreviadamente rrpsc) si para cada par de elementos a, b existe el pseudo-complemento de a relativo a b, *i.e.*, si verifica:

$\mathbf{H_{19}}$ $\forall x \forall y \exists z (z \cap x \leq y \land \forall u (u \cap x \leq y \rightarrow u \leq z))$.

Proposición 7.2.14. En todo rrpsc se verifica:

$\mathbf{H_{20}}$ $x \leq y \Rightarrow z$ si y sólo si $x \cap y \leq z$.

Demostración: Por definición de pseudo-complemento relativo, $x \cap y \leq z$ implica $x \leq y \Rightarrow z$. Recíprocamente, $x \leq y \Rightarrow z$ implica $x \cap y \leq y \cap (y \Rightarrow z) \leq z$.

Ejercicio 7.2.15. Demostrar que todo retículo distributivo finito es relativamente pseudo-complementario.

Solución: Si:

$$\{z : z \cap x \leq y\} = \{z_0, z_1, \ldots, z_s\},$$

entonces:

$$(z_0 \cup z_1 \cup \ldots \cup z_s) \cap x = [(z_0 \cap x) \cup (z_1 \cap x) \cup \ldots \cup (z_s \cap x)] \leq y,$$

con lo que:

$$x \Rightarrow y = z_0 \cup z_1 \cup \ldots \cup z_s.$$

Proposición 7.2.16. En todo rrpsc hay un elemento supremo (cfr. Definición 7.1.5.), que verifica:

$\mathbf{H_{21}}$ $x \Rightarrow x = 1$.

$\mathbf{H_{22}}$ $x \leq y$ si y sólo si $x \Rightarrow y = 1$.

$\mathbf{H_{23}}$ $1 \Rightarrow x = x$.

Demostración:

ad $[\mathbf{H_{21}}]$: De $z \cap x \leq x$ se sigue $z \leq x \Rightarrow x$.

ad $[\mathbf{H_{22}}]$: De $x \leq y$ se sigue sucesivamente $x \cap 1 \leq y,\ 1 \leq x \Rightarrow y.$

De $x \Rightarrow y = 1$ se sigue sucesivamente $1 \cap x \leq y,\ x \leq y.$

ad $[\mathbf{H_{23}}]$: Por definición,

$$1 \Rightarrow x \ = \ \textit{máx}\ z : [z \cap 1 \leq x] \ = \ \textit{máx}\ z : [z \leq x] \ = \ x.$$

Ejercicio 7.2.17. Demostrar que en todo rrpsc se verifica:

$\mathbf{H_{24}}$ $\quad x \leq y \Rightarrow x.$

$\mathbf{H_{25}}$ $\quad x \cap (x \Rightarrow y) = x \cap y.$

$\mathbf{H_{26}}$ $\quad x \Rightarrow (y \Rightarrow z) = (x \cap y) \Rightarrow z.$

$\mathbf{H_{27}}$ $\quad x \Rightarrow (y \Rightarrow z) = y \Rightarrow (x \Rightarrow z).$

$\mathbf{H_{28}}$ Si $x \leq y,$ entonces $z \Rightarrow x \leq z \Rightarrow y.$

$\mathbf{H_{29}}$ Si $x \leq y,$ entonces $y \Rightarrow z \leq x \Rightarrow z.$

$\mathbf{H_{30}}$ $\quad (z \Rightarrow x) \cap (z \Rightarrow y) \ = \ z \Rightarrow (x \cap y).$

$\mathbf{H_{31}}$ $\quad (x \Rightarrow z) \cap (y \Rightarrow z) \ = \ (x \cup y) \Rightarrow z.$

Solución: Sólo puede tener cierta dificultad la prueba de:

$$(x \Rightarrow z) \cap (y \Rightarrow z) \leq (x \cup y) \Rightarrow z,$$

(cfr. $[\mathbf{H_{31}}]$), que, aplicando dos veces $[\mathbf{H_{20}}]$, resulta ser equivalente a:

$$x \cup y \ \leq \ [(x \Rightarrow z) \cap (y \Rightarrow z)] \Rightarrow z,$$

que se reduce a:

$$x \ \leq \ [(x \Rightarrow z) \cap (y \Rightarrow z)] \Rightarrow z$$

e

$$y \ \leq \ [(x \Rightarrow z) \cap (y \Rightarrow z)] \Rightarrow z,$$

a su vez, respectivamente, equivalentes, por $[\mathbf{H_{20}}]$, a:

$$x \cap (x \Rightarrow z) \cap (y \Rightarrow z) \leq z$$

e

$$y \cap (x \Rightarrow z) \cap (y \Rightarrow z) \ \leq \ z,$$

que se siguen de $[\mathbf{H_{25}}]$.

Ejercicio 7.2.18. Demostrar que todo rrpsc es distributivo.

Solución:

$$(x \cap z) \cup (y \cap z) \ \leq \ (x \cup y) \cap z,$$

se verifica en todo retículo, al seguirse de:

$$x \leq x \cup y \quad \text{e} \quad y \leq x \cup y.$$

Por otra parte:

$$(x \cup y) \cap z \leq (x \cap z) \cup (y \cap z),$$

es equivalente, por $[\mathbf{H_{20}}]$, a:

$$x \cup y \leq z \Rightarrow [(x \cap z) \cup (y \cap z)],$$

que se reduce a:

$$x \leq z \Rightarrow [(x \cap z) \cup (y \cap z)]$$

e

$$y \leq z \Rightarrow [(x \cap z) \cup (y \cap z)],$$

a su vez, respectivamente, equivalentes, por $[\mathbf{H_{20}}]$, a:

$$x \cap z \leq (x \cap z) \cup (y \cap z)$$

e

$$y \cap z \leq (x \cap z) \cup (y \cap z),$$

que se verifican trivialmente. □

Ejercicio 7.2.19. Demostrar que en todo rrpsc se verifica:

[a] Si el conjunto $\{x_j : j \in I\}$ tiene cota superior mínima, entonces:

$\mathbf{H_{32}}$ $\bigcup_{j \in I} (y \Rightarrow x_j) = y \Rightarrow \bigcup_{j \in I} x_j,$

$\mathbf{H_{33}}$ $\bigcap_{j \in I} (x_j \Rightarrow y) = \bigcup_{j \in I} x_j \Rightarrow y.$

[b] Si el conjunto $\{x_j : j \in I\}$ tiene cota inferior máxima, entonces:

$\mathbf{H_{34}}$ $\bigcap_{j \in I} (y \Rightarrow x_j) = \bigcap_{j \in I} x_j \Rightarrow y.$

Proposición 7.2.20. No todo rrpsc posee un elemento ínfimo.
Contraejemplo: los enteros negativos con su orden natural.

Ejercicio 7.2.21. En un retículo con elementos supremo e ínfimo se dirá que dos elementos x, y son complementarios si verifican:

$$x \cup y = 1,$$

$$x \cap y = 0.$$

Demostrar:

[1] El número de complementos de un elemento puede variar entre cero e infinito.

[2] 1 es el único complemento de 0.

[3] Si el retículo es distributivo, cada elemento tiene a lo sumo un complemento.

Solución de [3]: Si x', x'' son dos complementos de x, se tendrá:

$$x' = x' \cap 1 = x' \cap (x \cup x'') = (x' \cap x) \cup (x' \cap x'') = x' \cap x'',$$

con lo que $x' \leq x''$, y dualmente, $x'' \leq x'$.

7.3. Álgebras de Heyting

Definición 7.3.1 *(Álgebra de Heyting)* Un álgebra de Heyting es un retículo relativamente pseudo-complementario con elemento ínfimo, denotado por 0 (cfr. Definición 7.1.5.).

Ejemplo 7.3.2. De acuerdo con lo demostrado en el Ejercicio 7.2.15., todo retículo distributivo y finito es un álgebra de Heyting.

Definición 7.3.3. *(Complemento)* En toda álgebra de Heyting se definirá:

$$\overline{x} = x \Rightarrow 0.$$

Proposición 7.3.4. En toda álgebra de Heyting se verifica:

$\mathbf{H_{35}}$ $x \cap \overline{x} = 0$

$\mathbf{H_{36}}$ $\overline{1} = 0,$

$\mathbf{H_{37}}$ $\overline{0} = 1,$

$\mathbf{H_{38}}$ Si $x \leq y$, entonces $\overline{y} \leq \overline{x}$.

$\mathbf{H_{39}}$ $x \leq \overline{\overline{x}}.$

$\mathbf{H_{40}}$ $\overline{x} = \overline{\overline{\overline{x}}}.$

$\mathbf{H_{41}}$ $\overline{x \cup y} = \overline{x} \cap \overline{y}.$

$\mathbf{H_{42}}$ $\overline{x} \cup \overline{y} \leq \overline{x \cap y}.$

$\mathbf{H_{43}}$ $\overline{x} \cup y \leq x \Rightarrow y.$

La prueba es trivial. Por ejemplo, $\mathbf{H_{38}}$ se sigue de $\mathbf{H_{29}}$; $\mathbf{H_{39}}$, de $\mathbf{H_{22}}$ y $\mathbf{H_{20}}$; $\mathbf{H_{40}}$, de $\mathbf{H_{38}}$ y $\mathbf{H_{39}}$; $\mathbf{H_{41}}$ de $\mathbf{H_{31}}$; finalmente, la prueba de $\mathbf{H_{42}}$ y $\mathbf{H_{43}}$ se reduce a la de dos desigualdades que se siguen de $\mathbf{H_{38}}$, $\mathbf{H_{20}}$ y $\mathbf{H_{25}}$.

Ejercicio 7.3.5. Probar que los conjuntos abiertos de un espacio topológico ordenados por inclusión constituyen un álgebra de Heyting.

Sugerencia: Puesto que la unión e intersección de abiertos es un abierto, claramente constituyen un retículo distributivo, con supremo e ínfimo. Además, puesto que la unión de una familia infinita de abiertos es un abierto, la unión de todos los abiertos Z tales que $Z \cap X \subseteq Y$ será el pseudo-complemento de X relativo a Y.

Ejercicio 7.3.6. Encontrar un álgebra de Heyting en la que se verifiquen:

[1] $x \cup \overline{x} < 1.$

[2] $x < \overline{\overline{x}}.$

[3] $\overline{x} \cup \overline{y} < \overline{x \cap y}.$

[4] $y \Rightarrow x < \overline{x} \Rightarrow \overline{y}.$

Solucion: En el álgebra de Heyting representada en la Figura 7.5 se tiene:

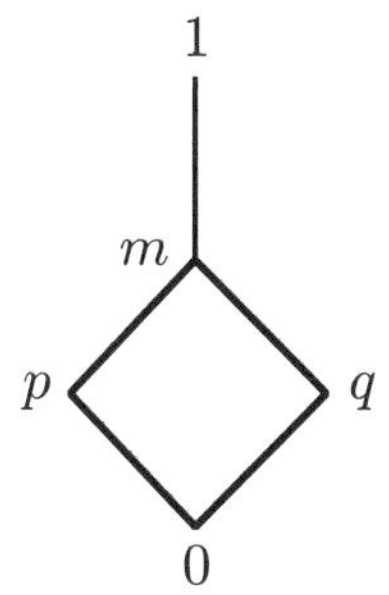

Figura 7.5

[1] $p \cup \overline{p} = p \cup q = m.$

[2] $\overline{\overline{m}} = \overline{0} = 1.$

[3] $\overline{p} \cup \overline{q} = q \cup p = m;$

$\overline{p \cap q} = \overline{0} = 1$

[4] $1 \Rightarrow m = m;$

$\overline{m} \Rightarrow \overline{1} = 0 \Rightarrow 0 = 1.$

Observación 7.3.7. Como consecuencia de lo demostrado en el ejercicio anterior, las fórmulas:

$a \cup \overline{a} = 1,$

$\overline{\overline{a}} \Rightarrow a = 1,$

$\overline{a \cap b} \Rightarrow (\overline{a} \cup \overline{b}) = 1,$

$(\overline{b} \Rightarrow \overline{a}) \Rightarrow (a \Rightarrow b) = 1,$

no se verifican en toda álgebra de Heyting. Dada la bien conocida relación entre la lógica intuicionista y esas álgebras, las siguientes fórmulas no son tautologías intuicionistas:

$\alpha \vee \neg \alpha,$

$\neg \neg \alpha \to \alpha,$

$\neg (\alpha \wedge \beta) \to (\neg \alpha \vee \neg \beta),$

$(\neg \beta \to \neg \alpha) \to (\alpha \to \beta).$

Ejercicio 7.3.8. Encontrar un álgebra de Heyting en la que se verifique:

$\bigcup_{i \in I} x_i < \overline{\bigcap_{i \in I} \overline{x_i}},$

y, en consecuencia:

$\overline{\bigcap_{i \in I} \overline{x_i}} \Rightarrow \bigcup_{i \in I} x_i \neq 1,$

lo que, de acuerdo con la observación anterior, explica que la fórmula:

$\neg \forall x \neg \alpha \to \exists x \, \alpha,$

no sea intuicionísticamente válida.

8 ÁLGEBRAS DE BOOLE

8.1. Álgebras de Boole

Definición 8.1.1. *(Álgebra de Boole)* Un álgebra de Boole es una estructura:

$$\mathfrak{A} = (A, 1^A, 0^A, \cup^A, \cap^A, -^A)$$

donde A es un conjunto no vacío; 1^A y 0^A, son dos elementos distinguidos de A, respectivamente denominados *supremo* e *ínfimo*; $\cup^A$ y $\cap^A$ son dos aplicaciones de $A \times A$ en A, respectivamente denominadas *unión* e *intersección*, y $-^A$ es una aplicación de A en A, denominada *complemento*, verificándose:

$\mathbf{B_1}$ $x \cup y = y \cup x.$

$\mathbf{B_2}$ $x \cap y = y \cap x.$

$\mathbf{B_3}$ $x \cup (y \cup z) = (x \cup y) \cup z.$

$\mathbf{B_4}$ $x \cap (y \cap z) = (x \cap y) \cap z.$

$\mathbf{B_5}$ $x \cup (x \cap y) = x.$

$\mathbf{B_6}$ $x \cap (x \cup y) = x.$

$\mathbf{B_7}$ $x \cup (y \cap z) = (x \cup y) \cap (x \cup z).$

$\mathbf{B_8}$ $x \cap 1 = x.$

$\mathbf{B_9}$ $x \cup 0 = x.$

$\mathbf{B_{10}}$ $x \cap \overline{x} = 0.$

$\mathbf{B_{11}}$ $x \cup \overline{x} = 1.$

De la definición se sigue que la noción de álgebra de Boole coincide con la de retículo distributivo y complementario.

Ejemplo 8.1.2. El conjunto $\mathcal{P}(U)$ de los subconjuntos de U con los elementos distinguidos U y $\emptyset$ y las operaciones unión, intersección y complemento es un álgebra de Boole.

En la Figura 8.1 se representan las cuatro álgebras de Boole más sencillas.

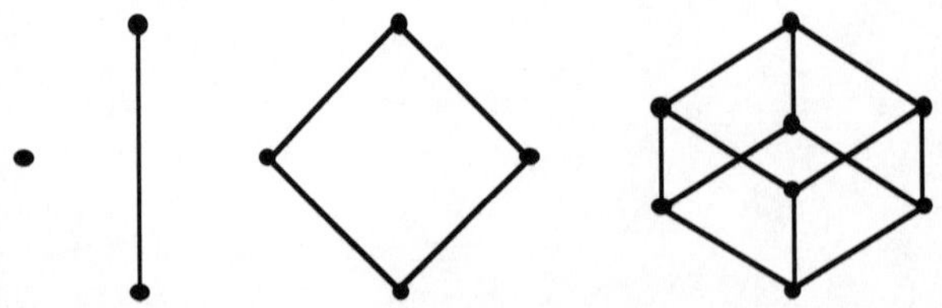

Figura 8.1

Definición 8.1.3. (*Álgebra de Boole degenerada*) Un álgebra de Boole es degenerada si su universo consta de un único elemento.

Proposición 8.1.4. Un álgebra de Boole es un álgebra de Heyting que verifica $[\mathbf{B_{11}}]$.

Demostración: Toda álgebra de Heyting verifica $[\mathbf{B_1}]$-$[\mathbf{B_{10}}]$ y, por tanto, si verifica $[\mathbf{B_{11}}]$ es un álgebra de Boole.

Por otra parte, todo modelo de $[\mathbf{B_1}]$-$[\mathbf{B_{11}}]$ es un retículo distributivo con supremo e ínfimo. Para probar que es un álgebra de Heyting, basta demostrar que $\overline{x} \cup y$ es el pseudo-complemento de x relativo a y, *i.e.*, que se verifica:

[1] $(\overline{x} \cup y) \cap x \leq y$.

[2] Si $z \cap x \leq y$, entonces $z \leq \overline{x} \cup y$.

La demostración es trivial.

Corolario 8.1.5. Toda álgebra de Boole verifica $[\mathbf{H_1}]$-$[\mathbf{H_{43}}]$ (cfr. Capítulo 7).

Observación 8.1.6. Paradójicamente, probar todas esas propiedades en un álgebra de Boole puede ser más engorroso que hacerlo en un álgebra de Heyting, a menos que se defina $x \Rightarrow y \stackrel{df}{=} \overline{x} \cup y$ y se demuestren $[\mathbf{H_{20}}]$ y $[\mathbf{H_{25}}]$, claves en la prueba de otras muchas propiedades.

Proposición 8.1.7. En toda álgebra de Boole se verifica:

$\mathbf{B_{12}}$ $\overline{\overline{x}} = x$.

$\mathbf{B_{13}}$ $\overline{x \cap y} = \overline{x} \cup \overline{y}$.

$\mathbf{B_{14}}$ $x \leq y$ si y sólo si $\overline{y} \leq \overline{x}$.

La prueba es trivial. $[\mathbf{B_{13}}]$ y su dual $[\mathbf{H_{41}}]$ suelen denominarse *Leyes de De Morgan.*

Ejercicio 8.1.8. Demostrar que en toda álgebra de Boole se verifica:

[1] $\bigcup_{i\in I}(x \cup y_i) = x \cup \bigcup_{i\in I} y_i$.

[2] $\bigcup_{i\in I}(x \cap y_i) = x \cap \bigcup_{i\in I} y_i$.

[3] $\bigcup_{i\in I} \overline{m_i} = \overline{\bigcap_{i\in I} m_i}$.

[4] $\bigcup_{i\in I}(x \Rightarrow m_i) \;=\; x \Rightarrow \bigcup_{i\in I} m_i$.

[5] $\bigcup_{i\in I}(m_i \Rightarrow x) \;=\; \bigcap_{i\in I} m_i \Rightarrow x$.

Las anteriores igualdades han de entenderse en el siguiente sentido: [a] La parte de la izquierda está definida si y sólo lo está la de la derecha. [b] Si ambas están definidas, son iguales.

Definición 8.1.9. *(Álgebra de Boole atómica)* Un álgebra de Boole es atómica si todo elemento distinto del ínfimo está situado por encima de algún átomo (cfr. Definición 7.1.6.).

Por ejemplo, el álgebra de Boole de las partes de un conjunto ordenadas por inclusión, es atómica. Y, por supuesto, también lo es toda álgebra de Boole finita.

Ejercicio 8.1.10. Demostrar que en un álgebra de Boole atómica todo elemento distinto del ínfimo es la cota superior mínima del conjunto de átomos iguales o menores que él.

Solución: Sea A el conjunto de los átomos de una cierta álgebra de Boole y $A_m = \{x \in A : x \leq m\}$, donde m es un elemento cualquiera del universo del álgebra; m es, pues, una cota superior de A_m. Para probar que es la mínima, demostraremos previamente:

$$A_m \subseteq A_p \implies m \leq p.$$

En efecto:

$$\begin{aligned} m \not\leq p &\implies \overline{m} \cup p \neq 1 \quad \text{(cfr. } [\mathbf{H_{22}}]) \\ &\implies m \cap \overline{p} \neq 0 \\ &\implies \text{existe}\, i \in A : i \leq m \cap \overline{p} \\ &\implies \text{existe}\, i \in A_m - A_p \\ &\implies A_m \not\subseteq A_p. \end{aligned}$$

Con ello, si p es un cota superior de A_m, se tiene:

$$x \in A_m \implies (x \in A \text{ y } x \leq p) \implies x \in A_p,$$

con lo que $A_m \subseteq A_p$ y, por tanto, $m \leq p$. $\square$

8.2. Filtros en álgebras de Boole

Sea $\mathfrak{B} = (B, 1^B, 0^B, \cup^B, \cap^B, -^B)$ (abreviadamente $(B, 1, 0, \cup, \cap, -)$) un álgebra de Boole.

Definición 8.2.1. *(Filtro)* Un subconjunto ∇ no vacío de B es un filtro si verifica:

$$x \cap y \in \nabla \iff (x \in \nabla \text{ y } y \in \nabla).$$

Si $\nabla \neq B$, el filtro se llamará *propio*.

Ejemplo 8.2.2.

[1] El conjunto $\nabla_a = \{x \in B : a \leq x\}$ es un filtro.

[2] Para todo $M \subseteq B$, el conjunto ∇_M de los elementos $x \in B$ mayores que alguna intersección finita de elementos de M es un filtro.

[3] El conjunto $\{X \subseteq B : B{-}X \text{ es finito}\}$ es un filtro.

Ejercicio 8.2.3. Demostrar (cfr. Ejemplo 8.2.2.):

[1] ∇_a es el menor filtro al que pertenece a.

[2] ∇_M es el menor filtro que contiene M.

Teorema 8.2.4. En todo filtro ∇ se verifica:

[1] $1 \in \nabla$.

[2] ∇ es propio si y sólo si $0 \notin \nabla$.

[3] $(x \in \nabla \text{ y } x \leq y)$ implica $y \in \nabla$.

La prueba es trivial.

Ejercicio 8.2.5. Demostrar:

[1] La intersección de una familia de filtros es un filtro.

[2] La unión de una familia de filtros $\{\nabla_i : i \in J\}$ en la que para todo $m, n \in J$, $\nabla_m \subseteq \nabla_n$ o $\nabla_n \subseteq \nabla_m$, es un filtro.

Sean $\mathfrak{B}$, B, ∇ y a, respectivamente, un álgebra de Boole, su universo, un filtro en $\mathfrak{B}$ y un elemento de B.

Definición 8.2.6. $\nabla[a] = \{x \in B : (\text{existe } \delta \in \nabla)\,[\delta \cap a \leq x]\}$.

Observación 8.2.7. Si $x \Rightarrow y \overset{df}{=} \overline{x} \cup y$ (cfr. Observación 8.1.6.), entonces:

$$\nabla[a] = \{x \in B : a \Rightarrow x \in \nabla\}.$$

Ejercicio 8.2.8. Demostrar:

[1] $\nabla[a]$ es el menor filtro de $\mathfrak{B}$ que contiene ∇ y a.

[2] $\nabla[a]$ es propio si y sólo si $\overline{a} \notin \nabla$.

Solución de [2]: Obviamente si $\overline{a} \in \nabla$, entonces $0 \in \nabla[a]$. Además, si $\overline{a} \notin \nabla$, entonces $\overline{a} \notin \nabla[a]$, ya que, de lo contrario, existirá en elemento $\delta \in \nabla$ tal que:

$$\delta \cap a \leq \overline{a},$$

con lo que se tiene sucesivamente:

$$(\delta \cap a) \cup \overline{a} = \overline{a},$$

$$\delta \cup \overline{a} = \overline{a},$$

$$\delta \leq \overline{a},$$

lo que implica $\overline{a} \in \nabla$, falso.

Ejercicio 8.2.9. *(Relación de equivalencia determinada por un filtro)* Dos elementos a, b del universo B de un álgebra de Boole son equivalentes respecto a un filtro ∇, lo que se denotará por $a \overset{\nabla}{\sim} b$, o simplemente por $a \sim b$ si no se presta a confusión, si $a \in \nabla[b]$ y $b \in \nabla[a]$. La clase de equivalencia de a y el conjunto de las clases de equivalencia serán denotados, respectivamente, por $|a|$ y B/∇.

Demostrar:

[1] $\sim$ es una relación de equivalencia.

[2] $a \sim 1$ si y sólo si $a \in \nabla$.

[3] $a \sim 0$ si y sólo si $\overline{a} \in \nabla$.

Ejercicio 8.2.10. Demostrar que en todo filtro ∇, de $a \sim a_1$ se sigue:

[1] $a \cup b \sim a_1 \cup b$.

[2] $a \cap b \sim a_1 \cap b$.

[3] $\overline{a} \sim \overline{a}_1$.

La prueba es completamente simple. Por ejemplo:

$$
\begin{aligned}
a \sim a_1 &\Longrightarrow a_1 \in \nabla[a] \\
&\Longrightarrow \text{existe } \delta{\in}\nabla\text{: } a \cap \delta \leq a_1 \\
&\Longrightarrow \text{existe } \delta{\in}\nabla\text{: } (a \cap \delta) \cup b \leq a_1 \cup b \\
&\Longrightarrow \text{existe } \delta{\in}\nabla\text{:} (a \cup b) \cap \delta = (a \cap \delta) \cup (b \cap \delta) \leq (a \cap \delta) \cup b \leq a_1 \cup b \\
&\Longrightarrow (a_1 \cup b) \in \nabla[a \cup b].
\end{aligned}
$$

$$
\begin{aligned}
a \sim a_1 &\Longrightarrow a_1 \in \nabla[a] \\
&\Longrightarrow \text{existe } \delta{\in}\nabla : a \cap \delta \leq a_1 \\
&\Longrightarrow \text{existe } \delta{\in}\nabla : \overline{a_1} \leq \overline{a} \cup \overline{\delta} \\
&\Longrightarrow \text{existe } \delta{\in}\nabla : \overline{a_1} \cap \delta \leq \overline{a} \cap \delta \leq \overline{a} \\
&\Longrightarrow \overline{a} \in \nabla[\overline{a_1}].
\end{aligned}
$$

Ejercicio 8.2.11. Lo demostrado en el anterior ejercicio justifica la definición de las siguientes operaciones entre las clases de equivalencia determinadas por ∇, para las que no introducimos nuevos símbolos:

$$|a| \cup |b| \overset{df}{=} |a \cup b|$$

$$|a| \cap |b| \overset{df}{=} |a \cap b|$$

$$\overline{|a|} \overset{df}{=} |\overline{a}|$$

$$\mathbf{1} \overset{df}{=} |1|$$

$$\mathbf{0} \overset{df}{=} |0|$$

Demostrar que la estructura cociente $\mathfrak{B}_\nabla = (B/\nabla, \mathbf{1}, \mathbf{0}, \cup, \cap, {}^-)$ es un álgebra de Boole.

Solución: La prueba es trivial, al verificarse los once axiomas de las álgebras de Boole (cfr. Definición 8.1.1.). Por ejemplo, $[\mathbf{B_7}]$ se verifica como consecuencia de las igualdades:

$$
\begin{aligned}
|x| \cup (|y| \cap |z|) = |x| \cup |y \cap z| = |x \cup (y \cap z)| &= |(x \cup y) \cap (x \cup z)| \\
= |x \cup y| \cap |x \cup z| &= (|x| \cup |y|) \cap (|x| \cup |z|).
\end{aligned}
$$

8.3. Filtros maximales

Definición 8.3.1. *(Filtro primo)* Un filtro propio ∇ de un álgebra de Boole es primo si verifica:

$$a \cup b \in \nabla \iff a \in \nabla \text{ ó } b \in \nabla.$$

Definición 8.3.2. *(Filtro maximal)* Un filtro propio es maximal si ningún filtro propio es estrictamente mayor que él. Los filtros maximales se denominan también *ultrafiltros*.

Ejercicio 8.3.3. Demostrar que si a es un átomo de un álgebra de Boole, entonces ∇_a es un ultrafiltro.

Solución: Un átomo a verifica:

$$a \not\leq x \implies a \leq \overline{x}.$$

ya que:

$$a \not\leq x \implies a \cap x \neq a \implies a \cap x = 0 \implies (a \cap x) \cup \overline{x} = \overline{x}$$

$$\implies a \cup \overline{x} = \overline{x} \implies a \leq \overline{x}.$$

En consecuencia, si ∇ es un filtro estrictamente mayor que ∇_a, existirá un elemento $m \in \nabla - \nabla_a$ y se verificará:

$$m \notin \nabla_a \implies a \not\leq m \implies a \leq \overline{m} \implies \overline{m} \in \nabla_a \subseteq \nabla \implies 0 \in \nabla.$$

Teorema 8.3.4. Para todo filtro propio ∇ las siguientes proposiciones son equivalentes:

[1] ∇ es maximal.

[2] $a \notin \nabla \implies \nabla[a]$ es impropio.

[3] $a \notin \nabla \implies \overline{a} \in \nabla$.

[4] ∇ es primo.

Demostración:

[1] $\implies$ [3].

La negación de [3] implica la negación de [1], ya que si existe un elemento a tal que $a \notin \nabla$ y $\overline{a} \notin \nabla$, entonces $\nabla[a]$ es propio y estrictamente mayor que ∇.

[3] $\implies$ [1].

Trivial, pues [3] implica que no puede haber un filtro propio estrictamente mayor que ∇.

[2] $\Longrightarrow$ [3].

La negación de [3] implica la negación de [2], ya que si existe a tal que $a \notin \nabla$ y $\overline{a} \notin \nabla$, entonces $\nabla[a]$ es propio y no se verifica [2].

[3] $\Longrightarrow$ [2].

De [3] se sigue: Si $a \notin \nabla$, entonces $\overline{a} \in \nabla$ y, por tanto, $\nabla[a]$ es impropio.

[4] $\Longrightarrow$ [3]

Puesto que $a \cup \overline{a} \in \nabla$, $a \notin \nabla$ implica $\overline{a} \notin \nabla$.

[3] $\Longrightarrow$ [4]

$$\begin{aligned} a \cup b \in \nabla \quad &\Longrightarrow \quad \overline{a \cup b} \notin \nabla \quad \Longrightarrow \quad \overline{a} \cap \overline{b} \notin \nabla \\ &\Longrightarrow \quad \overline{a} \notin \nabla \ \text{ ó } \ \overline{b} \notin \nabla \quad \Longrightarrow \quad a \in \nabla \ \text{ ó } \ b \in \nabla. \end{aligned}$$

Teorema 8.3.5. Todo filtro propio ∇ de un álgebra de Boole numerable L está contenido en un ultrafiltro.

Demostración: Si $B = \{a_0, a_1, a_2, \dots\}$ es el universo de un álgebra de Boole y $\nabla \subseteq B$ es un filtro propio, definiremos:

$$\nabla_0 = \nabla$$

$$\nabla_{n+1} = \begin{cases} \nabla_n[a_n] & \text{si } \overline{a_n} \notin \nabla_n \\ \nabla_n & \text{en caso contrario,} \end{cases}$$

$$\nabla = \bigcup_{n \in \omega} \nabla_n.$$

∇ es un filtro propio, al ser la unión de una cadena ascendente de filtros propios (cfr. Ejercicio 8.2.5.). Además, se tiene para todo $p \in \omega$:

$$a_p \notin \nabla \Longrightarrow a_p \notin \nabla_{p+1} \Longrightarrow \nabla_{p+1} = \nabla_p \Longrightarrow \overline{a_p} \in \nabla_p \Longrightarrow \overline{a_p} \in \nabla,$$

lo que completa la prueba.

Observación 8.3.6. De acuerdo con lo demostrado en el el Ejercicio 8.2.9., si ∇ es un ultrafiltro en $\mathfrak{B}$, entonces $\mathfrak{B}_\nabla$ es un álgebra de Boole con dos elementos: las clases de equivalencia de 1 y 0.

8.4. El Teorema de Rasiowa-Sikorski

El presente teorema es una versión mucho más general y abstracta del Teorema 9.2.2., el caso particular interesante para la prueba del teorema de completitud. En el siguiente capítulo se dará una nueva prueba del teorema en su versión relevante para la lógica, por lo que se puede prescindir de la lectura de este apartado.

Sea $\mathfrak{B}$ un álgebra de Boole no degenerada de universo B y sea $\mathbf{R} \subseteq \mathcal{P}(B)$ tal que:

[$\star$] todo $T \in \mathbf{R}$ tiene una cota superior mínima $\bigcup T$.

Definición 8.4.1. Un $\mathbf{R}$-filtro es un filtro ∇ tal que para todo $T \in \mathbf{R}$:

$$\bigcup T \in \nabla \quad \Longleftrightarrow \quad T \cap \nabla \neq \emptyset.$$

Si además el filtro es maximal se denominará $\mathbf{R}$-ultrafiltro.

Observación 8.4.2. Si $|a|$ denota la clase de equivalencia de a determinada por un $\mathbf{R}$-ultrafiltro ∇ (cfr. Ejercicio 8.2.9. y Observación 8.3.6), para todo $T \in \mathbf{R}$ se verifica:

$$|\bigcup_{t\in T} t| = \bigcup_{t\in T} |t|,$$

ya que:

$$\begin{aligned} |\bigcup_{t\in T} t| = 1 \quad &\Longleftrightarrow \quad \bigcup_{t\in T} t \in \nabla \quad \Longleftrightarrow \quad \bigcup T \in \nabla \\ &\Longleftrightarrow \quad T \cap \nabla \neq \emptyset \quad \Longleftrightarrow \quad \text{existe } t: \ t \in T \cap \nabla \\ &\Longleftrightarrow \quad \text{existe } t \in T: |t| = 1 \quad \Longleftrightarrow \quad \bigcup_{t\in T} |t| = 1. \end{aligned}$$

Teorema 8.4.3. *(H. Rasiowa, R. Sikorski*, 1950*)* Si $\mathbf{R}$ es una clase numerable que verifica [$\star$], todo elemento distinto del ínfimo pertenece a un $\mathbf{R}$-ultrafiltro.

Demostración: Sean $\mathbf{R} = \{T_i : \ i \in \omega\}$, $\bigcup T_i = t_i$ y sea a un elemento distinto del ínfimo.

Lema 8.4.4. *(A. Tarski*, 1952*)* Existe una sucesión $\{e_i : \ i \in \omega\}$ de elementos de B tales que para todo $n \in \omega$ se verifica:

$$e_n \in T_n,$$

$$a \cap (\bar{t}_0 \cup e_0) \cap (\bar{t}_1 \cup e_1) \cap (\bar{t}_2 \cup e_2) \cap \ldots \cap (\bar{t}_n \cup e_n) \neq 0.$$

En efecto:

$n = 0$: Si para todo $t \in T_0$ se verifica $a \cap (\overline{t_0} \cup t) = 0$, entonces:

$$0 = \bigcup_{t\in T_0} [a \cap (\bar{t}_0 \cup t)] = a \cap [\bar{t}_0 \cup \bigcup_{t\in T_0} t] = a \cap [\bar{t}_0 \cup t_0] = a.$$

$n+1$: Sea $a_n = a \cap (\bar{t}_0 \cup e_0) \cap (\bar{t}_1 \cup e_1) \cap \ldots \cap (\bar{t}_n \cup e_n) \neq 0.$

Si para todo $t \in T_{n+1}$ se verifica $a_n \cap (\bar{t}_{n+1} \cup t) = 0$, entonces:

$$0 = \bigcup_{t \in T_{n+1}} [a_n \cap (\bar{t}_{n+1} \cup t)] = a_n \cap (\bar{t}_{n+1} \cup \bigcup_{t \in T_{n+1}} t)$$

$$= a_n \cap (\bar{t}_{n+1} \cup t_{n+1}) = a_n,$$

en contra de la hipótesis. □

Demostración del teorema: Definiendo a_n como en la prueba del lema, *i.e.*:

$$a_n = a \cap (\bar{t}_0 \cup e_0) \cap (\bar{t}_1 \cup e_1) \cap (\bar{t}_2 \cup e_2) \cap \ldots \cap (\bar{t}_n \cup e_n),$$

sean:

$$\nabla_n = \{x \in A : a_n \leq x\},$$

$$\nabla_\omega = \bigcup_{n \in \omega} \nabla_n.$$

De $a_{i+1} \leq a_i$ se sigue $\nabla_i \subseteq \nabla_{i+1}$, con lo que ∇_ω es la unión de una cadena ascendente de filtros propios y será, por tanto, un filto propio, que estará contenido en un filtro maximal ∇. ∇ es claramente un **R**-ultrafiltro, ya que para todo $n \in \omega$:

$$\bar{t}_n \cup e_n \geq a_n \in \nabla_n \subseteq \nabla_\omega \subseteq \nabla,$$

y en consecuencia:

$$\bigcup T_n \in \nabla \implies t_n \in \nabla \implies t_n \cap (\bar{t}_n \cup e_n) \in \nabla$$

$$\implies t_n \cap e_n \in \nabla \implies e_n \in T_n \cap \nabla$$

$$\implies T_n \cap \nabla \neq \emptyset.$$ □

9 EL ÁLGEBRA DE LA LÓGICA

9.1. El álgebra de Tarski-Lindenbaum

Sea τ un tipo y sea Φ un subconjunto de fórmulas de F^τ (cfr. Definición 1.1.9.). De acuerdo con la Definición 4.5.1., dos fórmulas α, β de F^τ son equivalentes respecto a Φ, lo que se denota por $\alpha \overset{\Phi}{\sim} \beta$, si se verifica: $\Phi \vdash \alpha \leftrightarrow \beta$. Denotando por F^τ/Φ y $|\alpha|$, respectivamente, el conjunto de clases y la clase de equivalencia de α, obviamente se verifica:

Proposición 9.1.1. Si $\alpha \overset{\Phi}{\sim} \alpha'$ y $\beta \overset{\Phi}{\sim} \beta'$ y $\Phi \vdash \alpha \to \beta$, entonces $\Phi \vdash \alpha' \to \beta'$.

Como consecuencia, podemos definir:

Definición 9.1.2.

$$|\alpha| \leq |\beta| \iff \Phi \vdash \alpha \to \beta.$$

Teorema 9.1.3. La estructura $(F^\tau/\Phi, \leq)$ es un retículo con supremo e ínfimo, que verifica:

[1] $sup(\{|\alpha|, |\beta|\}) = |\alpha \vee \beta|$.

[2] $inf(\{|\alpha|, |\beta|\}) = |\alpha \wedge \beta|$.

[3] $|\alpha|$ es el elemento supremo si y sólo si $\Phi \vdash \alpha$.

[4] $|\alpha|$ es el elemento ínfimo si y sólo si $\Phi \vdash \neg\alpha$.

Demostración: La relación $\leq$ es un orden, al verificarse:

$\vdash \alpha \to \alpha.$

$\vdash (\alpha \to \beta) \to ((\beta \to \gamma) \to (\alpha \to \gamma)).$

[1] es consecuencia de:

$$\vdash \alpha \to (\alpha \vee \beta),$$

$$\vdash \beta \to (\alpha \vee \beta),$$

$$\vdash (\alpha \to \gamma) \to ((\beta \to \gamma) \to ((\alpha \vee \beta) \to \gamma)).$$

[2] es consecuencia de:

$$\vdash (\alpha \wedge \beta) \to \alpha,$$

$$\vdash (\alpha \wedge \beta) \to \beta,$$

$$\vdash (\gamma \to \alpha) \to ((\gamma \to \beta) \to (\gamma \to (\alpha \wedge \beta))).$$

[3] es consecuencia de:

$\Phi \vdash \alpha$ si y sólo si para todo $\beta \in F^\tau : \Phi \vdash \beta \to \alpha$.

[4] es consecuencia de:

$\Phi \vdash \neg \alpha$ si y sólo si para todo $\beta \in F^\tau : \Phi \vdash \alpha \to \beta$.

Los anteriores resultados justifican la siguiente definición:

Definición 9.1.4.

$$|\alpha| \cup |\beta| = |\alpha \vee \beta|.$$

$$|\alpha| \cap |\beta| = |\alpha \wedge \beta|.$$

$$1 = |\alpha \vee \neg \alpha|.$$

$$0 = |\alpha \wedge \neg \alpha|.$$

Teorema 9.1.5. El retículo $(F^\tau/\Phi, 1, 0, \cup, \cap)$ es distributivo y complementario, verificándose:

[5] $\overline{|\alpha|} = |\neg \alpha|$.

Demostración: La distributividad es consecuencia de:

$$\vdash (\alpha \wedge (\beta \vee \gamma)) \leftrightarrow ((\alpha \wedge \beta) \vee (\alpha \wedge \gamma)),$$

o bien de:

$$\vdash (\alpha \vee (\beta \wedge \gamma)) \leftrightarrow ((\alpha \vee \beta) \wedge (\alpha \vee \gamma)).$$

[5] es consecuencia de:

$$\vdash \beta \rightarrow (\alpha \vee \neg\alpha),$$
$$\vdash (\alpha \wedge \neg\alpha) \rightarrow \beta.$$

Corolario 9.1.6.

[1] La estructura $\mathfrak{A}_\Phi = (F^\tau/\Phi,\ 1,\ 0,\ \cup,\ \cap,\ -)$ es un álgebra de Boole.

[2] $\mathfrak{A}_\Phi$ no es degenerada si y sólo si Φ es consistente.

Sea T el conjunto de los términos de tipo τ (habitualmente denotado por T^τ).

Teorema 9.1.7. Para toda fórmula α se verifica:

[6] $|\exists x\, \alpha| = \bigcup_{t \in T} |\alpha_x^t|.$

[7] $|\forall x\, \alpha| = \bigcap_{t \in T} |\alpha_x^t|.$

Demostración:

Ad [6]: De $\vdash \alpha_x^t \rightarrow \exists x\, \alpha$ se sigue que $|\exists x\, \alpha|$ es una cota superior del conjunto de clases de fórmulas $\{\,|\alpha_x^t| : t \in T\}$. Además, si $|\gamma|$ es una cota superior del conjunto $\{\,|\alpha_x^t| : t \in T\}$, se verificará para todo $t \in T$:

$$\vdash \alpha_x^t \rightarrow \gamma,$$

y, en consecuencia, existirá una variable u, que no está ni en α ni en γ, tal que:

$$\vdash \alpha_x^u \rightarrow \gamma,$$

lo que implica:

$$\vdash \exists u\, \alpha_x^u \rightarrow \gamma.$$

Por otra parte, al no aparecer u en α, $\exists u\, \alpha_x^u$ es una variante de $\exists x\, \alpha$, con lo que:

$$\vdash \exists x\, \alpha \leftrightarrow \exists u\, \alpha_x^u,$$

y, por tanto:

$$\vdash \exists x\, \alpha \rightarrow \gamma,$$

de donde se sigue:

$$|\exists x\, \alpha| \leq |\gamma|,$$

con lo que $|\exists x\, \alpha|$ es la cota superior mínima de $\{\,|\alpha_x^t| : t \in T\}$. □

La prueba de [7] es dual.

Proposición 9.1.8. Para todo filtro ∇ de $\mathfrak{A}_\Phi$ se verifica:

si $|\alpha| \in \nabla$ y $|\alpha \to \beta| \in \nabla$, entonces $|\beta| \in \nabla$.

Esto es consecuencia de que:

$$\vdash (\alpha \wedge (\alpha \to \beta)) \to \beta,$$

con lo que:

$$|\alpha| \cap |\alpha \to \beta| \leq |\beta|.$$

Ejercicio 9.1.9. Sea Φ un conjunto de fórmulas cerradas de un cierto lenguaje L. Entre las fórmulas cerradas de L se definirá una relación de equivalencia como en 9.1.1., y se ordenarán las clases de equivalencia como en 9.1.2., lo que manifiestamente da lugar a un álgebra de Boole $\mathfrak{C}_\Phi$. Llamando *teoría* a un conjunto de fórmulas de L cerrado bajo derivabilidad, demostrar:

[1] Si $T \subseteq L$ es una teoría, entonces $\nabla_T \overset{df}{=} \{|\alpha| : \alpha \in T\}$ es un filtro en $\mathfrak{C}_\Phi$.

[2] Si ∇ es un filtro, entonces $T_\nabla \overset{df}{=} \{\alpha : |\alpha| \in \nabla\}$ es una teoría.

[3] $|\alpha|$ es un átomo de $\mathfrak{C}_\Phi$ si y sólo si todos los modelos de $\Phi \cup \{\alpha\}$ verifican las mismas fórmulas de L (cfr. Definición 12.10.).

9.2. El teorema de Rasiowa-Sikorski

Sean τ, *VAR*, T^τ, F^τ, Φ, $|\gamma|$ y $\mathfrak{A}_\Phi$, respectivamente, un tipo numerable, el conjunto de símbolos de variable, los conjuntos de términos y fórmulas de ese tipo, un subconjunto consistente de F^τ, la clase de equivalencia respecto a Φ de la fórmula γ, y el álgebra de Tarski-Lindenbaum generada por Φ. Sean finalmente:

$$S_{\alpha, x} = \{|\alpha^t_x| : t \in T^\tau\},$$

$$\mathbf{Q} = \{S_{\alpha, x} : \alpha \in F^\tau,\ x \in VAR\},$$

con lo que:

$$\bigcup S_{\alpha, x} = |\exists x\, \alpha|.$$

Como caso particular de la Definición 8.4.1. se tiene:

Definición 9.2.1. *(**Q**-ultrafiltro)* Un **Q**-ultrafiltro es un filtro maximal ∇ tal que, para toda fórmula α y toda variable x, se verifica:

$$\bigcup S_{\alpha, x} \in \nabla \implies S_{\alpha, x} \cap \nabla \neq \emptyset,$$

i.e.:

$$|\exists x\, \alpha| \in \nabla \implies \text{existe } t \in T : |\alpha^t_x| \in \nabla.$$

Sea Φ un conjunto de fórmulas.

Teorema 9.2.2. *(H. Rasiowa, R. Sikorski*, 1950*)* Si Φ es consistente, entonces existe un **Q**-ultrafiltro de $\mathfrak{A}_\Phi$.

El teorema se sigue del demostrado en 8.4.3. Sin embargo, la versión general del Teorema de Rasiowa-Sikorski puede resultar excesivamente abstracta para nuestro propósito, por lo que a continuación damos una nueva demostracción del caso particular que nos ocupa.

Demostración: Sea τ un tipo numerable tal que $\Phi \subseteq F^\tau$ (cfr. 6. 2), y sea α una fórmula de F^τ tal que $\Phi \not\vdash \alpha$, y sea:

$$\exists u_0\, \delta_0,\ \exists u_1\, \delta_1,\ \exists u_2\, \delta_2, \ldots,$$

una cierta enumeración de las fórmulas existenciales de F^τ y sea:

$$\beta_0 \stackrel{df}{=} \neg\, \alpha,$$

$$\beta_{n+1} \stackrel{df}{=} \beta_n \ \wedge\ (\exists u_n \delta_n \rightarrow [\delta_n]^{v_n}_{u_n}),$$

donde v_n es la primera variable que no aparece ni en β_n ni en $\exists u_n \delta_n$.

Lema *(Tarski*, 1952*)*: Para todo $n \in \omega$, $\Phi \not\vdash \neg\, \beta_n$.

Demostración (cfr. Lema 6.2.1.): De $\Phi \not\vdash \neg\, \beta_n$ se sigue que en el álgebra de Boole $\mathfrak{A}_\Phi$:

$$|\beta_n| \neq 0,$$

con lo que el filtro generado por $|\beta_n|$ es propio. Sea ∇_n tal filtro, *i.e.*:

$$\nabla_n \stackrel{df}{=} \{\,|\gamma| : |\beta_n| \leq |\gamma|\,\}.$$

Puesto que:

$$\vdash \beta_{n+1} \rightarrow \beta_n,$$

y en consecuencia:

$$|\beta_{n+1}| \ \leq\ |\beta_n|,$$

se tiene que:

$$\nabla_0 \subseteq \nabla_1 \subseteq \nabla_2 \subseteq \ \ldots$$

y, por tanto, la unión de esa cadena ascendente de filtros propios será un filtro propio, que a su vez estará contenido en un filtro maximal ∇. Demostraremos que ∇ es un **Q**-ultrafiltro. En efecto, de:

$$\vdash \beta_{n+1} \rightarrow (\exists u_k\, \delta_k \rightarrow [\delta_k]^{v_k}_{u_k}),$$

se sigue:

$$|\beta_{n+1}| \leq |\exists u_k\, \delta_k \to [\delta_k]^{v_k}_{u_k}|,$$

y por tanto:

$$|\exists u_k\, \delta_k \to [\delta_k]^{v_k}_{u_k}| \in \nabla_{n+1} \subseteq \nabla,$$

y, en consecuencia, si se verifica:

$$|\exists u_k\, \delta_k| \in \nabla,$$

entonces (cfr. Proposición 9.1.8.):

$$|[\delta_k]^{v_k}_{u_k}| \in \nabla_{n+1} \subseteq \nabla.$$

□

Definición 9.2.3. $\overline{\Phi}$ denotará el conjunto $\{\overline{\gamma} : \gamma \in \Phi\}$, donde $\overline{\gamma}$ es el cierre universal de γ (cfr. Definición 1.1.22.).

Puesto que para cualquier filtro ∇ en $\mathfrak{A}_\Phi$ se verifica:

$$\gamma \in \overline{\Phi} \implies \Phi \vdash \gamma \implies |\gamma| = 1 \implies |\gamma| \in \nabla,$$

se tiene:

Corolario 9.2.4. Si Φ es consistente, entonces $\{|\psi| : \psi \in \overline{\Phi}\}$ está contenido en un $\mathbf{Q}$-ultrafiltro de $\mathfrak{A}_\Phi$.

9.3. Interpretación determinada por un Q-ultrafiltro

Sea Φ un conjunto consistente de fórmulas de un cierto tipo τ y sea ∇ un filtro en el álgebra $\mathfrak{A}_\Phi$.

Definición 9.3.1. *(Relación de equivalencia determinada por un filtro)* Se denotará por $\overset{\nabla}{\sim}$ la relación definida en el conjunto de términos T^τ tal que:

$$t_1 \overset{\nabla}{\sim} t_2 \iff |t_1 = t_2| \in \nabla.$$

De $[\mathbf{A}_5]$-$[\mathbf{A}_7]$ se sigue que $\overset{\nabla}{\sim}$ es una relación de equivalencia. La clase de equivalencia del término t será denotada por $\underline{t}$ y T^τ/∇ denotará el conjunto $\{\underline{t} : t \in T^\tau\}$.

Sea ∇ un $\mathbf{Q}$-ultrafiltro en $\mathfrak{A}_\Phi$.

Definición 9.3.2. *(Estructura generada por un $\mathbf{Q}$-ultrafiltro)* $\mathfrak{A}_\nabla$ es la τ-estructura $(A,\, \mathfrak{a})$ tal que:

[1] $A = T^{\tau}/\nabla$.

[2] Para cada símbolo de constante c, $\mathfrak{a}(c) = c^A \overset{df}{=} \underline{c}$.

[3] Para cada símbolo de función con n argumentos f, $\mathfrak{a}(f)$ es la función f^A : $A^n \to A$ tal que $f^A(\underline{t_1}, \ldots, \underline{t_n}) \overset{df}{=} \underline{f\,t_1 \ldots t_n}$.

[4] Para cada símbolo de relación con n argumentos P, $\mathfrak{a}(P)$ es la relación $P^A \subseteq A^n$ tal que $(\underline{t_1}, \ldots, \underline{t_n}) \in P^A$ si y sólo si $\lfloor P\,t_1 \ldots t_n \rfloor \in \nabla$.

Como consecuencia de $[\mathbf{A_8}]$ y $[\mathbf{A_9}]$ las dos últimas definiciones son correctas.

Definición 9.3.3. *(Interpretación generada por un* **Q***-ultrafiltro)* $\mathfrak{I}_\nabla$ es la τ-interpretación $(\mathfrak{A}_\nabla, v_\nabla)$, donde v_∇ : $VAR \to A$ es la valoración definida por la identidad:

$$v_\nabla(x) = \underline{x}.$$

Lema 9.3.4. Para todo término $t \in T^{\tau}$ se verifica:

$$\mathfrak{I}_\nabla(t) = \underline{t}.$$

En efecto, es cierto si t es una variable o un símbolo de constante. Y si $t = f\,t_1 \ldots t_n$, entonces:

$$\mathfrak{I}_\nabla(t) = f^A\,(\mathfrak{I}_\nabla(t_1), \ldots, \mathfrak{I}_\nabla(t_n)) = f^A\,(\underline{t_1}, \ldots, \underline{t_n}) = \underline{f\,t_1 \ldots t_n} = \underline{t}.$$

Teorema 9.3.5. Para toda fórmula $\alpha \in L$ se verifica:

$$\mathfrak{I}_\nabla \models \alpha \iff \lfloor \alpha \rfloor \in \nabla.$$

Demostración: Sea n el número de símbolos lógicos de α.

$n = 0$:

$$\begin{aligned} \mathfrak{I}_\nabla \models t_1 = t_2 &\iff \mathfrak{I}_\nabla(t_1) = \mathfrak{I}_\nabla(t_2) \\ &\iff \underline{t_1} = \underline{t_2} \\ &\iff t_1 \sim t_2 \\ &\iff \lfloor t_1 = t_2 \rfloor \in \nabla. \end{aligned}$$

$$\begin{aligned} \mathfrak{I}_\nabla \models P\,t_1 \ldots t_n &\iff (\mathfrak{I}_\nabla(t_1), \mathfrak{I}_\nabla(t_2), \ldots, \mathfrak{I}_\nabla(t_n)) \in P^A \\ &\iff (\underline{t_1}, \underline{t_2}, \ldots, \underline{t_n}) \in P^A \\ &\iff \lfloor P\,t_1\,t_2 \ldots t_n \rfloor \in \nabla. \end{aligned}$$

$n+1:$

$$\begin{aligned}
\mathfrak{I}_\nabla \models \neg\beta &\iff \mathfrak{I}_\nabla \not\models \beta\\
&\iff \llcorner\beta\lrcorner \notin \nabla\\
&\iff \llcorner\neg\beta\lrcorner \in \nabla.
\end{aligned}$$

$$\begin{aligned}
\mathfrak{I}_\nabla \models \beta\to\gamma &\iff \mathfrak{I}_\nabla \not\models \beta \text{ ó } \mathfrak{I}_\nabla \models \gamma\\
&\iff \llcorner\beta\lrcorner \notin \nabla \text{ ó } \llcorner\gamma\lrcorner \in \nabla\\
&\iff \vdash\beta\lrcorner\in \nabla \quad \text{ó} \quad \llcorner\gamma\lrcorner \in \nabla\\
&\iff \llcorner\neg\beta \vee \gamma\lrcorner \in \nabla\\
&\iff \llcorner\beta\to\gamma\lrcorner \in \nabla.
\end{aligned}$$

Finalmente, puesto que β_x^t tiene los mismos símbolos lógicos que β:

$$\begin{aligned}
\mathfrak{I}_\nabla \models \exists x\,\beta &\iff \text{existe } t\in T:\ (\mathfrak{I}_\nabla)_x^{\underline{t}} \models \beta\\
&\iff \text{existe } t\in T:\ (\mathfrak{I}_\nabla)_x^{\mathfrak{I}(t)} \models \beta\\
&\iff \text{existe } t\in T:\ \mathfrak{I}_\nabla \models \beta_x^t \quad \text{(Lema de sustitución)}\\
&\iff \text{existe } t\in T:\ \llcorner\beta_x^t\lrcorner \in \nabla\\
&\iff \llcorner\exists x\,\beta\lrcorner \in \nabla.
\end{aligned}$$

Del teorema anterior y del Corolario 9.2.4. se sigue inmediatamente:

Corolario 9.3.6. *(Teorema de Löwenheim-Skolem*, L. Löwenheim 1915, T. Skolem 1920*)* Todo conjunto consistente de fórmulas de un lenguaje numerable tiene un modelo numerable.

Demostración: Del Teorema 9.3.5. y el Corolario 9.2.4. se sigue que si Φ es consistente, entonces existe un **Q**-ultrafiltro ∇ tal que:

$$\mathfrak{I}_\nabla \models \overline{\Phi},$$

con lo que, al ser cerradas todas las fórmulas de $\overline{\Phi}$, se verificará también:

$$\mathfrak{A}_\nabla \models \overline{\Phi}.$$

Y puesto que Φ y $\overline{\Phi}$ tienen los mismos modelos, se tiene finalmente:

$$\mathfrak{A}_\nabla \models \Phi.$$

La numerabilidad de $\mathfrak{A}_\nabla$ es consecuencia de la del conjunto de los términos del lenguaje.

Corolario 9.3.7. En ningún lenguaje de primer orden existe una fórmula que se verifique en las estructuras numerables y sólo en ellas.

Demostración: Si δ fuese una tal fórmula, $\neg\delta$ tendría modelos (todas las estructuras no numerables), con lo que también tendría un modelo numerable, en el que se verificaría $\delta \wedge \neg\delta$.

Así pues, la numerabilidad de una estructura (*i.e.*, la propiedad de "*ser numerable*") no puede ser descrita mediante una fórmula de primer orden. Y, como consecuencia del Teorema de Löwenheim-Skolem ascendente (cfr. 11.14.), la numerabilidad tampoco puede ser descrita mediante un conjunto infinito de fórmulas.

Proposición 9.3.8. Cada una de las dos siguientes proposiciones se sigue inmediatamente de la otra:

[1] $\Phi \models \alpha \implies \Phi \vdash \alpha.$

[2] Todo conjunto consistente de fórmulas tiene un modelo.

Demostración:

[1]$\Longrightarrow$[2]

Si se verifica [1] y $\bot$ es una fórmula sin modelos (p. e., la negación de un axioma, o la conjunción de una fórmula y su negación) y Φ no tiene modelos, entonces se tendrá sucesivamente:

$\Phi \models \bot,$

$\Phi \vdash \bot,$

Φ es inconsistente,

con lo que se verifica [2].

[2]$\Longrightarrow$[1]

Si se verifica [2] y $\Phi \nvdash \alpha$, se sigue sucesivamente:

$\Phi \cup \{\neg\overline{\alpha}\} \nvdash \alpha$ (pues $\Phi \cup \{\overline{\alpha}\} \vdash \alpha$),

$\Phi \cup \{\neg\overline{\alpha}\}$ es consistente,

Existe un modelo de $\Phi \cup \{\neg\overline{\alpha}\}$,

Existe un modelo de Φ que no es un modelo de $\overline{\alpha}$,

Existe un modelo de Φ que no es un modelo de α,

$\Phi \not\models \alpha,$

con lo que se verifica [1].

Del Corolario 9.3.6 y la Proposición 9.3.8. se sigue inmediatamenmte:

Corolario 9.3.9. (*Teorema de completitud*, K. Gödel, 1930) Si $\Phi \models \alpha$, entonces $\Phi \vdash \alpha$.

Corolario 9.3.10. Si $\models \alpha$, entonces $\vdash \alpha$.

Observación 9.3.11. Como ya se ha indicado anteriormente (cfr. Capítulo 6), si la noción de consecuencia se introduce a partir de la de interpretación mediante la equivalencia:

$$\Phi \models \alpha \overset{df}{\Longleftrightarrow} \text{(para toda interpretación } \mathfrak{I}\text{) } (\mathfrak{I} \models \Phi \text{ implica } \mathfrak{I} \models \alpha),$$

entonces teorías (cfr. Capítulo 12) y filtros son conceptos duales, correspondiéndose los **Q**-ultrafiltros con los *conjuntos de Henkin* o los denominados por Smullyan *conjuntos saturados*. Con ello, el teorema de completitud resulta ser equivalente a la proposición: *todo conjunto consistente de fórmulas es extensible a un conjunto de Henkin*.

Con la definición de consecuencia dada aquí, sólo ciertos filtros, los denominados por Rasiowa *filtros intersección*, se corresponden con teorías, por lo que la eliminación de conceptos algebraicos exige introducir nociones inusuales y una nomenclatura indeseable.

10 COMPLETITUD EN LENGUAJES DE PRIMER ORDEN NO NUMERABLES

La prueba del teorema de completitud dada en el capítulo anterior hace uso esencial del teorema de Rasiowa-Sikorski y de que todo filtro propio de un Álgebra de Boole está contenido en otro maximal (Teorema 8.3.5.). Sin embargo, ambos resultados se han probado solamente para Álgebras de Boole numerables. En este capítulo se utiliza el lema de Zorn para probar que también en lenguajes no numerables todo conjunto consistente de fórmulas tiene un modelo, de donde se sigue el teorema de completitud en una versión más general.

Notación 10.1. El cardinal de un conjunto A será denotado por $|A|$.

Definición 10.2. El cardinal del tipo $\tau = (\mathbf{C}, \mathbf{F}, \mathbf{R}, \lambda)$ es la suma de los cardinales de $\mathbf{C}$, $\mathbf{F}$ y $\mathbf{R}$.

Definición 10.3. El cardinal de un lenguaje es el cardinal del conjunto de sus fórmulas cerradas. Si ese cardinal es mayor que $\aleph_0$, se dirá que el lenguaje es no numerable.

Proposición 10.4.

[1] El cardinal del lenguaje L^τ es el máximo de $\aleph_0$ y $|\tau|$, *i.e.*, $\aleph_0 + |\tau|$.

[2] El cardinal de T^τ (conjunto de términimos) es igual al máximo de $|\mathbf{C}|$, $|\mathbf{F}|$ y $\aleph_0$, *i.e.*, $|\mathbf{C}| + |\mathbf{F}| + \aleph_0$.

[3] $|T^\tau| \leq |L^\tau|$.

Observación 10.5. El cardinal de un lenguaje, igual por definición al cardinal del conjunto de sus fórmulas cerradas, es también igual al cardinal del conjunto de sus fórmulas y al del conjunto de sus fórmulas existenciales, aunque no necesariamente igual al cardinal del conjunto de sus términos, que puede ser menor.

Sean α y Φ, respectivamente, una fórmula y un conjunto de fórmulas de un lenguaje no numerable.

Teorema 10.6. Si $\Phi \vdash \alpha$, entonces $\Phi \models \alpha$.

La demostración es la misma que en el caso de lenguajes numerables. La numerabilidad no juega ningún papel en la prueba.

Definición 10.7. *(Testigos)* Un conjunto de fórmulas Φ tiene testigos (o ejemplos) si para cada fórmula existencial $\exists u\alpha \in \Phi$ existe un símbolo de constante c tal que $\alpha_u^c \in \Phi$. c se denominará un testigo de $\exists u\, \alpha$.

Sea L un lenguaje no numerable.

Definición 10.8. $L^\star$ es el lenguaje que se obtiene añadiendo al conjunto de símbolos de constante de L una nueva constante c_σ para cada fórmula existencial cerrada σ, de forma que símbolos de constante asociados a fórmulas distintas son distintos.

Lema 10.9. Si el símbolo de constante c no aparece en Φ, se verifica:

$$\Phi \vdash \alpha_x^c \implies \Phi \vdash \forall x\alpha.$$

Demostración: Bastará probar que si ξ es una conjunción finita de fórmulas de Φ, entonces:

$$\xi \vdash \alpha_x^c \implies \xi \vdash \forall x\alpha,$$

lo que se sigue fácilmente del Teorema 10.6. y del teorema de completitud para lenguajes numerables, ya que:

$$\xi \nvdash \forall x\alpha \implies \xi \not\models \forall x\alpha \implies \xi \not\models \alpha_x^c \implies \xi \nvdash \alpha_x^c.$$

Corolario 10.10. Si $\Phi \cup \{\exists x\alpha,\ \psi\} \subseteq L$ y c es un símbolo de constante que no está en L, entonces se verifica:

$$\Phi \cup \{\exists x\alpha \to \alpha_x^c\} \vdash \psi \implies \Phi \vdash \psi.$$

Demostración: Si $\overline{\psi}$ es el cierre universal de ψ, se tiene sucesivamente:

$$\Phi \cup \{\exists x\alpha \to \alpha_x^c\} \vdash \psi,$$
$$\Phi \cup \{\exists x\alpha \to \alpha_x^c\} \vdash \overline{\psi},$$
$$\Phi \vdash (\neg\, \exists x\alpha \ \vee\ \alpha_x^c) \to \overline{\psi},$$

$$\Phi \vdash \neg \exists x\alpha \rightarrow \overline{\psi} \quad \text{y} \quad \Phi \vdash \alpha^c_x \rightarrow \overline{\psi},$$

$$\Phi, \neg \overline{\psi} \vdash \exists x\alpha \quad \text{y} \quad \Phi, \neg \overline{\psi} \vdash \neg \alpha^c_x,$$

$$\Phi, \neg \overline{\psi} \vdash \exists x\alpha \quad \text{y} \quad \Phi, \neg \overline{\psi} \vdash \forall x \neg \alpha \quad \text{(Lema 10.9.),}$$

$$\Phi, \neg \overline{\psi} \vdash \overline{\psi},$$

$$\Phi \vdash \overline{\psi},$$

$$\Phi \vdash \psi.$$

Definición 10.11. $\Phi^\star$ es el conjunto de fórmulas de $L^\star$ (cfr. Definiciones 10.7. y 10.8.) que se derivan de:

$$\Phi \cup \{\exists x\alpha \rightarrow \alpha^c_x : \exists x\, \alpha \in L \text{ con testigo } c\}.$$

Proposición 10.12.

$$|L^*| = |L|.$$

Teorema 10.13. (cfr. [**van Dalen**, 1994], pp.107-108) Para toda fórmula $\psi \in L$ se verifica:

$$\Phi^\star \vdash \psi \implies \Phi \vdash \psi.$$

Demostración: Si $\Phi^\star \vdash \psi$, existirán nuevos axiomas $\delta_0, \delta_1, \ldots, \delta_n$ del tipo $\exists x\,\alpha \rightarrow \alpha^c_x$, tales que:

$$\Phi \cup \{\delta_0, \delta_1, \ldots, \delta_n\} \vdash \psi.$$

Procediendo por inducción sobre n se tiene:

$n = 0$: Consecuencia del Corolario 10.10.

$n = p + 1$: De:

$$\Phi \cup \{\delta_0, \delta_1, \ldots, \delta_p\} \cup \{\exists x\, \alpha \rightarrow \alpha^c_x\} \vdash \psi,$$

se sigue (por el Corolario 10.10.):

$$\Phi \cup \{\delta_0, \delta_1, \ldots, \delta_p\} \vdash \psi,$$

con lo que, por la hipótesis de inducción:

$$\Phi \vdash \psi.$$

□

Sea $\Phi \subseteq L$ un conjunto consistente de fórmulas.

Definicion 10.14. $(L_\omega,\ \Phi_\omega)$.

$$L_0 = L,$$
$$L_{i+1} = L_i^\star,$$
$$L_\omega = \bigcup_{i\in\omega} L_i,$$
$$\Phi_0 = \Phi,$$
$$\Phi_{i+1} = \Phi_i^\star,$$
$$\Phi_\omega = \bigcup_{i\in\omega} \Phi_i.$$

Puesto que los conjuntos $\Phi_i^\star$ son cerrados bajo derivabilidad, claramente se tiene:

Proposición 10.15.

[a] $|L_\omega| = |L|$.

[b] $\Phi_\omega \subseteq L_\omega$.

[c] Φ_ω es consistente.

[d] $\Phi_\omega \vdash \alpha \implies \alpha \in \Phi_\omega$.

[e] Para toda fórmula existencial $\exists u\alpha$ de L_ω se verifica:

$$\exists u\alpha \in \Phi_\omega \implies \text{existe un } c \text{ tal que } \alpha_u^c \in \Phi_\omega.$$

Sea Φ un conjunto de fórmulas de un lenguaje no numerable L.

Definición 10.16. *(Álgebra de Tarski-Lindenbaum)* $\mathfrak{A}_{\Phi_\omega}$ es el álgebra de Boole de las fórmulas de L_ω definida como en 9.1., verificando por tanto:

$$\alpha \sim \beta \overset{df}{\iff} \Phi_\omega \vdash \alpha \leftrightarrow \beta,$$
$$|\alpha| \overset{df}{=} \{\beta \in L_\omega : \alpha \sim \beta\},$$
$$|\alpha| \leq |\beta| \overset{df}{\iff} \Phi_\omega \vdash \alpha \to \beta,$$
$$|\alpha| = 1 \iff \Phi_\omega \vdash \alpha,$$
$$|\alpha| = 0 \iff \Phi_\omega \vdash \neg\alpha,$$
$$|\alpha| \cup |\beta| = |\alpha \vee \beta|,$$
$$|\alpha| \cap |\beta| = |\alpha \wedge \beta|,$$
$$\overline{|\alpha|} = |\neg\alpha|.$$

Proposición 10.17. Todo filtro en $\mathfrak{A}_{\Phi_\omega}$ es un **Q**-ultrafiltro (cfr. Definiciones 8.4.1. y 9.2.1.).

Demostración: Si ∇ es un filtro en $\mathfrak{A}_{\Phi_\omega}$ y $|\exists x\, \alpha| \in \nabla$, entonces existe un símbolo de constante c tal que $|\alpha_x^c| \in \nabla$, ya que si $\exists x\, \alpha \in L_i$ (cfr. Definición 10.14.) y c es un testigo de $\exists x\, \alpha$, se tiene sucesivamente:

$$\exists x\, \alpha \to \alpha_x^c \in \Phi_{i+1} \subseteq \Phi_\omega,$$

$$|\exists x\, \alpha \to \alpha_x^c| = 1 \in \nabla,$$

$$|\exists x\, \alpha| \cap |\exists x\, \alpha \to \alpha_x^c| \in \nabla,$$

$$|\alpha_x^c| = 1 \in \nabla.$$

Teorema 10.18. Todo filtro propio ∇ de $\mathfrak{A}_{\Phi_\omega}$ está contenido en un ultrafiltro.

Demostración: Sea ***K*** la clase de todos los filtros propios de $\mathfrak{A}_{\Phi_\omega}$, ordenados por inclusión. Una cadena en ***K*** es un subconjunto ***C*** de ***K*** tal que:

Si $\nabla \in$ ***C*** y $\nabla' \in$ ***C***, entonces $\nabla \subseteq \nabla'$ o $\nabla' \subseteq \nabla$.

Puesto que obviamente la unión de los filtros de una cadena es un filtro, toda cadena tiene un elemento maximal. En consecuencia, de acuerdo con el Lema de Zorn, existe un elemento maximal en ***K***.

Corolario 10.19. Existe un **Q**-ultrafiltro en $\mathfrak{A}_{\Phi_\omega}$.

Sea ∇ un **Q**-ultrafiltro en $\mathfrak{A}_{\Phi_\omega}$.

Definición 10.20. *(Interpretación generada por un* ***Q****-ultrafiltro)* $\mathfrak{I}_\nabla$ es la interpretación $(\mathfrak{A}_\nabla, v_\nabla)$ definida como en 9.3.3., cuyo universo es el conjunto de las clases de términos de L_ω respecto a la relación de equivalencia $\overset{\nabla}{\sim}$ tal que:

$$t_1 \overset{\nabla}{\sim} t_2 \iff |t_1{=}t_2| \in \nabla.$$

Puesto que la numerabilidad del lenguaje no juega ningún papel en la prueba del Teorema 9.3.5. ni en sus corolarios, se tiene:

Teorema 10.21. Para toda fórmula $\alpha \in L_\omega$ se verifica:

$$\mathfrak{I}_\nabla \models \alpha \iff |\alpha| \in \nabla.$$

Puesto que $\alpha \in \Phi \implies |\alpha| = 1 \in \nabla$, se tiene:

Coralario 10.22. Todo **Q**-ultrafiltro ∇ en $\mathfrak{A}_{\Phi_\omega}$ verifica:

$$\mathfrak{A}_\nabla \models \Phi.$$

Puesto que el universo de $\mathfrak{A}_\nabla$ es un conjunto de clases de términos de L_ω, de acuerdo con la Proposición 10.4., su cardinal será igual o menor que $|L_\omega| = |L|$, de donde se sigue la siguiente versión más general del Teorema de Löwenheim-Skolem:

Corolario 10.23. *(Teorema de Löwenheim-Skolem descendente)* Todo conjunto consistente de fórmulas de un lenguaje L tiene un modelo de cardinal igual o menor que $|L|$.

De este corolario y de la Proposición 9.3.8. se sigue inmediatamente una nueva versión del teorema de completitud, más fuerte que la demostrada por Gödel:

Corolario 10.24. *(Mal'cev*, 1936*)* En todo lenguaje de primer orden (numerable o no) se verifica:

Si $\Phi \models \alpha$, entonces $\Phi \vdash \alpha$.

11 EL TEOREMA DE COMPACIDAD

El Corolario 10.23. afirma que todo conjunto consistente de fórmulas de un lenguaje de primer orden, numerable o no, tiene un modelo. Puesto que la existencia de un modelo de un conjunto de fórmulas implica obviamente su consistencia, las propiedades *ser consistente* y *tener un modelo* son equivalentes. Y puesto que a su vez la consistencia de un conjunto de fórmulas equivale a la consistencia de todos sus subconjuntos finitos (Teorema 4.1.12.) se tiene:

Teorema 11.1. *(Teorema de compacidad)* Un conjunto de fórmulas de un lenguaje de primer orden (numerable o no) tiene un modelo si y sólo si lo tienen todos sus subconjuntos finitos.

Corolario 11.2. Son equivalentes:

[1] $\Phi \models \alpha$.

[2] Existe Γ : (Γ finito y $\Gamma \subseteq \Phi$ y $\Gamma \models \alpha$).

Corolario 11.3. En ningún lenguaje de primer orden existe una fórmula α_∞ que verifique:

$$\mathfrak{A} \models \alpha_\infty \iff \mathfrak{A} \text{ es infinita.}$$

Demostración: La existencia de una tal fórmula es incompatible con el teorema de compacidad, ya que sería consecuencia lógica del conjunto:

$$\Theta \stackrel{df}{=} \{\theta_i : 0 < i < \omega\},$$

donde:

$$\theta_n \stackrel{df}{=} \forall z_1 \forall z_2 \ldots \forall z_n \, \exists z_0 \, (z_0 \neq z_1 \;\wedge\; z_0 \neq z_2 \;\wedge\; \ldots \;\wedge\; z_0 \neq z_n)$$

(fórmula que pertenece a cualquier lenguaje con identidad y que tiene como modelos las estructuras con más de n elementos), con lo que el Corolario 11.2. conduciría a contradicción.

Observación 11.4. Puesto que en lenguajes infinitarios o de segundo orden existe obviamente una fórmula con la propiedad aludida en el Corolario 11.3., la lógica de tales lenguajes no verifica el teorema de compacidad ni el de completitud, del que es consecuencia casi inmediata.

Teorema 11.5. Si un conjunto de fórmulas tiene modelos finitos de cardinal arbitrariamente grande, entonces tiene un modelo infinito.

Demostración: Si Θ es el conjunto de fórmulas definido en la Observación 11.3. y Ψ es un conjunto de fórmulas con modelos finitos de cardinal arbitrariamente grande, todo subconjunto finito de $\Psi \cup \Theta$ tendrá modelos, con lo que $\Psi \cup \Theta$ tendrá un modelo, que será infinito.

Observación 11.6. El Corolario 11.3. pone de manifiesto que la propiedad "*ser infinito*" no puede ser expresada en un lenguaje de primer orden por una única fórmula. Y del Teorema 11.5. se sigue que la propiedad "*ser finito*" ni siquiera puede ser capturada por un conjunto infinito de fórmulas.

Notación 11.7. Si $\Phi \subseteq L^\tau$, $Mod_\tau \Phi$ denotará la clase de todas las τ-estructuras que son modelo de Φ. Si el tipo se sobreentiende del contexto, se escribirá $Mod\, \Phi$ en vez de $Mod_\tau \Phi$ y $Mod\, \alpha$ en vez de $Mod_\tau\{\alpha\}$.

Ejercicio 11.8. Sea $\boldsymbol{K}$ la clase de todas las álgebras de Boole finitas. Demostrar que no existe un conjunto de fórmulas de primer orden Ψ tal que $\boldsymbol{K} = Mod\, \Psi$.

Solución: Consecuencia inmediata del Teorema 11.5. Ψ tendría modelos finitos arbitrariamente grandes, con lo que en $\boldsymbol{K}$ habría una estructura infinita.

Teorema 11.9. Si una fórmula γ se verifica en todos las modelos infinitos de un cierto conjunto de fórmulas Ψ, entonces existe un número natural m tal que γ se verifica en todas las modelos finitos de Ψ con más de m elementos.

Demostración: Bajo las hipótesis del teorema, si $\Theta = \{\theta_i : 0 < i < \omega\}$ es el conjunto de fórmulas definido en el Corolario 11.3., entonces $\Psi \cup \Theta \cup \{\neg \gamma\}$ no tiene modelos, con lo que, por compacidad, se tendrá que para un cierto número natural m:

$$\Psi \cup \{\theta_i : 0 < i < m\} \models \gamma,$$

y, por tanto, γ se verifica en todas las modelos finitos de Ψ con más de m elementos.

Ejercicio 11.10. Sea $\boldsymbol{K}$ la clase de todas las álgebras de Boole infinitas. Demostrar que no existe una fórmula de primer orden α tal que:

[$\star$] $\boldsymbol{K} = \{\mathfrak{A} : \mathfrak{A} \models \alpha\}$.

Solución: Consecuencia del teorema anterior. Si γ es la conjunción de los axiomas de las álgebras de Boole, α se verificaría en todos los modelos infinitos de γ, y, por tanto, en algún álgebra de Boole finita, contradiciendo [$\star$].

Ejercicio 11.11. Se definirá un grafo como un modelo $\mathfrak{G} = (G, L^G)$ de las dos fórmulas:

$$\gamma_1 \overset{df}{=} \neg \exists x \, Lxx,$$

$$\gamma_2 \overset{df}{=} \forall x \, \forall y \, (Lxy \rightarrow Lyx),$$

y se dirá que el grafo es conexo si para cada par de elementos distintos $p, q \in G$ existe una sucesión finita $m_0, m_1, \ldots, m_n$ de elementos de G, tales que:

$$p = m_0,$$

$$(m_i, m_{i+1}) \in L^G \quad (i = 0, 1, \ldots, n\text{-}1),$$

$$m_n = q.$$

Demostrar que la clase de los grafos conexos no es finitamente axiomatizable.

Solución: Se trata exactamente de probar que si τ es el tipo de la teoría de grafos, entonces no existe una fórmula $\alpha \in L^\tau$ tal que $Mod_\tau \alpha$ sea la clase de los grafos conexos.

En efecto, supongamos que tal fórmula existe. Sea $L^\star$ el lenguaje que se obtiene añadiendo a L^τ dos símbolos de constante a, b y sea δ_i la fórmula de $L^\star$ que expresa que no hay un trayecto de a a b de longitud i. Con ello, el conjunto infinito de fórmulas $\{\alpha\} \cup \{\delta_i : 0 < i\}$ no tendría modelos, aunque sí todos sus subconjuntos finitos.

Ejercicio 11.12. Se definirá un árbol como una estructura $(T, t^T, <^T)$, donde $<^T$ es una relación de orden parcial con elemento supremo t^T, en la que el conjunto de sus predecesores hasta un elemento cualquiera a forman una cadena finita $a = a_0 < a_1 \ldots < a_n = t^T$. Sea $\boldsymbol{K}$ la clase de todos los árboles. Demostrar que no existe un conjunto de fórmulas de primer orden Φ tal que $\boldsymbol{K} = Mod\,\Phi$.

Solución: Añadiendo un nuevo símbolo de constante m al lenguaje de $\boldsymbol{K}$, sea γ_i la fórmula que afirma que no existe una cadena de m a t^T de longitud i. Para ello, definiremos la relación *x es el predecesor de y*, que denotaremos por $x \prec y$, mediante la equivalencia:

$$x \prec y \overset{df}{=} (x < y \, \wedge \neg \exists z \, (x < z \, \wedge \, z < y)),$$

con lo que podría definirse:

$$\gamma_i \stackrel{df}{=} \neg\,\exists x_0 \ldots \exists x_i\,(m = x_0 \ \wedge\ x_0 \prec x_1 \ \wedge\ \ldots \ \wedge\ x_{i-1} \prec x_i \ \wedge\ x_i = t).$$

Con ello, si existiese un conjunto de fórmulas Φ tal que $\boldsymbol{K} = Mod\,\Phi$, entonces $\Phi \cup \{\gamma_i : i \in \omega\}$ no tendría modelos, aunque sí todos sus subconjuntos finitos.

Ejercicio 11.13. Se definirá un *cuerpo no arquimediano* como un cuerpo ordenado, en el que el orden es compatible con las operaciones y en el que existe un elemento que es mayor que 1, y que $1+1$, y que $1+1+1$, etc. Utilizar el teorema de compacidad para demostrar la existencia de cuerpos no arquimedianos.

Solución: Sea L^+ el lenguaje que se obtiene añadiendo al lenguaje de los cuerpos ordenados una nuevo símbolo de constante a, y sea $\Phi \subseteq L^+$ la unión de los axiomas de los cuerpos ordenados y el conjunto infinito de fórmulas $\{1 < a,\ 1+1 < a,\ 1+1+1 < a, \ldots\}$. Por el teorema de compacidad, Φ tiene modelos, que serán cuerpos no arquimedianos.

Teorema 11.14. *(Teorema de Löwenheim-Skolem ascendente)* Si un conjunto de fórmulas Φ tiene un modelo infinito, entonces para todo conjunto A, Φ tiene un modelo de cardinal igual o mayor que $|A|$.

Demostración: Para cada elemento $r \in A$ sea c_r un símbolo de constante no perteneciente al lenguaje de Φ. Al tener Φ un modelo infinito, es claro que $\Phi \cup \{c_r \neq c_s : r, s \in A \ \text{ y } \ r \neq s\}$ tiene un modelo, puesto que lo tienen todos sus subconjuntos finitos. Y ese modelo tiene que tener al menos tantos elementos como A.

Teorema 11.15. *(Teorema de Löwenheim-Skolem-Tarski)* Si el conjunto de fórmulas Φ tiene un modelo infinito y κ es un cardinal infinito igual o mayor que $|\Phi|$, entonces Φ tiene un modelo de cardinal κ.

Demostración: Sea A un conjunto de cardinal κ y sea τ el "menor" tipo tal que $\Phi \subseteq L^\tau$. Puesto que el número de símbolos que aparecen en Φ es igual o menor que $|\Phi| \times \aleph_0$, se verificará $|\tau| \leq |\Phi| \times \aleph_0 \leq \kappa$. Sea $\tau^\star$ el tipo que se obtiene añadiendo a τ el conjunto de nuevas constantes $\{c_j : j \in A\}$, con lo que $|\tau^\star| = |\tau| + |A| \leq \kappa + \kappa = \kappa$.

Puesto que Φ tiene un modelo infinito, del teorema de compacidad se sigue que el conjunto de fórmulas $\Phi \cup \{c_r \neq c_s : r, s \in A \text{ y } r \neq s\} \subseteq L^{\tau^\star}$ tiene un modelo, y, por tanto (Teorema de Löwenheim-Skolem descendente), tiene también un modelo de cardinal igual o menor que $|L^{\tau^\star}| = \aleph_0 + |\tau^\star| \leq \kappa$. Como, además, el modelo en cuestión tiene que tener al menos κ elementos, su cardinal será κ.

Ejercicio 11.16. *(Modelos de los reales con infinitésimos)* Sean $\mathfrak{R}$, $L(\mathfrak{R})$ y a, respectivamente, el cuerpo ordenado de los reales, su lenguaje y un nuevo símbolo de constante. Definiendo:

$$Th(\mathfrak{R}) \stackrel{df}{=} \{\alpha \in L(\mathfrak{R}) : \mathfrak{R} \models \alpha\},$$

$$n \stackrel{df}{=} 1 + 1 + \ldots + 1 \quad \text{(n veces 1)},$$

$$\psi_n \stackrel{df}{=} 0 < a \ \wedge \ n \times a < 1,$$

$$\Psi \stackrel{df}{=} \{\psi_n : 0 < n < \omega\},$$

describir un modelo de $Th(\mathfrak{R}) \cup \Psi$, cuya existencia se sigue del teorema de compacidad.

12 TEORÍAS FORMALES

Definición 12.1. *(Teoría)* Un conjunto de fórmulas cerradas T de un cierto lenguaje L es una teoría formal, si, para toda fórmula cerrada $\alpha \in L$, se verifica:

$$T \models \alpha \implies \alpha \in T.$$

Nomenclatura 12.2.

[1] Si Φ es un conjunto de fórmulas, $L(\Phi)$ denotará el conjunto de las fórmulas cerradas del menor lenguaje de primer orden que contiene Φ.

[2] Si τ es un tipo y $\mathfrak{A}$ una τ-estructura, $L(\mathfrak{A})$ denotará el conjunto de las fórmulas cerradas de F^τ.

Ejercicio 12.3. Demostrar:

[1] La intersección de un conjunto de teorías consistentes (cfr. Definición 4.1.11.) es una teoría consistente.

[2] Si se verifica:

[a] $T_i \subseteq L$ es una teoría consistente para todo $i \in \omega$,

[b] $T_0 \subseteq T_1 \subseteq T_2 \subseteq T_3 \subseteq \ldots$,

[c] $T = \bigcup_{i\in\omega} T_i$,

entonces T es una teoría consistente en L.

Solución: [1] es trivial. [2] es consecuencia de que si $T \models \beta$, existirá un conjunto finito $\Gamma \subseteq T$ tal que $\Gamma \models \beta$. Y al ser Γ finito, deberá estar incluido en algún T_k, con lo que $T_k \models \beta$ y, por tanto, $\beta \in T_k \subseteq T$.

De forma análoga puede probarse que la inconsistencia de T implicaría la de algún T_i.

Ejercicio 12.4. Si Φ, $\mathfrak{A}$ y $\boldsymbol{K}$ son, respectivamente, un conjunto de fórmulas, una estructura y una clase de estructuras del mismo tipo, demostrar que son teorías:

[1] $\{\alpha \in L(\Phi) : \Phi \models \alpha\}$.

[2] $Th(\mathfrak{A}) \stackrel{df}{=} \{\alpha \in L(\mathfrak{A}) : \mathfrak{A} \models \alpha\}$.

[3] $Th(\boldsymbol{K}) \stackrel{df}{=} \bigcap_{\mathfrak{A} \in \boldsymbol{K}} Th(\mathfrak{A})$.

Notación 12.5. Las teorías $Th(\mathfrak{A})$ y $Th(\boldsymbol{K})$, definidas en el ejercicio anterior, serán denominadas, respectivamente, la teoría de la estructura $\mathfrak{A}$ y de la clase $\boldsymbol{K}$.

Ejercicio 12.6. Demostrar que si:

$$\boldsymbol{K} = \{\mathfrak{A} : \mathfrak{A} \models \Phi\},$$

entonces:

$$Th(\boldsymbol{K}) = \{\alpha \in L(\Phi) : \Phi \models \alpha\}.$$

Ejercicio 12.7. Sean $\boldsymbol{J}$ y $\boldsymbol{K}$ clases de estructuras del mismo tipo. Demostrar que se verifican [1] y [2], pero no la inclusión inversa de [1].

[1] $Th(\boldsymbol{J}) \cup Th(\boldsymbol{K}) \subseteq Th(\boldsymbol{J} \cap \boldsymbol{K})$.

[2] $Th(\boldsymbol{J}) \cap Th(\boldsymbol{K}) = Th(\boldsymbol{J} \cup \boldsymbol{K})$.

Solución: [1] es consecuencia de que:

$$\boldsymbol{K}_1 \subseteq \boldsymbol{K}_2 \implies Th(\boldsymbol{K}_2) \subseteq Th(\boldsymbol{K}_1).$$

[2] se sigue de la definición de $Th(\boldsymbol{K})$. Para probar que la inclusión inversa de [1] no es necesariamente cierta, pueden elegirse como $\boldsymbol{J}$ y $\boldsymbol{K}$ las clases de los órdenes parciales, respectivamente, finitos e infinitos.

Definición 12.8. *(Teoría completa)* Una teoría consistente T es completa, si, para toda fórmula $\alpha \in L(T)$, se verifica:

$$\alpha \notin T \implies \neg\alpha \in T.$$

Es de observar que el término *completo*, que en matemáticas se usa con significados muy distintos, denota aquí algo totalmente diferente que en el teorema de completitud. Así, aunque el conjunto de fórmulas de un cierto lenguaje L derivables de $\Phi \subseteq L$ es completo en el sentido de que contiene todas las consecuencias de Φ, la teoría $\{\alpha \in L : \Phi \vdash \alpha\}$ sólo excepcionalmente es completa en el sentido de la anterior definición. En particular, la teoría $\{\alpha \in L : \vdash \alpha\}$ es manifiestamente incompleta.

Teorema 12.9. Toda teoría consistente es extensible a otra consistente y completa con su mismo lenguaje.

Demostración: Consecuencia inmediata de que todo conjunto consistente de fórmulas tiene un modelo. Con ello, si T es una teoría consistente y $\mathfrak{A} \models T$, entonces $T \subseteq Th(\mathfrak{A})$.

Definición 12.10. Dos estructuras del mismo tipo $\mathfrak{A}$ y $\mathfrak{B}$ son elementalmente equivalentes, lo que se denotará por $\mathfrak{A} \equiv \mathfrak{B}$, si verifican las mismas fórmulas de primer orden, *i.e.*, si $Th(\mathfrak{A}) = Th(\mathfrak{B})$.

Ejercico 12.11. Demostrar que dos estructuras del mismo tipo $\mathfrak{A}$ y $\mathfrak{B}$ son elementalmente equivalentes si y sólo si se verifica:

$$\mathfrak{A} \models Th(\mathfrak{B}).$$

Solución: De $\mathfrak{A} \models Th(\mathfrak{B})$ se sigue que, para toda fórmula cerrada de $L(\mathfrak{A})$, se verifica:

$$\mathfrak{A} \models \alpha \implies \mathfrak{A} \not\models \neg\alpha \implies \neg\alpha \notin Th(\mathfrak{B}) \implies \mathfrak{B} \not\models \neg\alpha \implies \mathfrak{B} \models \alpha.$$

$$\mathfrak{B} \models \alpha \implies \alpha \in Th(\mathfrak{B}) \implies \mathfrak{A} \models \alpha.$$

La implicación inversa es obvia.

Del teorema de Löwenheim-Skolem se sigue inmediatamente:

Corolario 12.12. Toda estructura es elementalmente equivalente a otra numerable.

Observación 12.13. Si $\mathfrak{N}$ y $\mathfrak{R}$ son, respectivamente, las estructuras de los números naturales y reales, mientras que el teorema de Löwenheim-Skolem descendente asegura la existencia de un modelo $\mathfrak{A}$ de $Th(\mathfrak{R})$ de tamaño igual al de $\mathfrak{N}$, el teorema de Löwenheim-Skolem-Tarski asegura la existencia de un modelo $\mathfrak{B}$ de $Th(\mathfrak{N})$ de tamaño igual al de $\mathfrak{R}$, verificándose, además, que:

$$\mathfrak{A} \equiv \mathfrak{R} \quad \text{y} \quad \mathfrak{B} \equiv \mathfrak{N}.$$

Definición 12.14. *(Teoría finitamente axiomatizable)* La teoría T es finitamente axiomatizable si existe una fórmula γ tal que $T = \{\alpha \in L(T) : \gamma \models \alpha\}$.

Algunas de las teorías matemáticas elementales (teoría de grupos, anillos, cuerpos, órdenes parciales, retículos, álgebras de Boole, grafos, etc.) son finitamente axiomatizables. Como consecuencia del teorema de completitud, también lo es la teoría de la clase de todas las estructuras de un determinado tipo.

Ejercicio 12.15. Demostrar que la teoría de cualquier estructura finita es finitamente axiomatizable.

Sugerencia: ver 0.2.

La definición de teoría axiomatizable presupone la noción de decidibilidad, que se definirá en el capítulo 19 a partir de la de recursividad. Informalmente, un conjunto de fórmulas Φ de un lenguaje L es decidible, si existe un algoritmo que permita determinar en un número finito de pasos, para toda fórmula $\delta \in L$, si se verifica o no $\delta \in \Phi$.

Definición 12.16. *(Teoría axiomatizable)* Una teoría T en un lenguaje L es axiomatizable, si existe un conjunto decidible de fórmulas Φ tal que $T = \{\alpha \in L : \Phi \models \alpha\}$.

Ejercicio 12.17. Demostrar que la teoría de grupos infinitos es axiomatizable.

Solución: Si γ es la conjunción de los axiomas de la teoría de grupos:

$$\theta_n \stackrel{df}{=} \forall z_1 \forall z_2 \ldots \forall z_n \exists z_0 (z_0 \neq z_1 \wedge z_0 \neq z_2 \wedge \ldots \wedge z_0 \neq z_n)$$

y

$$\Theta \stackrel{df}{=} \{\theta_i : 0 < i < \omega\},$$

entonces $\{\gamma\} \cup \Theta$ es una axiomatización de la teoría en cuestión.

Ejercicio 12.18. Demostrar que, para toda clase $\boldsymbol{K}$ de τ-estructuras, son equivalentes:

$$\boldsymbol{K} = \{\mathfrak{A} : \mathfrak{A} \models \alpha\},$$
$$Th(\boldsymbol{K}) = \{\gamma \in L^\tau : \alpha \models \gamma\}.$$

Ejercicio 12.19. Demostrar (cfr. Notación 11.7.):

[1] $Mod \Phi \cup Mod \Psi \subseteq Mod (\Phi \cap \Psi)$,

[2] $Mod \Phi \cap Mod \Psi = Mod (\Phi \cup \Psi)$

Sugerencia: $\Phi_1 \subseteq \Phi_2 \implies Mod\, \Phi_2 \subseteq Mod\, \Phi_1$.

Ejercicio 12.20. Demostrar:

[1] $\Phi \subseteq Th\, Mod\, \Phi$.

[2] $\boldsymbol{K} \subseteq Mod\, Th\, \boldsymbol{K}$.

Solución:

Ad [1]: $\gamma \in \Phi \implies \Phi \models \gamma$
$\implies$ (para todo $\mathfrak{A}$) $[\mathfrak{A} \in Mod\, \Phi \implies \mathfrak{A} \models \gamma]$
$\implies \gamma \in Th\, (Mod\, \Phi)$.

Ad [2]: $\mathfrak{A} \in \boldsymbol{K} \implies \mathfrak{A} \models Th\, (\boldsymbol{K}) \implies \mathfrak{A} \in Mod\, Th\, \boldsymbol{K}$.

Ejercicio 12.21. Demostrar que no se verifican las inclusiones inversas del ejercicio anterior.

Solución:

[1] $\Phi = \emptyset$.

[2] Si $\boldsymbol{K}$ es la clase de todos los conjuntos no numerables, $Th(\boldsymbol{K})$ tiene modelos y, por tanto, también modelos numerables, que pertenecerán a $Mod\ Th(\boldsymbol{K})$.

Ejercicio 12.22. Demostrar que en el lenguaje de la aritmética no existe una fórmula $\alpha(x)$ que exprese que existen infinitos elementos mayores que x.

Ejercicio 12.23. Demostrar que en la estructura infinita representada en la Figura 0.1. no existen fórmulas que expresen:

[1] Los elementos x, y están en el mismo nivel.

[2] Todo elemento tiene una cantidad finita de antecesores.

[3] Todo elemento tiene una cantidad infinita de sucesores.

[4] En cada nivel hay más elementos que en el anterior.

Observación 12.24. Mientras que la teoría de una estructura es siempre completa, pero frecuentemente no es axiomatizable, la teoría de una clase de estructuras es frecuentemente axiomatizable y sólo excepcionalmente completa.

Por otra parte, los tres conceptos básicos de axiomatizabilidad, decidibilidad y completitud se relacionan mediante el siguiente teorema:

Teorema 12.25. Toda teoría axiomatizable y completa es decidible.

Demostración informal: Sea Φ el conjunto de axiomas de la teoría $T \subseteq L$. Numerando los símbolos de L podemos numerar de forma efectiva las fórmulas. Sea $L = \{\gamma_i : i > 0\}$.

La enumeración de las fórmulas permite enumerar algorítmicamente las secuencias de fórmulas de L, por ejemplo, de la siguiente forma:

$$\gamma_1;\ \gamma_2;\ \gamma_1,\gamma_1;\ \gamma_3;\ \gamma_1,\gamma_2;\ \gamma_2,\gamma_1;\ \gamma_1,\gamma_1,\gamma_1;\ \gamma_4;\ \gamma_1,\gamma_3;\ \gamma_2,\gamma_2;\ \gamma_3,\gamma_1;\ \ldots$$

De la decidibilidad de Φ se sigue la de la proposición "$\gamma_{i_0}, \gamma_{i_1}, \gamma_{i_2}, \ldots, \gamma_{i_n}, \delta$ *es una demostración de* δ *a partir de* Φ". En consecuencia, recorriendo la sucesion infinita de secuencias y decidiendo para cada una de ellas si es una demostración de δ o de $\neg\delta$, obtenemos un algoritmo para decidir si se verifica $\Phi \vdash \delta$. La completitud de T asegura que el proceso de decisión tiene siempre fin.

Observación 12.26. En contra de lo que se conjeturó hasta comienzos del siglo XX, teorías aparentemente tan simples como la aritmética, la teoría de grupos, de anillos, de órdenes parciales, etc., son indecidibles. Incluso para un lenguaje sin identidad, sin símbolos de constante ni de función, y con un único símbolo de relación binaria, el conjunto de las fórmulas universalmente válidas es indecidible.

Ejercicio 12.27. Sea τ un tipo, $\boldsymbol{K}$ la clase formada por todas las τ-estructuras y $\boldsymbol{K}^{\mathrm{N}}$ la clase de todas las τ-estructuras numerables. Demostrar que se verifica:

$$Th(\boldsymbol{K}) = Th(\boldsymbol{K}^{\mathrm{N}}).$$

Solución: Puesto que $\boldsymbol{K}^{\mathrm{N}} \subseteq \boldsymbol{K}$, $Th(\boldsymbol{K}) \subseteq Th(\boldsymbol{K}^{\mathrm{N}})$. Recíprocamente, para toda fórmula cerrada $\alpha \in L^{\tau}$, se tiene:

$$\begin{aligned}
\alpha \notin Th(\boldsymbol{K}) \quad &\Longrightarrow \quad \text{existe } \mathfrak{A} \in \boldsymbol{K} \text{ tal que } \mathfrak{A} \models \neg\alpha \\
&\Longrightarrow \quad \text{existe } \mathfrak{A} \in \boldsymbol{K}^{\mathrm{N}} \text{ tal que } \mathfrak{A} \models \neg\alpha \\
&\Longrightarrow \quad \alpha \notin Th(\boldsymbol{K}^{\mathrm{N}}).
\end{aligned}$$

Ejercicio 12.28. Sea τ_0 el tipo $(\emptyset, \emptyset, \emptyset, \emptyset)$, con lo que una τ_0-estructura es un conjunto. Demostrar que una fórmula de L^{τ_0} con n símbolos de cuantificación es válida en un conjunto con n elementos si y sólo si es válida en todo conjunto de cardinal mayor que n.

Ejercicio 12.29. Sean τ_0, $\boldsymbol{K}$ y $\boldsymbol{K}^{\mathrm{F}}$, respectivamente, el tipo $(\emptyset, \emptyset, \emptyset, \emptyset)$, la clase de todas las τ_0-estructuras y la clase de todas las τ_0-estructuras finitas (*i.e.*, la clase de todos los universos finitos). Demostrar que se verifica:

$$Th(\boldsymbol{K}) = Th(\boldsymbol{K}^{\mathrm{F}}).$$

Solución: De $\boldsymbol{K}^{\mathrm{F}} \subseteq \boldsymbol{K}$ se sigue $Th(\boldsymbol{K}) \subseteq Th(\boldsymbol{K}^{\mathrm{F}})$. Recíprocamente, si $\alpha \in Th(\boldsymbol{K}^{\mathrm{F}})$ y tiene n símbolos de cuantificación, al verificarse en un conjunto con n elementos, se verificará en todos los de cardinal mayor y, por tanto, pertenecerá a $Th(\boldsymbol{K})$.

13 INDECIDIBILIDAD

13.1. El concepto de indecidibilidad

Informalmente, se dirá que un objeto matemático es finito si puede ser identificado con una expresión de un alfabeto numerable. Objetos de esa clase son, por ejemplo, un número natural, un número fraccionario, un polinomio con coeficientes enteros, un algoritmo, una fórmula de un cierto lenguaje, una demostración, etc. Por el contrario, un número real no es, en general, un objeto finito.

Dada una clase infinita ***K*** de objetos finitos y un subconjunto ***J*** de ***K***, se dirá que ***J*** es decidible respecto a ***K***, si existe un procedimiento efectivo, del tipo que sea, que permita dar respuesta en un número finito de pasos a la pregunta de si un elemento cualquiera de ***K*** está o no en ***J***. Ejemplos de conjuntos decidibles:

K = conjunto de los números naturales; ***J*** = conjunto de los números primos.

K = conjunto de palabras sobre un alfabeto; ***J*** = conjunto de palabras palindrómicas.

K = polinomios en x con coeficientes enteros; ***J*** = conjunto de polinomios que se anulan para $x = 3$.

Así pues, la noción de decidibilidad de una clase ***J*** es relativa, al hacer referencia a un determinado universo de objetos ***K***, al que no se impone ninguna condición.

Con objeto de convertir esta noción en absoluta, empezaremos convirtiendo todo problema de decidibilidad en un problema numérico. Puesto que los objetos del universo ***K*** son finitos y, por tanto, identificables con palabras de un cierto alfabeto $A = \{a_1, a_2, a_3, \dots\}$, siendo $p_0, p_1, p_2, \dots$ la sucesión de los números primos, al objeto $\mathbf{m}$ de ***K***, identificable con la palabra $a_{i_0} a_{i_1} a_{i_2} \dots a_{i_s}$, puede hacerse corresponder el número natural:

$$\ulcorner \mathbf{m} \urcorner = p_0^{i_0} \cdot p_1^{i_1} \cdot p_2^{i_2} \cdot \dots \cdot p_s^{i_s}.$$

Es claro que se verifica:

[1] A partir de $\mathbf{m}$ puede calcularse efectivamente $\ulcorner\mathbf{m}\urcorner$.

[2] Existe un procedimiento efectivo para decidir si un cierto número natural es o no el número de un objeto de $\boldsymbol{K}$ y, en caso afirmativo, a partir de ese número puede ser reconstruido el objeto.

Como consecuencia de todo esto, la decidibilidad de $\boldsymbol{J}$ respecto a $\boldsymbol{K}$ es equivalente a la del conjunto de números naturales $\boldsymbol{J}^\star = \{\ulcorner\mathbf{m}\urcorner : \mathbf{m} \in \boldsymbol{J}\}$ respecto a $\boldsymbol{K}^\star = \{\ulcorner\mathbf{m}\urcorner : \mathbf{m} \in \boldsymbol{K}\}$. Finalmente, diremos que $\boldsymbol{J}$ es decidible si $\boldsymbol{J}^\star$ es decidible respecto a ω.

Es de observar que para poder asegurar la decidibilidad de un cierto conjunto de objetos, no es necesario poseer una noción precisa de decidibilidad; basta mostrar un método de decisión. Por ejemplo, es obvio que el conjunto de los números que son cuadrados perfectos es decidible. Sin embargo, la afirmación de que un conjunto es indecidible hace referencia a todos los posibles procedimientos de decisión, por lo que tal afirmación sólo tendrá sentido si el conjunto de todos esos procedimientos está bien definido. Y, a primera vista, parece altamente problemático que un conjunto tan difuso pueda ser capturado mediante una definición matemática.

Con objeto de abordar este espinoso problema, comenzaremos reduciendo la noción de decidibilidad a la de computabilidad.

13.2. Decidibilidad y computabilidad

Definición 13.2.1. *(Función característica)* La función característica de un conjunto de tuplas de números naturales $A \subseteq \omega^n$ es la aplicación $c_A\colon \omega^n \to \{0, 1\}$ tal que:

$$c_A(a_1, a_2, \ldots, a_n) = \begin{cases} 1 & \text{si } (a_1, a_2, \ldots, a_n) \in A \\ 0 & \text{si } (a_1, a_2, \ldots, a_n) \notin A. \end{cases}$$

Es claro que se verifica que *un conjunto de tuplas de números naturales es decidible si y sólo si su función característica es computable*. De esta manera, un problema de decidibilidad se reduce, primero, a un problema de decidibilidad numérico y, después, a un problema de computabilidad. En consecuencia, sólo en la medida en que la noción de computabilidad numérica pueda ser capturada mediante una definición matemática, tendrá sentido plantear la posibilidad de que existan problemas indecidibles.

La cuestión se presenta de nuevo como muy problemática. Informalmente, una función puede ser denominada computable, si existe algún procedimiento, del tipo que sea, que permita hallar su valor a partir de sus argumentos. Por tanto, la noción de computabilidad hace necesariamente referencia a todos los posibles procedimientos, métodos o algoritmos de cálculo, conjunto que, a primera vista, podría parecer imposible de definir.

El concepto de computabilidad es una noción matemática básica, como lo son también los conceptos de constructibilidad, definibilidad, demostrabilidad, medida, etc., y, como es sabido, ninguna de estas nociones es absoluta, lo que necesariamente fuerza a definirlas en relación con un determinado formalismo. Por ello, los objetos matemáticos no se dividen drásticamente en constructibles e inconstructibles, ya que la noción de constructividad se define haciendo referencia a unos medios de construcción, como podrían serlo en geometría la regla y el compás. Igualmente, la noción de definibilidad hace referencia a un lenguaje, y lo que no puede ser definido en un lenguaje débil, puede serlo en otro más fuerte. Igualmente obvio es que el concepto de demostrabilidad tampoco es absoluto, al hacer referencia a una lógica y unos axiomas. E igualmente relativa es la noción de medida, lo que, por ejemplo, lleva a hablar de conjuntos medibles en el sentido de Lebesgue, de Cauchy, de Riemann, etc.

Si, como se temía hacia 1930, tampoco fuese absoluta la noción de computabilidad, no tendría sentido hablar de teorías indecidibles, sino indecidibles en relación a un cierto formalismo de cálculo (máquinas de Turing, funciones recursivas, algoritmos de Markov, etc.), con lo que podría ocurrir que una teoría indecidible en un cierto sentido, fuese decidible en otro. Afortunadamente, esto no ocurre.

13.3. La Tesis de Church-Turing

En 1936, el matemático norteamericano Alonzo Church e, independientemente, el inglés Alan Turing, llegaron a la conclusión de que la noción intuitiva de computabilidad había logrado ser capturada mediante una definición matemática. Más concretamente, Church intuyó que toda función computable podía ser definida en el *λ-cálculo*, formalismo concebido por el propio Church y estudiado, conjuntamente con su discípulo Stephan S. Kleene, a partir de 1933, mientras que Turing tuvo la evidencia de que las funciones computables eran exactamente las que podían ser programadas mediante las *máquinas* que actualmente llevan su nombre. Por otra parte, ambas clases de funciones resultaron ser coincidentes con la de las *funciones recursivas generales*, introducidas por Kurt Gödel en 1933, utilizando y modificando sustancialmente una idea del lógico francés Jaques Herbrand (cfr. [**Crossley**, 1975]).

Es de observar que la tesis según la cual *una función numérica es computable si y sólo si es definible en el λ-cálculo*, no es de índole matemática, por lo que carece de sentido pretender demostrarla. La tesis únicamente afirma que una cierta noción matemática coincide con otra puramente intuitiva, la de computabilidad, que, en principio, podría parecer imposible capturar mediante una definición precisa.

La validez de la tesis de Church es aceptada en la actualidad por la inmensa mayoría de los matemáticos; y la trascendencia de haberse logrado capturar mediante una definición una noción tan crucial para la lógica y la matemática, ha sido considerada por Gödel como uno de los grandes eventos científicos del siglo XX. Sobre la tesis de Church-Turing existe una amplísima bibliografía, por lo que aquí sólo se aludirá a tres tipos de argumentos que avalan su validez:

[a] Argumento empírico, al haber fracasado todos los intentos realizados a partir de 1936 de encontrar un ejemplo de función computable no definible mediante los formalismos de Gödel-Herbrand, Church y Turing.

[b] Argumento basado en la caracterización de Turing, cuyas máquinas imitan las operaciones que una persona lleva a cabo cuando manipula secuencias de símbolos de acuerdo con determinadas instrucciones (escribir, borrar, observar, desplazar la atención de un lugar a otro, etc.), lo que proporciona una considerable evidencia de que todo cálculo numérico podría en principio ser realizado por una máquina de Turing.

[c] Argumento basado en la coincidencia de las clases de funciones definidas a partir de formalismos tan distintos como los siguientes:

1914	A. Thue: *Sistemas semi-Thue.*
1931	K. Gödel: *Funciones definibles en la aritmética.*
1933	K. Gödel, J. Herbrand: *Funciones recursivas generales.*
1933-5	A. Church, S. C. Kleene: λ-*cálculo.*
1936	A. Turing, E. Post: *Máquinas de Turing.*
1936	S. C. Kleene: *Funciones* μ-*recursivas.*
1943	E. Post: *Sistemas de producción de Post.*
1943	E. Post: *Sistemas canónicos de Post.*
1950	B. A. Trachtenbrot: *Funciones espectralmente representables.*
1951	A. A. Markov: *Algoritmos de Markov.*
1951	R. Peter: *Esquemas de grafos.*
1959	J. Mc Carthy: *Lenguaje de programación Lisp.*
1961-3	M. L. Minsky, Z. A. Melzak, J. Lambek, H. E. Sturgis, J. C. Shepherdson: *Máquinas de registros.*
1967	M. L. Minsky: *Máquinas de dos registros.*
1967	D. Rödding: *Operadores de registros.*
1975	S. A.Greibach: *Esquemas de recursión.*
1980	E. C. Milner: *CCS Calculus.*
1989	Y. N. Moschovakis: *Lenguaje formal de recursión.*

En esta monografía, al menos una vez se hará un uso no trivial de la Tesis de Church. Tras codificar fórmulas y sucesiones finitas de fórmulas mediante números naturales, la Tesis de Church permitirá aceptar como decidible el conjunto de pares (m, n) tales que n es el número de una demostración (a partir de determinados axiomas) de una fórmula con número m. La prueba de la decidibilidad de esa relación, aunque relativamente trivial, es necesariamente engorrosa, al tener que hacer referencia a cada uno de los axiomas lógicos y reglas de inferencia utilizados para definir la noción de demostración. Y el engorro aumenta si, como es habitual, algunas de estas reglas de inferencia sólo pueden aplicarse bajo ciertos supuestos.

La aceptación de la tesis de Church-Turing nos llevará a considerar más adelante como sinónimos los términos *computable* y *recursivo*.

14 FUNCIONES R-COMPUTABLES

14.1. Máquinas de registros y R-computabilidad

Se asume la existencia de un número infinito de cajas o *registros* R_0, R_1, R_2, ..., cada uno de los cuales contiene en un momento dado un número natural. Si ese número es cero, se dirá que el registro está vacío. En cada instante, sólo una cantidad finita de registros no están vacíos.

Figura 14.1

Definición 14.1.1. *(Máquina de registros)* Un programa o máquina de registros consiste en una secuencia finita de instrucciones $(q_0, q_1, \ldots, q_s)$ (o simplemente $\{0, 1, \ldots, s\}$) ligadas por un diagrama de flujo que regula el orden de ejecución y, en particular, cuál es la *instrucción inicial* que ha de ejecutarse en primer lugar.

La instrucciones son de uno de los tres tipos:

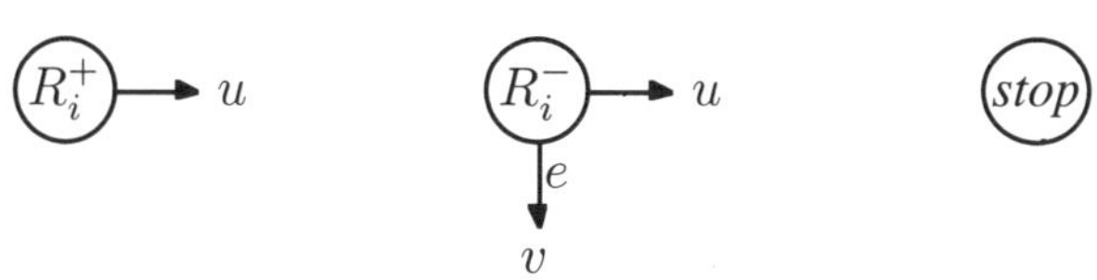

Figura 14.2

y su ejecución consiste, respectivamente, en:
—*aumentar en una unidad el contenido del registro* R_i *y aplicar la instrucción* u;

—si el contenido de R_i es distinto de cero, disminuirlo en una unidad y aplicar la instrucción u; y si es igual a cero, aplicar la instrucción v;
—finalizar la computación.

Se conviene en que hay a lo sumo una instrucción del tercer tipo y que, si se enumeran las instrucciones, ésta será la última (cfr. [**Simpson**, 1995]).

Ejemplo 14.1.2. La Figura 14.3 representa una máquina con dos registros que, cuando comienza a actuar con n en R_0 y m en R_1, termina parándose con $2(n{+}m)$ en R_0 y 0 en R_1.

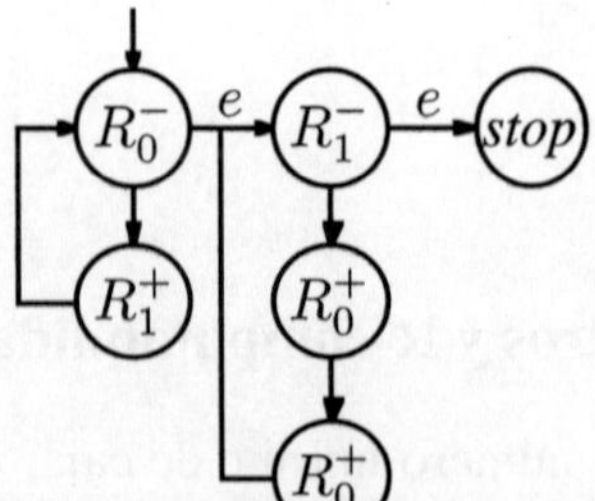

Figura 14.3

Computación: $(m, n) \to (0, m+n) \to (2(m+n), 0)$.

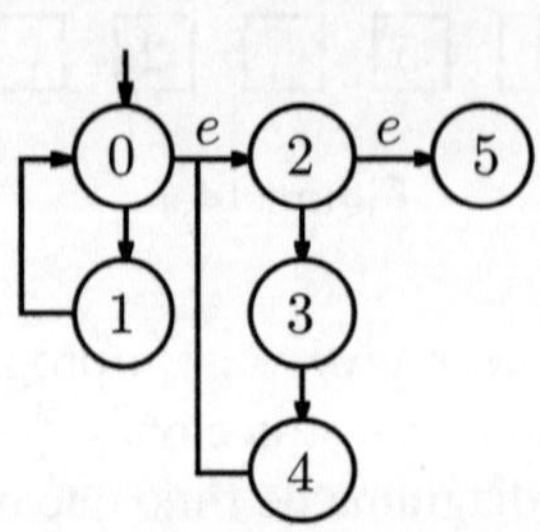

Figura 14.4

Observación 14.1.3. Numerando las instrucciones de la forma indicada en la Figura 14.4, el programa anterior puede escribirse de la forma:

0: (0, 1, 2)
1: (1, 0)
2: (1, 3, 5)
3: (0, 4)
4: (0, 2)
5: *stop*

siendo innecesaria la última fila, que podría suprimirse. Instrucciones del tipo R_i^+ vienen descritas por pares cuyo primer elemento es i, mientras que instrucciones del tipo R_i^- se describen mediante triples que comienzan por i.

Las anteriores consideraciones permiten definir un programa de registros de forma más convencional.

Definición 14.1.4. Se dirá que el programa **P** con *input* $a_1, a_2, \ldots, a_n$ da como *output* a_0, si, cuando **P** comienza con a_1 en R_1, a_2 en $R_2, \ldots, a_n$ en R_n y 0 en los demás registros, termina parándose con a_0 en R_0.

Por ejemplo, el programa representado en la Figura 14.3, con *input* m, da como *output* $2m$.

Definición 14.1.5. Se dirá que la máquina de registros **P** computa la función $f : \omega^n \to \omega$, si **P**, con *input* $a_1, a_2, \ldots, a_n$, da como *output* $f(a_1, a_2, \ldots, a_n)$.

Notación 14.1.6. $\psi(a_1, a_2, \ldots, a_n) \downarrow$ y $\psi(a_1, a_2, \ldots, a_n) \uparrow$ denotarán, respectivamente, que $a_1, a_2, \ldots, a_n$ pertenece o no al dominio de definición de ψ.

Definición 14.1.7. Se dirá que la máquina de registros **P** computa la función parcialmente definida $\psi : \omega^n \to \omega$, si **P**, con *input* $a_1, a_2, \ldots, a_n$, da como *output* $\psi(a_1, a_2, \ldots, a_n)$ si $\psi(a_1, a_2, \ldots, a_n) \downarrow$, y no se para nunca si $\psi(a_1, a_2, \ldots, a_n) \uparrow$.

Ejemplo 14.1.8. El programa definido en la Figura 14.5 computa la función $\psi : \omega \to \omega$ tal que:

$$\psi(n) = \begin{cases} 1 & \text{si } n \text{ es par} \\ \uparrow & \text{si } n \text{ es impar.} \end{cases}$$

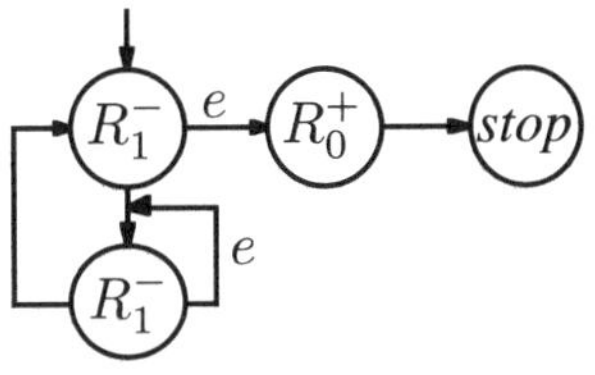

Figura 14.5

Definición 14.1.9. *(R-computabilidad)* Una función numérica es R-computable si existe un programa de registros que la computa.

Habitualmente, funciones computables totales serán denotadas por letras minúsculas latinas f, g, $h, \ldots$, mientras que funciones computables parcialmente definidas se denotarán por letras griegas ξ, ϕ, ψ, ...

Definición 14.1.10. *(Computabilidad normal)* Se dirá que la máquina de registros **P** computa de forma normal la función parcial o totalmente definida $\psi : \omega^n \to \omega$, si, cuando **P** comienza con a_1 en R_1, a_2 en R_2, ..., a_n en R_n y 0 en los demás registros, termina parándose con $\psi(a_1, a_2, \ldots, a_n)$ en R_0 y con los demás registros como al comienzo de la computación, y no se para nunca si $\psi(a_1, a_2, \ldots, a_n) \uparrow$.

Proposición 14.1.11. Toda función R-computable lo es también en forma normal.

14.2. Programación con máquinas de registros

En esta sección se demuestra la R-computabilidad de una serie de funciones. En la mayoría de los programas se utilizan otros previamente construidos, o variantes irrelevantes de los mismos.

Observación 14.2.1. En los ejemplos de computaciones sólo se explicitan los registros relevantes. Naturalmente, para realizar ciertas operaciones, se usarán registros situados a la derecha, vacíos al comienzo y final de la computación.

Ejercicio 14.2.2. Construir programas que realicen lo siguiente, sobreentendiéndose que los contenidos de los registros a los que no se alude explícitamente deben quedar al final inalterados:

Sean $i < j < k$.

[a] $\boxed{R_i = n}$ $(\ldots, x, \ldots) \longrightarrow (\ldots, n, \ldots)$.

[b] $\boxed{R_i \Longrightarrow R_j}$ $(\ldots, x, \ldots, y, \ldots) \longrightarrow (\ldots, 0, \ldots, y + x, \ldots)$.

[c] $\boxed{R_i = R_i + R_j\ _s}$ $(\ldots, x, \ldots, y, \ldots) \longrightarrow (\ldots, x + y, \ldots, y, \ldots)$,

en el caso en que $s \notin \{i, j\}$ y que al comienzo de la computación $R_s = 0$.

[d] $\boxed{R_i = R_j + R_k\ _s}$

$$(\ldots, x, \ldots, y, \ldots, z, \ldots) \longrightarrow (\ldots, y + z, \ldots, y, \ldots, z, \ldots),$$

en el caso en que $s \notin \{i, j, k\}$ y que al comienzo de la computación $R_s = 0$.

Soluciones:

$\boxed{R_i = n}$

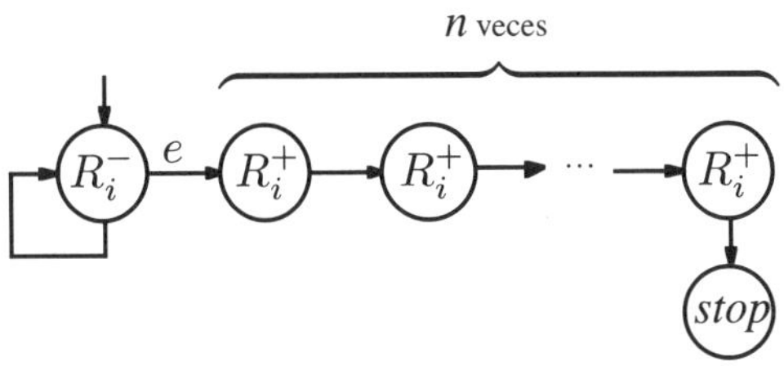

Figura 14.6

$\boxed{R_i \Longrightarrow R_j}$

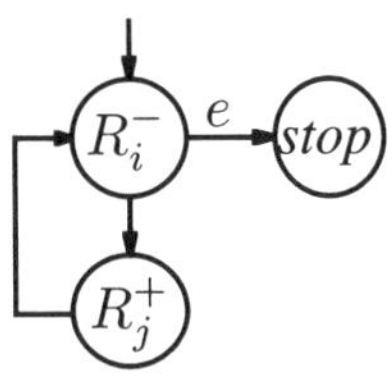

Figura 14.7

$\boxed{R_i = R_i + R_j \;\; s}$

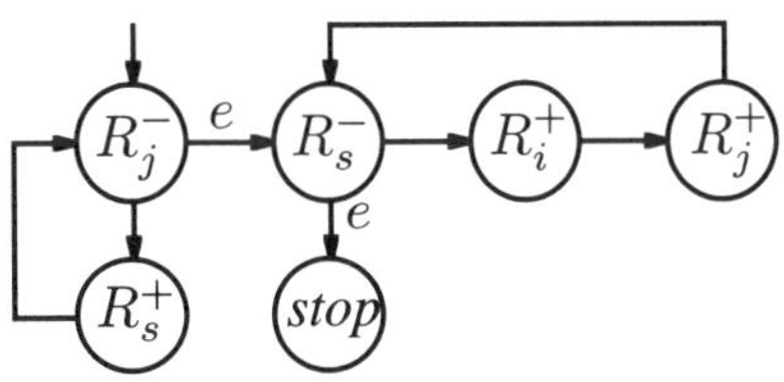

Figura 14.8

$\boxed{R_i = R_j + R_k \;\; s}$

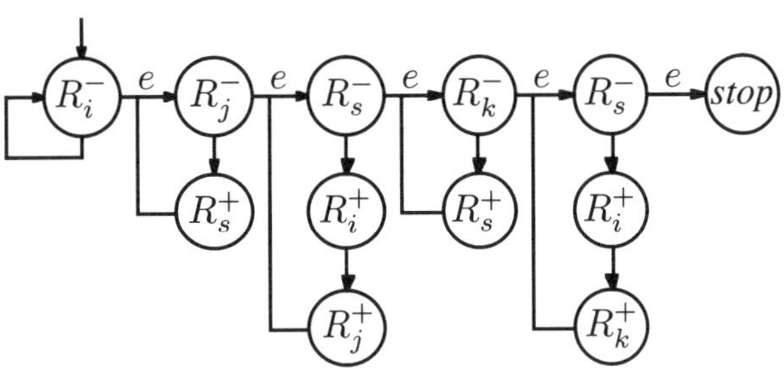

Figura 14.9

Notación 14.2.3. Con objeto de simplificar la notación, en el resto del capítulo se escribirá $\boxed{R_i = R_i + R_j}$ y $\boxed{R_i = R_j + R_k}$ en vez de $\boxed{R_i = R_i + R_j\ {}_9}$ y $\boxed{R_i = R_j + R_k\ {}_9}$. Puesto que ninguno de los programas realizados en este capítulo hace uso del registro R_9, las condiciones necesarias para que el programa realice la computación prevista se cumplirán automáticamente.

Ejercicio 14.2.4. Construir un programa que compute de forma normal la función producto.

Solución: $\boxed{R_0 = R_1 \cdot R_2}$

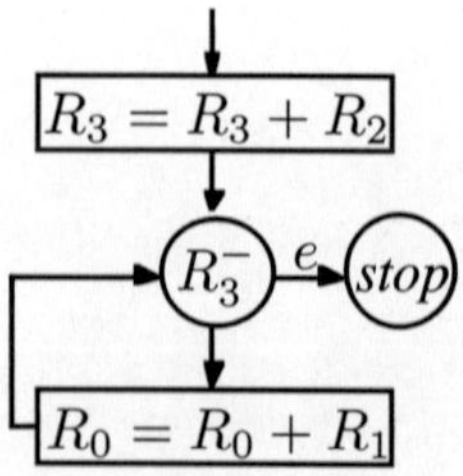

Computación
(0, m, n, 0)
(0, m, n, n)
(m, m, n, n-1)
(2m, m, n, n-2)
....
($n.m$, m, n, 0)

Figura 14.10

Ejercicio 14.2.5. Construir un programa que compute de forma normal la función exponenciación.

Solución: $\boxed{R_0 = R_1^{R_2}}$

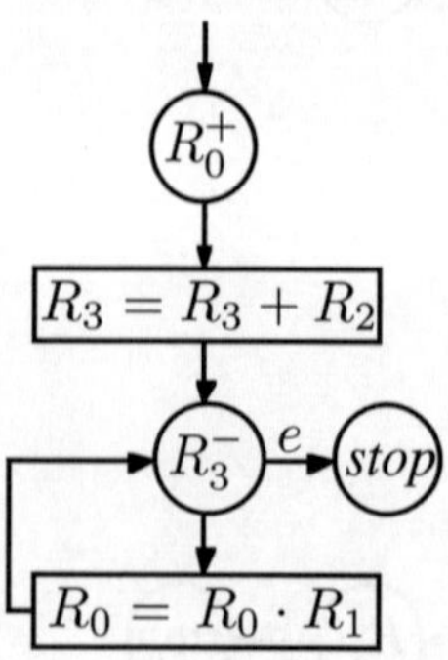

Computación
(0, m, n, 0)
(1, m, n, n)
(m, m, n, n-1)
(m^2, m, n, n-2)
....
(m^n, m, n, 0)

Figura 14.11

Ejercicio 14.2.6. Construir un programa que compute de forma normal la función característica del conjunto de los números pares, *i.e.*, la función $c_P : \omega \rightarrow \{0, 1\}$ tal que:

$$c_P(n) = \begin{cases} 1 & \text{si } n \in P \\ 0 & \text{si } n \notin P, \end{cases}$$

donde $P = \{2n : n \in \omega\}$.

Solución: $\boxed{R_0 = c_P(R_1)}$

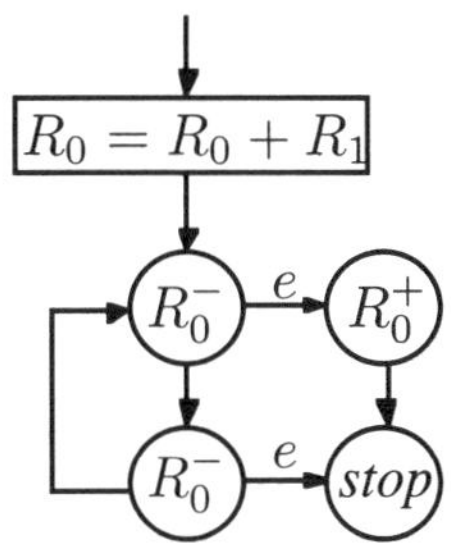

Computación

$(0, 6)$	$(0, 5)$
$(6, 6)$	$(5, 5)$
$(4, 6)$	$(3, 5)$
$(2, 6)$	$(1, 5)$
$(0, 6)$	$(0, 5)$
$(1, 6)$	

Figura 14.12

Ejercicio 14.2.7. Construir un programa que compute de forma normal la función característica de la igualdad, *i.e.*, la función $c_= : \omega^2 \rightarrow \{0, 1\}$ tal que:

$$c_=(x, y) = \begin{cases} 1 & \text{si } x = y \\ 0 & \text{si } x \neq y. \end{cases}$$

Solución: $\boxed{R_0 = c_= (R_1, R_2)}$

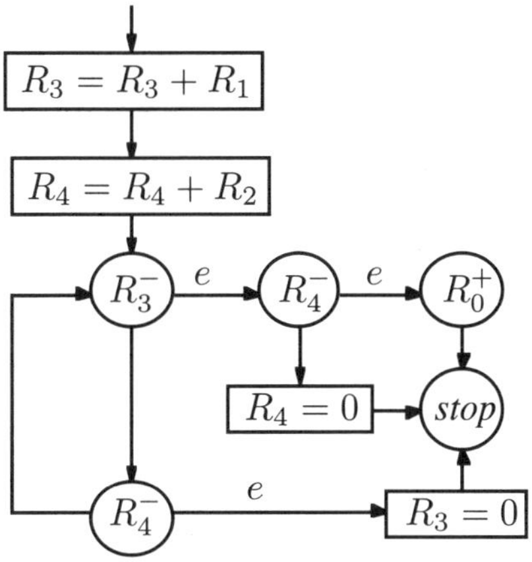

Figura 14.13

Computación

$m > n$	$m < n$	$m = n$
$(0,\ m,\ n,\ 0,\ 0)$	$(0,\ m,\ n,\ 0,\ 0)$	$(0,\ m,\ n,\ 0,\ 0)$
$(0,\ m,\ n,\ m,\ n)$	$(0,\ m,\ n,\ m,\ n)$	$(0,\ m,\ n,\ m,\ n)$
$(0,\ m,\ n,\ m\text{-}1,\ n\text{-}1)$	$(0,\ m,\ n,\ m\text{-}1,\ n\text{-}1)$	$(0,\ m,\ n,\ m\text{-}1,\ n\text{-}1)$
$(0,\ m,\ n,\ m\text{-}2,\ n\text{-}2)$	$(0,\ m,\ n,\ m\text{-}2,\ n\text{-}2)$	$(0,\ m,\ n,\ m\text{-}2,\ n\text{-}2)$
....	....	....
$(0,\ m,\ n,\ m\text{-}n,\ 0)$	$(0,\ m,\ n,\ 0,\ n\text{-}m)$	$(0,\ m,\ n,\ 0,\ 0)$
$(0,\ m,\ n,\ 0,\ 0)$	$(0,\ m,\ n,\ 0,\ 0)$	$(1,\ m,\ n,\ 0,\ 0)$

Ejercicio 14.2.8. Construir programas que computen de forma normal las funciones características de las relaciones $<$, $\leq$, $>$, $\geq$.

Sugerencia: modificar la parte final del programa anterior.

Ejercicio 14.2.9. Construir un programa que compute de forma normal la función $d : \omega^2 \to \omega$ tal que:

$$d\,(m,\ n) = \begin{cases} m\text{-}n & \text{si } m \geq n \\ n\text{-}m & \text{si } n > m. \end{cases}$$

Solución: $\boxed{R_0 = d\,(R_1,\ R_2)}$

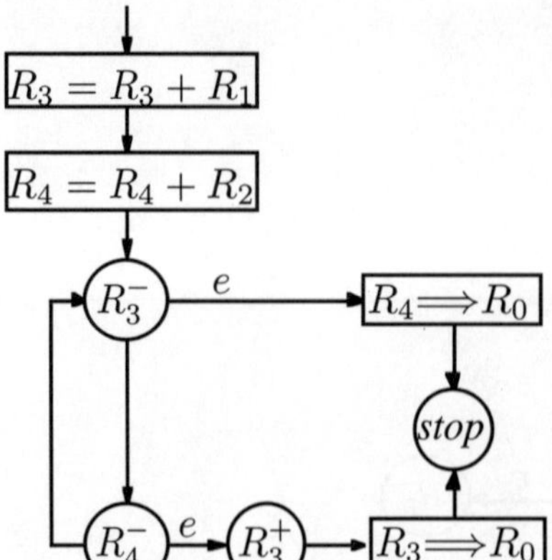

Figura 14.14

Computación

$m \geq n$	$n > m$
$(0, m, n, 0, 0)$	$(0, m, n, 0, 0)$
$(0, m, n, m, n)$	$(0, m, n, m, n)$
$(0, m, n, m\text{-}1, n\text{-}1)$	$(0, m, n, m\text{-}1, n\text{-}1)$
....	....
$(0, m, n, m\text{-}n, 0)$	$(0, m, n, 0, n\text{-}m)$
$(m\text{-}n, m, n, 0, 0)$	$(n\text{-}m, m, n, 0, 0)$

Notación 14.2.10. Si $N \subseteq \omega^2$ es una relación cuya función característica es R-computable y **P**, **Q** son programas, entonces el diagrama de la izquierda de la Figura 14.15 es una abreviatura del de la derecha, en el que R_s es un determinado registro,

vacío en las aplicaciones. Para simplificar la notación se suprimirá la s cuando sea igual a 9 (cfr. Notación 14.2.3).

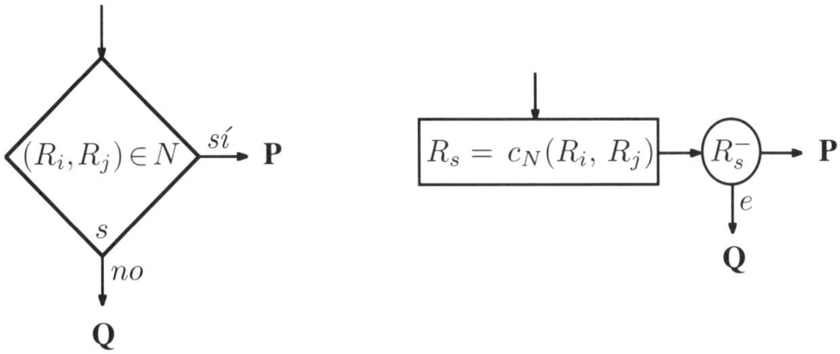

Figura 14.15

Si $N \subseteq \omega$ es un conjunto cuya función característica es R-computable, la abreviatura:

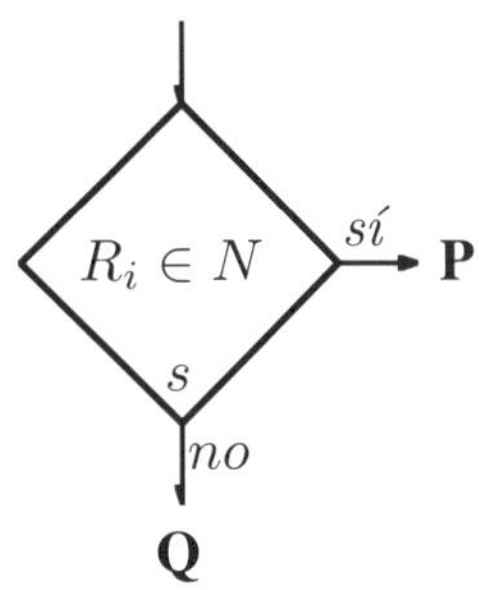

Figura 14.16

se define de forma completamente similar (e igualmente se suprimirá la s si es igual a 9).

Ejercicio 14.2.11. Construir un programa que compute en forma normal la función *cociente por defecto*, *i.e.*:

$$f(x, y) = \begin{cases} \text{máx}\, z\, [z \cdot y \leq x] & \text{si } y \neq 0 \\ \uparrow & \text{si } y = 0. \end{cases}$$

Solución: $\boxed{R_0 = R_1 \;:\; R_2}$

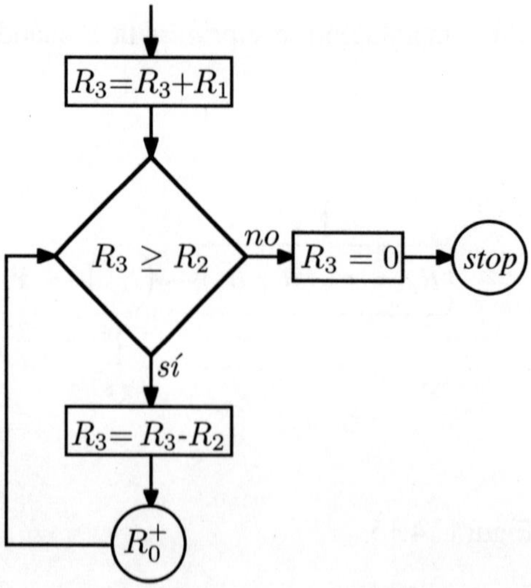

Computación

(0, 17, 3, 0)
(0, 17, 3, 17)
(1, 17, 3, 14)
(2, 17, 3, 11)
(3, 17, 3, 8)
(4, 17, 3, 5)
(5, 17, 3, 2)
(5, 17, 3, 0)

Figura 14.17

Ejercicio 14.2.12. Construir un programa que compute en forma normal la función característica de la relación $R = \{(m, n) \in \omega^2 : m = \dot{n}\}$.

Solución: $\boxed{R_1 = \dot{R}_2}$

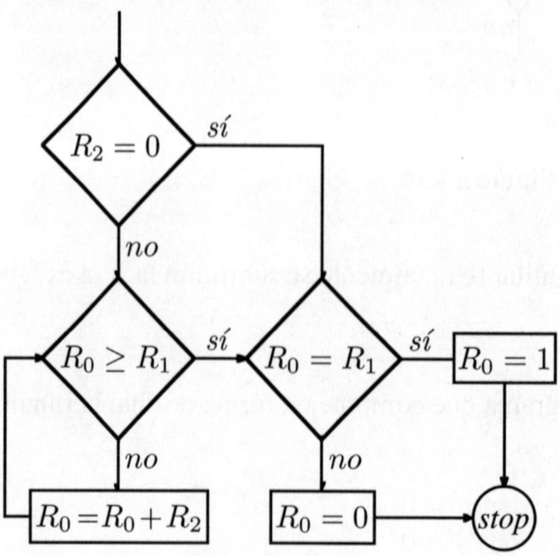

Computación

$(0,9,3)$	$(0,8,3)$
$(3,9,3)$	$(3,8,3)$
$(6,9,3)$	$(6,8,3)$
$(9,9,3)$	$(9,8,3)$
$(1,9,3)$	$(0,8,3)$

$(0,7,0)$	$(0,0,0)$
$(0,7,0)$	$(1,0,0)$

Figura 14.18

Ejercicio 14.2.13. Construir un programa que compute en forma normal la función característica del conjunto de los números primos.

Solución: $\boxed{R_1 \ \textit{primo}}$

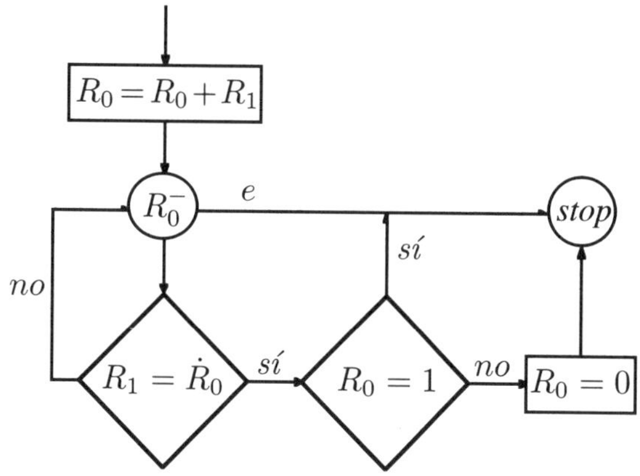

Computación

$(0,7)$	$(0,8)$
$(7,7)$	$(8,8)$
$(6,7)$	$(7,8)$
$(5,7)$	$(6,8)$
$(4,7)$	$(5,8)$
$(3,7)$	$(4,8)$
$(2,7)$	$(0,8)$
$(1,7)$	

Figura 14.19

Sea $p_0, p_1, p_2, \ldots$ la sucesión de números primos.

Ejercicio 14.2.14. Construir un programa que compute en forma normal la función $p : \omega \to \omega$ tal que $p(n) = p_n$.

Solución: $\boxed{R_0 = p(R_1)}$

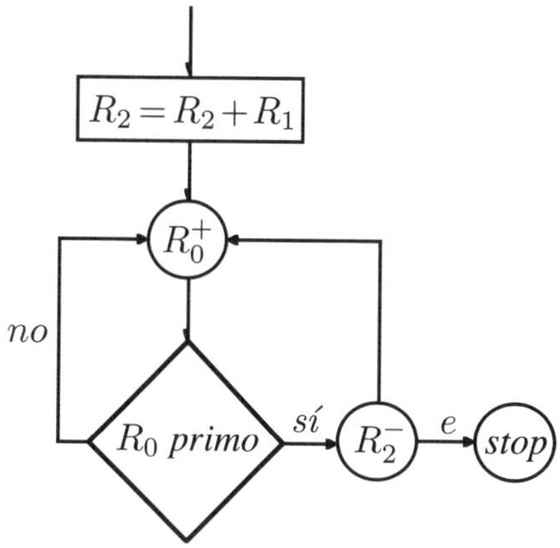

Computación

(0, n, 0)
(0, n, n)
(2, n, n-1)
(3, n, n-2)
....
(p_{n-1}, n, 0)
(p_n, n, 0)

Figura 14.20

Ejercicio 14.2.15. Construir un programa que compute en forma normal la función $l : \omega \to \omega$ tal que:

$$l(m) = \begin{cases} \textit{máx}\; n\,[m = \dot{p}_n] & \text{si } m > 1 \\ 0 & \text{si } m \leq 1. \end{cases}$$

Por ejemplo, $l(40) = 2$, ya que $40 = 2^3 \cdot 5 = p_0^3 \cdot p_2$.

Solución: $\boxed{R_0 = l(R_1)}$

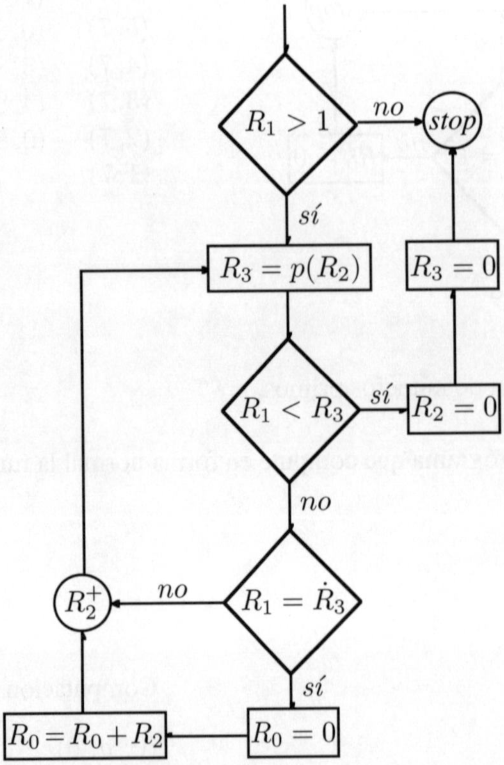

Computación

(0, 40, 0, 0)
(0, 40, 0, 2)
(0, 40, 1, 3)
(1, 40, 2, 5)
(2, 40, 3, 7)
(2, 40, 4, 11)
(2, 40, 5, 13)
(2, 40, 6, 17)
(2, 40, 7, 19)
(2, 40, 8, 23)
(2, 40, 9, 29)
(2, 40, 10, 31)
(2, 40, 11, 37)
(2, 40, 12, 41)
(2, 40, 0, 0)

Figura 14.21

Ejercicio 14.2.16. Construir un programa que compute en forma normal la función $exp : \omega^2 \to \omega$ tal que:

$$exp(m, n) = \begin{cases} \textit{máx}\; k\,[m = \dot{p_n^k}] & \text{si } m > 0 \\ 0 & \text{si } m = 0. \end{cases}$$

Por ejemplo, $exp(7.000, 2) = 3$, ya que $7.000 = 2^3 \cdot 5^3 \cdot 7 = p_0^3 \cdot p_2^3 \cdot p_3$, con lo que 7.000 es múltiplo de 5^3, pero no de 5^4.

Solución: $\boxed{R_0 = exp(R_1, R_2)}$

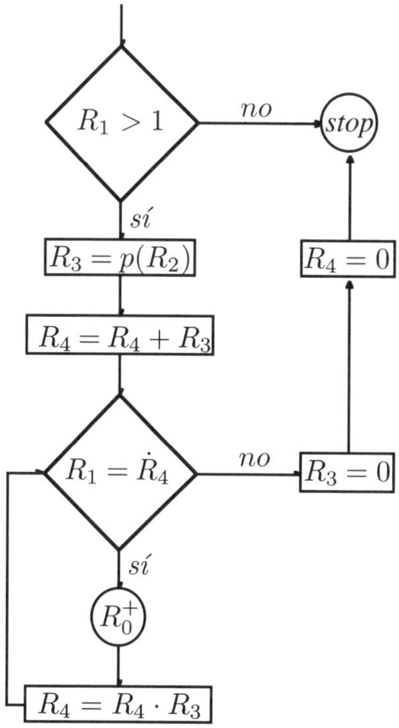

Computación

$(0, 7.000, 2, 0, 0)$
$(0, 7.000, 2, 5, 5)$
$(1, 7.000, 2, 5, 5^2)$
$(2, 7.000, 2, 5, 5^3)$
$(3, 7.000, 2, 5, 5^4)$
$(3, 7.000, 2, 0, 0)$

Figura 14.22

Del resultado del siguiente ejercicio se hará uso en la prueba del teorema de incompletitud de la aritmética (cfr. 20.5.9 y 20.5.10):

Ejercicio 14.2.17. Demostrar que si las funciones características de los conjuntos $P \subseteq \omega^2$ y $Q \subseteq \omega^2$ son R-computables, $D = \{n : \exists m\,(n, m) \in P\}$, $R = \{n : \exists m\,(n, m) \in Q\}$ y $D \cap R = \emptyset$, entonces la función parcialmente definida $\psi : \omega \rightarrow \omega$ tal que:

$$\psi(n) = \begin{cases} 1 & \text{si } n \in D \\ 0 & \text{si } n \in R \\ \uparrow & \text{demás casos,} \end{cases}$$

es R-computable.

El siguiente programa computa ψ:

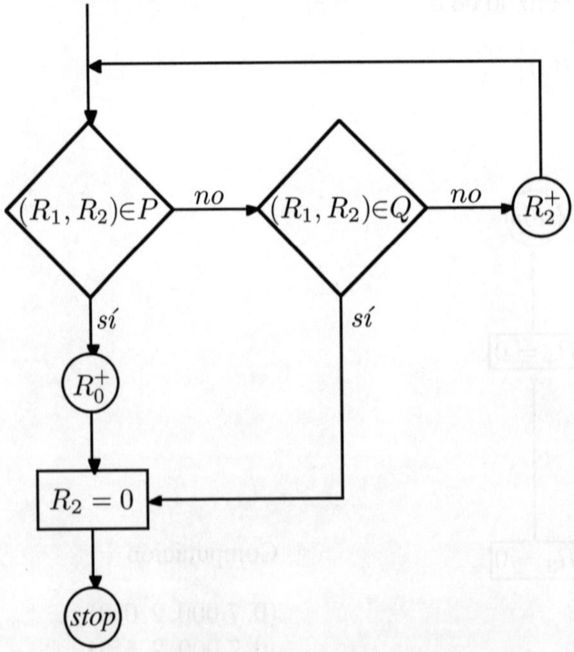

Computación

Supuesto que:
$\mu m\,[(n, m) \in P] = 3$,
con lo que $\psi(n) = 1$.

$(0,\ n,\ 0)$
$(0,\ n,\ 1)$
$(0,\ n,\ 2)$
$(0,\ n,\ 3)$
$(1,\ n,\ 0)$

Figura 14.23

14.3. El teorema de Minsky

En esta sección se demuestra un notable teorema, que jugará un papel relevante en la prueba de la inseparabilidad del cálculo funcional de primer orden.

Teorema 14.3.1. *(Minsky*, 1967*)* Para toda máquina con $n+1$ registros **P**, existe una máquina de dos registros **Q**, que simula las computaciones de **P**, en el siguiente sentido:
a) Si

$$(a_{00}, a_{01}, \ldots, a_{0n}) \overset{\mathrm{P}}{\Longrightarrow} (a_{10}, a_{11}, \ldots, a_{1n}) \overset{\mathrm{P}}{\Longrightarrow} (a_{20}, a_{21}, \ldots, a_{2n}) \overset{\mathrm{P}}{\Longrightarrow} \ldots,$$

entonces:

$$(p_0^{a_{00}} \cdot p_1^{a_{01}} \cdot \ldots \cdot p_n^{a_{0n}},\ 0) \overset{\mathrm{Q}}{\longrightarrow} (p_0^{a_{10}} \cdot p_1^{a_{11}} \cdot \ldots \cdot p_n^{a_{1n}},\ 0) \overset{\mathrm{Q}}{\longrightarrow} \ldots,$$

donde $p_0,\ p_1,\ p_2,\ \ldots$ es la sucesión de números primos, y donde $\Longrightarrow$ y $\longrightarrow$ denotan, respectivamente, que la transición se realiza en un paso y en un número finito no especificado de pasos.

$b)$ Si la computación de **P** finaliza en $(a_{s0},\ a_{s1},\ \ldots,\ a_{sn})$, entonces la computación de **Q** finaliza en $(p_0^{a_{s0}} \cdot p_1^{a_{s1}} \cdot p_2^{a_{s2}} \cdot \ldots \cdot p_n^{a_{sn}},\ 0)$.

Demostración: Sean $R_0,\ R_1, \ldots,\ R_n$ los registros de **P**. Se obtiene **Q** sustituyendo cada instrucción k de **P** por el programa J_k, de forma que:

1) Si k es la instrucción:

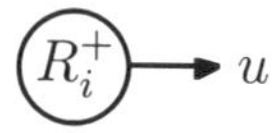

(aumentar en una unidad el contenido del registro R_i y aplicar la instrucción u), entonces J_k es un programa que multiplica el contenido del registro R_0 de **Q** por el número primo p_i y pasa a la instrucción inicial del programa J_u.

Por ejemplo, si $i = 1$ y, por tanto:

$$(a,\ b,\ c, \ldots) \overset{k}{\Longrightarrow} (a,\ b+1,\ c, \ldots),$$

J_k deberá ser un programa tal que:

$$(2^a \cdot 3^b \cdot 5^c \cdot \ldots,\ 0) \overset{J_k}{\longrightarrow} (2^a \cdot 3^{b+1} \cdot 5^c \cdot \ldots,\ 0),$$

pasando a la instrucción inicial de J_u. Tal programa, que denotaremos por:

$$\boxed{R_0\ =\ 3 \cdot R_0} \longrightarrow\ J_u,$$

será:

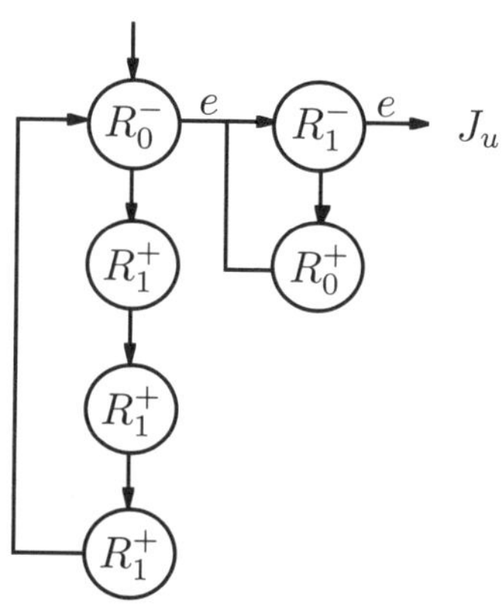

Figura 14.24

Para cualquier otro p, el programa $\boxed{R_0\ =\ p \cdot R_0}$ es completamente análogo.

2) Si k es la instrucción:

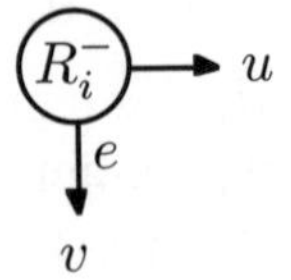

(si el contenido del registro R_i es distinto de cero, disminuirlo en una unidad y aplicar la instucción u; si es igual a cero, aplicar la instrucción v), entonces J_k será un programa tal que:

$$(x,\, 0) \xrightarrow{J_k} (x : p_i,\, 0) \ \text{ si } x = \dot{p}_i,$$

$$(x,\, 0) \xrightarrow{J_k} (x,\, 0) \ \text{ si } x \neq \dot{p}_i,$$

pasando, respectivamente, a la instrucción inicial de J_u y J_v.

Por ejemplo, si $i = 1$, entonces J_k, que será denotado por:

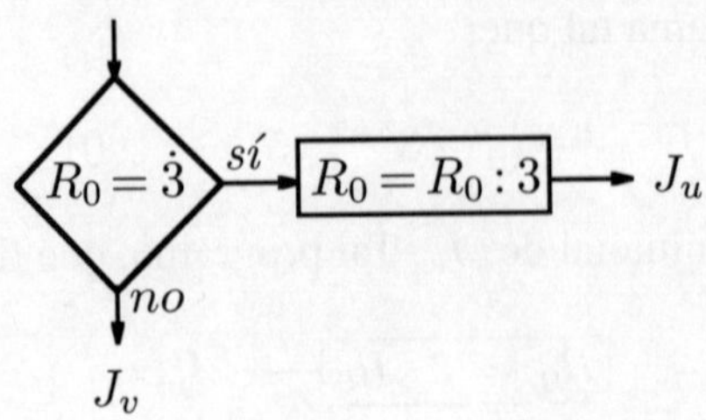

será el programa:

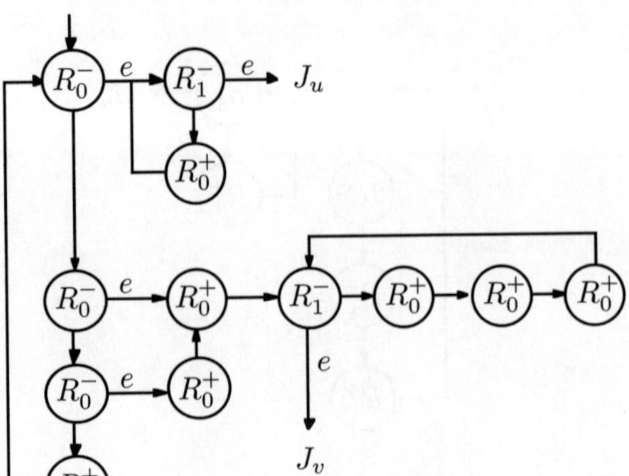

Figura 14.25

3) Si k es la instrucción *stop*, entonces también lo es J_k.

Ejemplo 14.3.2. Si **P** es el programa con cuatro registros que computa la función suma:

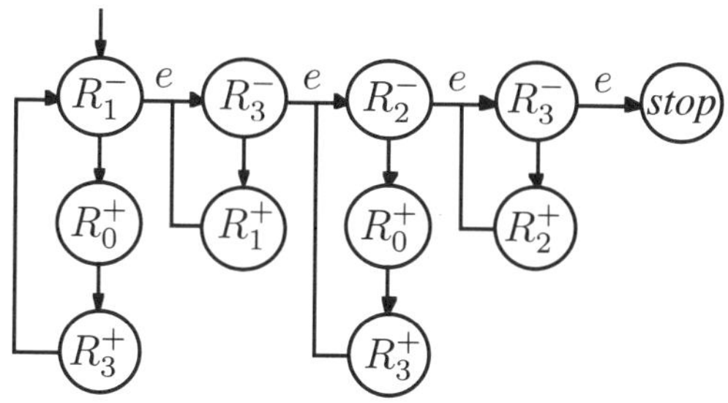

Figura 14.26

entonces **Q** será:

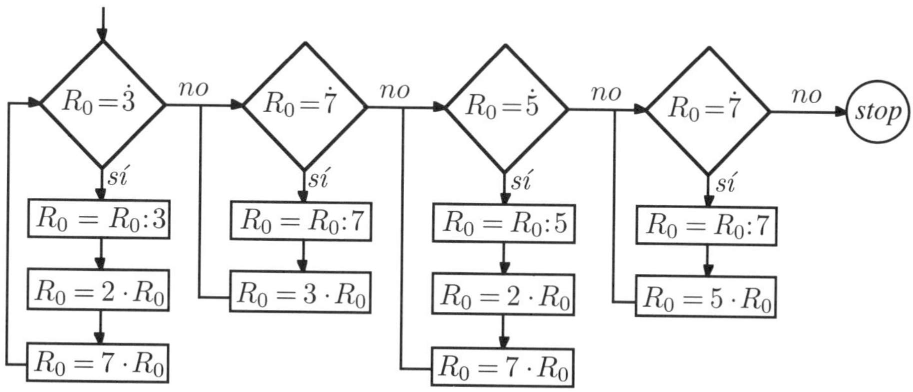

Figura 14.27

Computación de **P** cuando parte de $(0, x, y, 0)$:

$$(0, x, y, 0) \xrightarrow{\text{P}} (x, 0, y, x) \xrightarrow{\text{P}} (x, x, y, 0) \xrightarrow{\text{P}}$$
$$(x + y, x, 0, y) \xrightarrow{\text{P}} (x + y, x, y, 0).$$

Computación de **Q** cuando parte de $(2^0 \cdot 3^x \cdot 5^y \cdot 7^0_{,}\ 0)$:

$$(2^0 \cdot 3^x \cdot 5^y \cdot 7^0_{,}\ 0) \xrightarrow{\text{Q}} (2^x \cdot 3^0 \cdot 5^y \cdot 7^x_{,}\ 0) \xrightarrow{\text{Q}} (2^x \cdot 3^x \cdot 5^y \cdot 7^0_{,}\ 0) \xrightarrow{\text{Q}}$$
$$(2^{x+y} \cdot 3^x \cdot 5^0 \cdot 7^y_{,}\ 0) \xrightarrow{\text{Q}} (2^{x+y} \cdot 3^x \cdot 5^y \cdot 7^0_{,}\ 0).$$

15 FUNCIONES T-COMPUTABLES

En este capítulo se introducen las máquinas de Turing y se estudia la noción de computabilidad a que dan lugar.

15.1. Máquinas de Turing y T-computabilidad

Las máquinas de Turing son objetos matemáticos concebidos para poder ser interpretados como máquinas de calcular, capaces de realizar todas las operaciones que lleva a cabo una persona cuando ejecuta un cálculo algorítmico. Su objetivo último es dar lugar a una definición precisa de computabilidad que con gran evidencia pueda ser reconocida como coincidente con la noción intuitiva. Objetivo que puede parecer inalcanzable, ya que a primera vista no es claro que la noción intuitiva de calculabilidad pueda ser capturada mediante una definición matemática, al hacer necesariamente referencia al conjunto de todos los posibles procedimientos o métodos de cálculo, obviamente difuso.

En su célebre artículo de 1936, Turing parte de un análisis de las operaciones físicas y mentales que ejecuta una persona cuando realiza un cálculo algorítmico, que aquí resumiremos muy escuetamente.

Cuando una persona lleva a cabo un cálculo escribe, y eventualmente borra, símbolos de un cierto alfabeto finito, de acuerdo con determinadas reglas que prescriben lo que debe ejecutarse en cada momento y cuál es la regla que debe aplicarse a continuación. Habitualmente, el cálculo se realiza sobre un papel bidimensional y el sentido común regula la distancia entre símbolos. Pero prescripciones de esta índole pueden evitarse, suponiendo que los cálculos se realizan sobre un papel cuadriculado y que en un determinado instante en cada cuadrado puede estar escrito a lo sumo un símbolo. Y puesto que existe una correspondencia uno a uno entre un plano cuadriculado y una cinta cuadriculada, nada impediría suponer que el soporte material es una tal cinta, potencialmente infinita al menos por uno de los lados, cuyos cuadrados denominaremos *campos*.

La operación realizada en cada instante dependerá habitualmente de lo que esté escrito en la parte de la cinta que se esté observando. Pero como en un determinado momento sólo es posible observar una cantidad finita de símbolos, puede suponerse que en cada instante la atención del que calcula está concentrada en un determinado campo, que llamaremos *campo de trabajo* o campo observado, que es el único que en ese instante puede ser modificado, y que éste puede desplazarse de un lugar a otro, con lo que tal observación puede reducirse a una combinación de pasos elementales de uno de los tipos: leer lo que está escrito en el campo observado o desplazar ese campo un lugar hacia la derecha o hacia la izquierda.

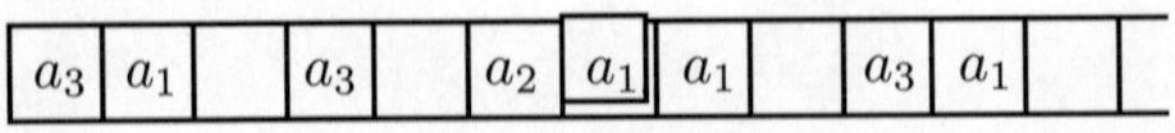

Figura 15.1

En consecuencia, instrucciones para manipular la inscripción de la cinta pueden reducirse a instrucciones elementales que prescriban *borrar* o *escribir un determinado símbolo* en el campo de trabajo, o desplazar éste un lugar hacia la *derecha* o hacia la *izquierda*, o finalizar el cálculo (*stop*), determinándose en cada caso cuál es la instrucción que debe aplicarse a continuación. Y todo ello, dependiendo únicamente del símbolo que esté escrito en ese instante en el campo observado. Por supuesto, debe especificarse cuál de las instrucciones debe aplicarse en primer lugar y cuál es el campo de trabajo inicial.

Utilizando el símbolo a_0 (en ocasiones abreviadamente $*$) para indicar que un cierto campo está vacío, y los símbolos r (*right*), l (*left*), s (*stop*) para denotar, respectivamente, las operaciones *derecha*, *izquierda* y *stop*, de lo anterior se desprende que manipulaciones algorítmicas de símbolos del alfabeto $A = \{a_1, a_2, \ldots, a_N\}$, pueden regularse mediante un conjunto finito de instrucciones $Q = \{q_0, q_1, \ldots, q_M\}$ (o simplemente $\{0, 1, \ldots, M\}$), de forma que cada instrucción q_i hace corresponder a cada símbolo a_j $(j = 0, 1, \ldots, N)$ el par de elementos (v_{ij}, q_{ij}), donde $v_{ij} \in \{a_0, a_1, \ldots, a_N, r, l, s\}$ y $q_{ij} \in Q$, siendo q_0 la instrucción que se aplica en primer lugar.

Las anteriores consideraciones justifican la siguiente definición:

Definición 15.1.1. *(Máquina de Turing)* Una máquina de Turing sobre el alfabeto $\{a_1, a_2, \ldots, a_N\}$ es una matriz con $(M+1)\times(N+1)$ filas y cuatro columnas de la forma:

$$\mathbf{P} = \left|\begin{array}{cccc} q_0 & a_0 & v_{00} & q_{00} \\ q_0 & a_1 & v_{01} & q_{01} \\ \multicolumn{4}{c}{\cdots\cdots\cdots\cdots\cdots\cdots} \\ q_0 & a_{\mathrm{N}} & v_{0\mathrm{N}} & q_{0\mathrm{N}} \\ \multicolumn{4}{c}{\cdots\cdots\cdots\cdots\cdots\cdots} \\ q_i & a_j & v_{ij} & q_{ij} \\ \multicolumn{4}{c}{\cdots\cdots\cdots\cdots\cdots\cdots} \\ q_{\mathrm{M}} & a_{\mathrm{N}} & v_{\mathrm{MN}} & q_{\mathrm{MN}} \end{array}\right|$$

donde:

$$v_{i0} \in \{a_0,\, a_1,\, a_2, \ldots, a_N,\, r,\, l,\, s\},$$

$$v_{ij} \in \{a_0,\, a_j,\, r,\, l,\, s\} \qquad \text{si } j \neq 0,$$

$$q_{ij} \in \{q_0,\, q_1, \ldots, q_M\},$$

siendo q_0 la instrucción inicial.

La interpretación física de una máquina de Turing se realizará bajo los tres supuestos siguientes:

1. La cinta es potencialmente infinita sólo por la derecha (cfr. Figura 15.1).

2. Si el campo de trabajo es el primero de la cinta y se prescribe desplazarlo a la izquierda, el cálculo termina.

3. En cada momento sólo se encuentra escrito algún símbolo sobre un número finito de campos.

Antes de definir de forma precisa las nociones técnicas de *configuración* y *computación*, las introduciremos informalmente mediante un ejemplo.

Ejemplo 15.1.2. Sea **Q** la máquina de Turing sobre el alfabeto $\{a_1,\, a_2\}$ definida por la igualdad:

$$\mathbf{Q} = \left|\begin{array}{cccc} q_0 & * & r & q_0 \\ q_0 & a_1 & r & q_0 \\ q_0 & a_2 & * & q_1 \\ q_1 & * & l & q_1 \\ q_1 & a_1 & s & q_1 \\ q_1 & a_2 & l & q_1 \end{array}\right|$$

Es claro que cuando **Q** parte de una situación inicial cualquiera, irá desplazando el campo de trabajo hacia la derecha hasta encontrar el símbolo a_2, que borrará. A continuación, el campo de trabajo se desplazará hacia la izquierda hasta encontrar el símbolo a_1, y entonces se parará. En consecuencia, si, por ejemplo, el campo de trabajo inicial es el tercero de la cinta y la inscripción inicial es:

$$* \; a_1 \; a_1 \; a_1 * a_1 * a_1 \; a_2 * a_1 * * * \ldots,$$

podemos describir las situaciones a que va dando lugar **Q** mediante la sucesión de expresiones:

$$\begin{array}{ccccccccccccccc}
* & a_1 & {}^{q_0}a_1 & a_1 & * & a_1 & * & a_1 & a_2 & * & a_1 & * & * & * & \ldots \\
* & a_1 & a_1 & {}^{q_0}a_1 & * & a_1 & * & a_1 & a_2 & * & a_1 & * & * & * & \ldots \\
* & a_1 & a_1 & a_1 & {}^{q_0}* & a_1 & * & a_1 & a_2 & * & a_1 & * & * & * & \ldots \\
* & a_1 & a_1 & a_1 & * & {}^{q_0}a_1 & * & a_1 & a_2 & * & a_1 & * & * & * & \ldots \\
* & a_1 & a_1 & a_1 & * & a_1 & {}^{q_0}* & a_1 & a_2 & * & a_1 & * & * & * & \ldots \\
* & a_1 & a_1 & a_1 & * & a_1 & * & {}^{q_0}a_1 & a_2 & * & a_1 & * & * & * & \ldots \\
* & a_1 & a_1 & a_1 & * & a_1 & * & a_1 & {}^{q_0}a_2 & * & a_1 & * & * & * & \ldots \\
* & a_1 & a_1 & a_1 & * & a_1 & * & a_1 & {}^{q_1}* & * & a_1 & * & * & * & \ldots \\
* & a_1 & a_1 & a_1 & * & a_1 & * & {}^{q_1}a_1 & * & * & a_1 & * & * & * & \ldots
\end{array}$$

Definición 15.1.3. *(Configuración)* La configuración de una máquina de Turing en un cierto instante es el triple (A, B, C), respectivamente formado por el *campo de trabajo* A en ese momento, la *inscripción* B escrita sobre la cinta y la *instrucción* C que corresponde aplicar a continuación.

Definición 15.1.4. *(Configuración final)* La configuración (A, B, C) de una máquina de Turing es final si al alcanzarla se para.

Observación 15.1.5. Puesto que en todo momento casi todos los campos de la cinta están vacíos, una inscripción y, por tanto, una configuración, son objetos matemáticos finitos.

Definición 15.1.6. *(Computación)* La computación a que da lugar una máquina de Turing cuando parte de una cierta configuración inicial, es la sucesión finita o infinita de configuraciones a que va dando lugar.

15.2. Diagramas de máquinas

Una máquina de Turing ha sido definida como una matriz de ciertas características, y se ha visto que da lugar a un algoritmo, que, a partir de una configuración inicial, va dando lugar a nuevas configuraciones. Sin embargo, esta definición es inmanejable cuando el algoritmo que se pretende que realice la máquina tiene cierta complejidad, ya que, en tal caso, la matriz podría tener cientos o miles de filas y resultar prácticamente ininteligible. De ahí que sea conveniente definir máquinas mediante diagramas, en los que aparecen máquinas más simples previamente definidas. Como en el resto de nuestra exposición de la teoría de las máquinas de Turing, la nomenclatura y gran parte de las ideas que se introducen a continuación han sido tomadas de [**Hermes**, 1969].

Sean **P**, **Q**, **R** y $\mathbf{R}_i$ máquinas de Turing, todas ellas sobre el mismo alfabeto $\{a_1, a_2, \ldots, a_\mathrm{N}\}$. Nuestra intención es definir otros programas mediante diagramas tales como:

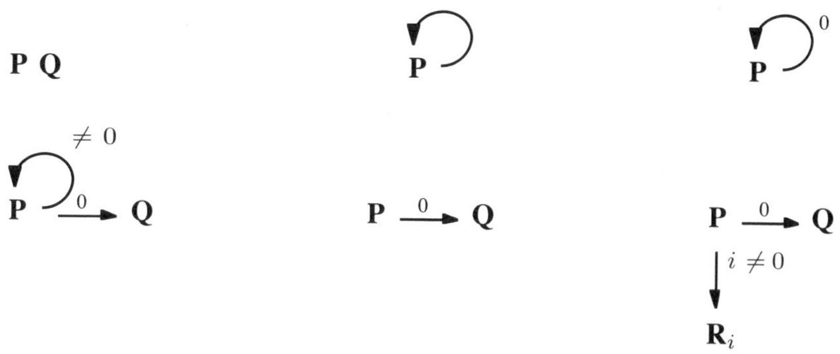

Figura 15.2

el último de los cuales, por ejemplo, debe interpretarse del siguiente modo:

—En primer lugar actúa la máquina **P**.

—Si **P** termina parándose sobre un campo vacío, comienza a actuar **Q**.

—Si **P** termina parándose sobre un campo en el que está escrito el símbolo a_i $(i \neq 0)$, comienza a actuar $\mathbf{R}_i$.

—Si la computación a que da lugar **P** es infinita, también lo es la de la máquina descrita por el diagrama.

La interpretación de los restantes diagramas es similar.

La matriz **M** de la máquina definida por el último diagrama se obtiene de la siguiente forma: sean $\mathbf{Q}'$ y $\mathbf{R}_i'$ matrices obtenidas a partir de **Q** y $\mathbf{R}_i$ modificando eventualmente los nombres de las instrucciones, de forma que los nombres de las instrucciones de **P**, $\mathbf{Q}'$ y $\mathbf{R}_i'$ sean todos distintos. Sean q_0 y r_{i0}, respectivamente, las instrucciones iniciales de $\mathbf{Q}'$ y $\mathbf{R}_i'$, y sea $\mathbf{P}'$ la matriz obtenida a partir de **P** cambiando cada fila del tipo $q * s\, q'$ por $q * * \, q_0$ y cada fila del tipo $q\ a_i\ s\ q'$ por $q\ a_i\ a_i\ r_{i0}$. Finalmente, **M** se obtiene yuxtaponiendo $\mathbf{P}'$, $\mathbf{Q}'$, $\mathbf{R}_0'$, $\mathbf{R}_1', \ldots, \mathbf{R}_\mathrm{N}'$.

Por ejemplo, si $N = 2$:

$$\mathbf{P} = \begin{vmatrix} 0 & * & r & 1 \\ 0 & a_1 & r & 1 \\ 0 & a_2 & r & 1 \\ 1 & * & s & 1 \\ 1 & a_1 & s & 1 \\ 1 & a_2 & s & 1 \end{vmatrix} \qquad \mathbf{Q} = \begin{vmatrix} 0 & * & r & 0 \\ 0 & a_1 & r & 0 \\ 0 & a_2 & r & 0 \end{vmatrix}$$

$$\mathbf{R}_1 = \begin{vmatrix} 0 & * & a_1 & 0 \\ 0 & a_1 & s & 0 \\ 0 & a_2 & * & 0 \end{vmatrix} \qquad \mathbf{R}_2 = \begin{vmatrix} 0 & * & a_2 & 0 \\ 0 & a_1 & * & 0 \\ 0 & a_2 & s & 0 \end{vmatrix}$$

entonces:

$$\mathbf{Q}' = \begin{vmatrix} 2 & * & r & 2 \\ 2 & a_1 & r & 2 \\ 2 & a_2 & r & 2 \end{vmatrix} \qquad \mathbf{R}_1' = \begin{vmatrix} 3 & * & a_1 & 3 \\ 3 & a_1 & s & 3 \\ 3 & a_2 & * & 3 \end{vmatrix}$$

$$\mathbf{R}_2' = \begin{vmatrix} 4 & * & a_2 & 4 \\ 4 & a_1 & * & 4 \\ 4 & a_2 & s & 4 \end{vmatrix} \qquad \mathbf{P}' = \begin{vmatrix} 0 & * & r & 1 \\ 0 & a_1 & r & 1 \\ 0 & a_2 & r & 1 \\ 1 & * & * & 2 \\ 1 & a_1 & a_1 & 3 \\ 1 & a_2 & a_2 & 4 \end{vmatrix}$$

con lo que:

$$\mathbf{M} = \begin{vmatrix} 0 & * & r & 1 \\ 0 & a_1 & r & 1 \\ 0 & a_2 & r & 1 \\ 1 & * & * & 2 \\ 1 & a_1 & a_1 & 3 \\ 1 & a_2 & a_2 & 4 \\ 2 & * & r & 2 \\ 2 & a_1 & r & 2 \\ 2 & a_2 & r & 2 \\ 3 & * & a_1 & 3 \\ 3 & a_1 & s & 3 \\ 3 & a_2 & * & 3 \\ 4 & * & a_2 & 4 \\ 4 & a_1 & * & 4 \\ 4 & a_2 & s & 4 \end{vmatrix}$$

A continuación se definen las máquinas básicas $\mathbf{r}$, $\mathbf{l}$, $*$, $\mathbf{a}_i$ $(1 \leq i \leq N)$ sobre el alfabeto $\{a_1, a_2, \ldots, a_N\}$, y se utilizan para la construcción de otras algo más complejas, mediante las que se desarrollará la teoría de la T-computabilidad.

$\mathbf{r}$ y $\mathbf{l}$ son máquinas de Turing que, respectivamente, desplazan el campo de trabajo un lugar hacia la derecha o hacia la izquierda sin modificar la inscripción, viniendo definidas por las matrices:

$$\mathbf{r} = \left| \begin{array}{cccc} 0 & * & r & 1 \\ 0 & a_1 & r & 1 \\ \multicolumn{4}{c}{\cdots\cdots\cdots\cdots} \\ 0 & a_N & r & 1 \\ 1 & * & s & 1 \\ 1 & a_1 & s & 1 \\ \multicolumn{4}{c}{\cdots\cdots\cdots\cdots} \\ 1 & a_N & s & 1 \end{array} \right| \qquad \mathbf{l} = \left| \begin{array}{cccc} 0 & * & l & 1 \\ 0 & a_1 & l & 1 \\ \multicolumn{4}{c}{\cdots\cdots\cdots\cdots} \\ 0 & a_N & l & 1 \\ 1 & * & s & 1 \\ 1 & a_1 & s & 1 \\ \multicolumn{4}{c}{\cdots\cdots\cdots\cdots} \\ 1 & a_N & s & 1 \end{array} \right|$$

$\mathbf{a}_i$ y $*$ son máquinas que eventualmente modifican el símbolo escrito sobre el campo de trabajo inicial, que, respectivamente, pasa a ser a_i ó $*$, sin modificar el resto de la inscripción, viniendo definidas por las matrices:

$$\mathbf{a}_i = \left| \begin{array}{cccc} 0 & * & a_i & 0 \\ 0 & a_1 & * & 0 \\ 0 & a_2 & * & 0 \\ \multicolumn{4}{c}{\cdots\cdots\cdots\cdots} \\ 0 & a_i & s & 0 \\ \multicolumn{4}{c}{\cdots\cdots\cdots\cdots} \\ 0 & a_N & * & 0 \end{array} \right| \qquad * = \left| \begin{array}{cccc} 0 & * & s & 0 \\ 0 & a_1 & * & 0 \\ 0 & a_2 & * & 0 \\ \multicolumn{4}{c}{\cdots\cdots\cdots\cdots} \\ 0 & a_N & * & 0 \end{array} \right|$$

Definición 15.2.1. *(Palabra)* Una palabra sobre el alfabeto $A = \{a_1, a_2, \ldots, a_N\}$ es una sucesión finita de símbolos de A.

Notación 15.2.2.

[a] W denotará una palabra indeterminada, eventualmente vacía.

[b] $\sim$ denotará un elemento indeterminado del conjunto de símbolos $\{*, a_1, a_2, \ldots, a_N\}$.

[c] Se subrayará uno de los campos de la cinta o uno de los símbolos de una inscripción para indicar cuál es en ese instante el campo de trabajo.

[d] $\mathbf{M}^n$ es una abreviatura de $\mathbf{M}\,\mathbf{M} \ldots \mathbf{M}$ (n veces $\mathbf{M}$).

Nuestro siguiente objetivo consiste en definir mediante diagramas máquinas **R** *(rechts, right)*, **L** *(links, left)*, **T** *(translation)*, **V** *(verschieben)*, **K** *(kopieren)* y $\mathbf{K}_n$ que realicen los programas que se indican a continuación, sobreentendiéndose:

Figura 15.3

[i] Al comienzo de la computación todos los campos situados a la derecha de los que aparecen en los esquemas están vacíos.

[ii] A lo largo de la computación el campo de trabajo es siempre uno de los que aparecen en los esquemas. En consecuencia, la parte de la cinta situada a la izquierda queda inmodificada.

$$\underline{\sim}\ \mathbf{W}\ *\ \stackrel{\mathbf{R}}{\Longrightarrow}\ \sim\ \mathbf{W}\ \underline{*}$$

$$*\ \mathbf{W}\ \underline{\sim}\ \stackrel{\mathbf{L}}{\Longrightarrow}\ \underline{*}\ \mathbf{W}\ \sim$$

$$\underline{\sim}\ *\ \mathbf{W}\ *\ \stackrel{\mathbf{T}}{\Longrightarrow}\ \sim\ \mathbf{W}\ \underline{*}$$

$$*\ \mathbf{W}_1 *\ \mathbf{W}\ \underline{*}\ \stackrel{\mathbf{V}}{\Longrightarrow}\ *\ \mathbf{W}\ \underline{*}$$

$$*\ \mathbf{W}\ \underline{*}\ \stackrel{\mathbf{K}}{\Longrightarrow}\ *\ \mathbf{W}\ *\ \mathbf{W}\ \underline{*}$$

$$*\ \mathbf{W}_n *\ldots*\ \mathbf{W}_2\ *\ \mathbf{W}_1\ \underline{*}\ \stackrel{\mathbf{K}_n}{\Longrightarrow} *\ \mathbf{W}_n\ *\ldots*\ \mathbf{W}_2\ *\ \mathbf{W}_1\ *\ \mathbf{W}_n\ \underline{*}$$

Las anteriores máquinas pueden ser definidas mediante los siguientes diagramas, siendo fácil comprobar que realizan el programa previsto:

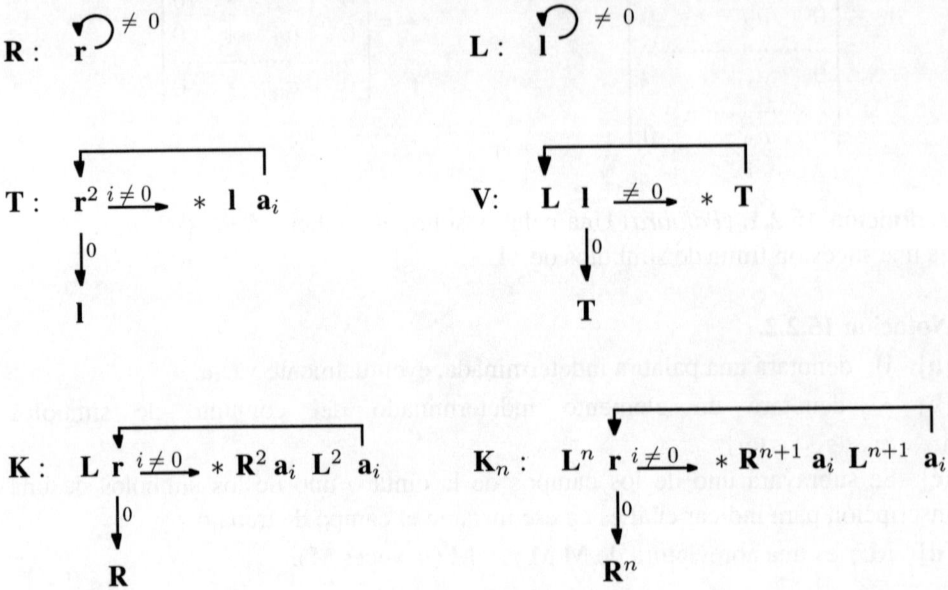

Figura 15.3

15.3. T-computabilidad

Notación 15.3.1.

[**i**] El símbolo a_1, presente en todo alfabeto, y la máquina $\mathbf{a}_1$, serán indistintamente denotados por $\mid$.

[**ii**] La palabra formada iterando n veces el símbolo $\mid$ denotará el número natural n. En particular, el número cero se denotará mediante una palabra vacía.

[**iii**] En inscripciones que constan de palabras que denotan números naturales separadas por campos vacíos, frecuentemente se escribirá n en vez de $\mid\mid\mid\overset{n}{\ldots}\mid$. Por ejemplo, la inscripción:

$$* \mid \mid \mid * * * \mid \mid \mid \mid \mid * * \mid \mid \mid * \mid * \ldots,$$

a veces se escribirá de la forma:

$$* \; 3 \; * \; 0 \; * \; 0 \; * \; 5 \; * \; 0 \; * \; 3 \; * \; 1 \; * \ldots$$

[**iv**] $\mathfrak{X}$ es una abreviatura de $x_1, x_2, \ldots, x_n$.

[**v**] $* \; \mathfrak{X} \; \underline{*}$ es una abreviatura de $* \; x_1 \; * \; x_2 \; * \ldots * \; x_n \; \underline{*}$.

Definición 15.3.2.

[**a**] La máquina de Turing **P** computa la función parcial o total $\phi : \omega^n \to \omega$, si para toda n-tupla de números naturales $x_1, x_2, \ldots, x_n$ realiza el siguiente programa:

$$* \; \mathfrak{X} \; \underline{*} \quad \overset{\mathrm{P}}{\Longrightarrow} \quad * \; \mathfrak{X} \; * \; \phi(\mathfrak{X}) \; \underline{*}$$

en el caso en que $\phi(x_1, x_2, \ldots, x_n)$ está definida. Y da lugar a una computación infinita si $\phi(x_1, x_2, \ldots, x_n) \uparrow$.

[**b**] Una máquina de Turing decide una relación numérica si computa su función característica.

[**c**] Una función numérica es T-computable si existe una máquina de Turing que la computa.

[**d**] Una relación numérica es T-decidible si existe una máquina de Turing que la decide, *i.e.*, si su función característica es T-computable.

Observación 15.3.3. Puesto que, como se demostrará más adelante, toda función T-computable puede ser computada por una máquina de Turing con el alfabeto $\{\mid\}$, se sobreentenderá que ése es el alfabeto de todas las máquinas mencionadas en el resto de este capítulo.

Ejemplo 15.3.4. La siguiente máquina computa la función $\phi : \omega \to \omega$ tal que:

$$\phi(x) = \begin{cases} 1 & \text{si } x \text{ es par} \\ \uparrow & \text{si } x \text{ es impar.} \end{cases}$$

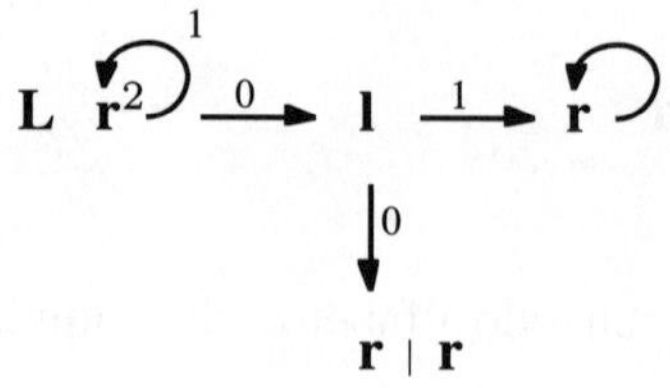

Figura 15.4

Ejemplo de computación :

$* \; | \; | \; | \; | \; | \; | \; | \; | \; \underline{*} \; * \; * \; *$

$\underline{*} \; | \; | \; | \; | \; | \; | \; | \; | \; * \; * \; * \; *$

$* \; | \; \underline{|} \; | \; | \; | \; | \; | \; | \; * \; * \; * \; *$

$* \; | \; | \; | \; \underline{|} \; | \; | \; | \; | \; * \; * \; * \; *$

$* \; | \; | \; | \; | \; | \; \underline{|} \; | \; | \; * \; * \; * \; *$

$* \; | \; | \; | \; | \; | \; | \; | \; \underline{|} \; * \; * \; * \; *$

$* \; | \; | \; | \; | \; | \; | \; | \; | \; * \; \underline{*} \; * \; *$

$* \; | \; | \; | \; | \; | \; | \; | \; | \; \underline{*} \; * \; * \; *$

$* \; | \; | \; | \; | \; | \; | \; | \; | \; * \; | \; \underline{*} \; *$

Ejemplo 15.3.5. La siguiente máquina **S** computa la función suma:

S: $\mathbf{K}_2^2 \;\; \mathbf{L} \;\; \mathbf{l} \;\; \mathbf{T}$

Ejemplo de computación:

$| \; | \; | \; * \; | \; | \; | \; | \; | \; \underline{*}$

$| \; | \; | \; * \; | \; | \; | \; | \; | \; * \; | \; | \; | \; * \; | \; | \; | \; | \; | \; \underline{*}$

$| \; | \; | \; * \; | \; | \; | \; | \; | \; * \; | \; | \; | \; \underline{*} \; | \; | \; | \; | \; | \; *$

$| \; | \; | \; * \; | \; | \; | \; | \; | \; * \; | \; | \; \underline{|} \; * \; | \; | \; | \; | \; | \; *$

$| \; | \; | \; * \; | \; | \; | \; | \; | \; * \; | \; | \; | \; | \; | \; | \; | \; | \; \underline{*} \; *$

Ejemplo 15.3.6. La siguiente máquina **P** computa la función producto:

P :

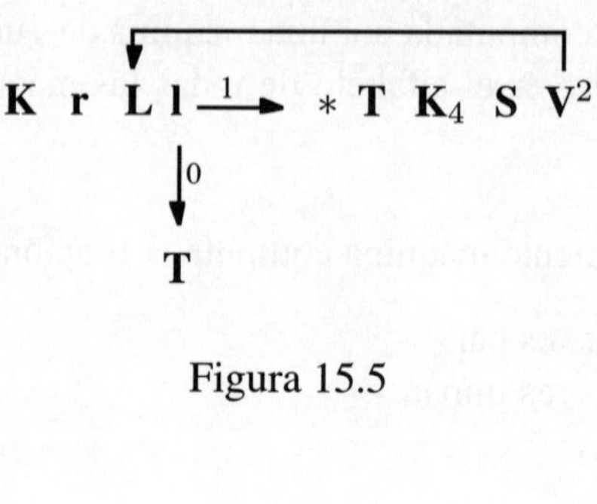

Figura 15.5

Computación:

$* m * n \underline{*}$

$* m * n * n * 0 \underline{*}$

$* m * n * n\text{-}1 * m \underline{*}$

$* m * n * n\text{-}2 * 2m \underline{*}$

$* m * n * n\text{-}3 * 3m \underline{*}$

. . . .

$* m * n * 0 * n \cdot m \underline{*}$

$* m * n * n \cdot m \underline{*}$

Ejemplo 15.3.7. La siguiente máquina computa la función característica de la igualdad:

E :

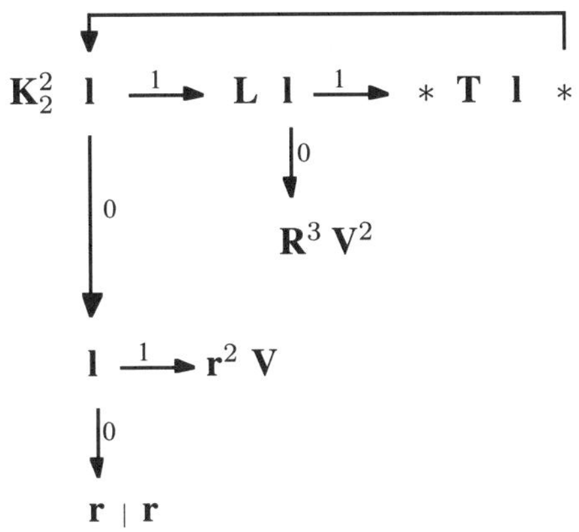

Figura 15.6

Computación:

m>n

$* m * n \underline{*}$

$* m * n * m * n \underline{*}$

$* m * n * m\text{-}1 * n\text{-}1 \underline{*}$

$* m * n * m\text{-}2 * n\text{-}2 \underline{*}$

. . . .

$* m * n * m\text{-}n * 0 \underline{*}$

$* m * n * 0 \underline{*}$

m=n

$* n * n \underline{*}$

$* n * n * n * n \underline{*}$

$* n * n * n\text{-}1 * n\text{-}1 \underline{*}$

$* n * n * n\text{-}2 * n\text{-}2 \underline{*}$

. . . .

$* n * n * 0 * 0 \underline{*}$

$* n * n * 1 \underline{*}$

Ejercicio 15.3.8. Construir máquinas que computen las funciones:

$$c_{\leq}(x,\, y) = \begin{cases} 1 & \text{si } x \leq y \\ 0 & \text{si } x > y, \end{cases}$$

$$\textit{máx}(x,\, y) = \begin{cases} x & \text{si } x \geq y \\ y & \text{si } x < y, \end{cases}$$

$$d(x,\, y) = \begin{cases} x\text{-}y & \text{si } x \geq y \\ y\text{-}x & \text{si } x < y. \end{cases}$$

Notación 15.3.9. Si la máquina de Turing **Q** computa la función característica de la relación $Q \subseteq \omega^n$ $(n = 1, 2, \ldots)$, se utilizará el diagrama:

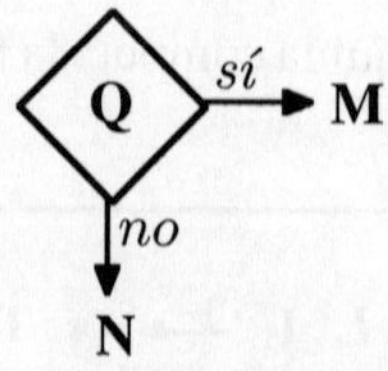

Figura 15.7

en vez de:

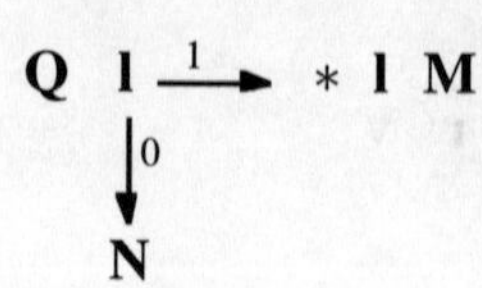

Figura 15.8

Ejercicio 15.3.10. Construir una máquina de Turing **M** que decida la relación *ser múltiplo de*, *i.e.*, el conjunto $M = \{(x, y) : \exists z(x = y \cdot z)\}$.

Solución: Si **S** y **E** denotan, respectivamente, las máquinas que computan las funciones suma y $c_=$ (cfr. Ejercicios 15.3.5 y 15.3.7), **M** es el programa:

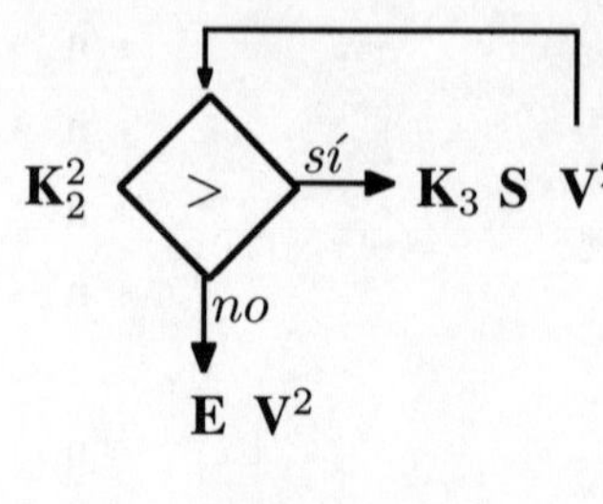

Figura 15.9

Ejemplos de computación:

$* 15 * 5 \, \underline{*}$	$* 15 * 6 \, \underline{*}$
$* 15 * 5 * 15 * 5 \, \underline{*}$	$* 15 * 6 * 15 * 6 \, \underline{*}$
$* 15 * 5 * 15 * 10 \, \underline{*}$	$* 15 * 6 * 15 * 12 \, \underline{*}$
$* 15 * 5 * 15 * 15 \, \underline{*}$	$* 15 * 6 * 15 * 18 \, \underline{*}$
$* 15 * 5 * 1 \, \underline{*}$	$* 15 * 5 * 0 \, \underline{*}$

Ejercicio 15.3.11. Utilizar la máquina definida en el ejercicio anterior para construir otra que decida el conjunto de los números primos.

Ejercicio 15.3.12. Utilizar la máquina definida en el ejercicio anterior para construir otra que compute la función $p : \omega \to \omega$ tal que $p(n)$ es el número primo de lugar $n + 1$, *i.e.*, tal que:

$$p(0) = 2; \quad p(1) = 3; \quad p(2) = 5; \quad p(3) = 7; \quad \ldots$$

Ejercicio 15.3.13. Construir una máquina de Turing que compute la función $f : \omega \to \omega$ tal que $f(n)$ es el término de lugar $n + 1$ de la sucesión de Fibonacci, *i.e.*, la función definida por las ecuaciones:

$$f(0) = 0,$$

$$f(1) = 1,$$

$$f(n + 2) = f(n + 1) + f(n).$$

Sugerencia: Construir previamente una variante $\mathbf{V}_2$ de $\mathbf{V}$ que realice el programa:

$$* \ \mathbf{W}_1 * \mathbf{W}_2 * \mathbf{W} \ \underline{*} \ \overset{\mathbf{V}_2}{\Longrightarrow} \ * \ \mathbf{W} \ \underline{*}$$

16 FUNCIONES RECURSIVAS PARCIALES

Para algunos propósitos, las nociones de R- y T-computabilidad son poco manejables. En particular, no son adecuadas para probar que las funciones de esas clases son definibles en la aritmética elemental, punto de partida de algunos de los resultados metamatemáticos más notables. De ahí que en este capítulo se introduzca la noción de función recursiva parcial, mucho más flexible que las anteriores, pero extensionalmente idéntica, como se demostrará en los Capítulos 17 y 18.

16.1. Funciones recursivas parciales

Definición 16.1.1. Para todo $n,\ k \in \omega,\ 1 \leq k \leq n,\ U_k^n$ es la función de ω^n en ω tal que $U_k^n(a_1, \ldots, a_k, \ldots, a_n) = a_k$.

Abreviaturas:

$\mathfrak{x}$ en vez de $x_1, x_2, \ldots, x_n$.

$\phi(\mathfrak{x})\downarrow$ en vez de $\mathfrak{x} \in dom(\phi)$.

$\phi(\mathfrak{x})\uparrow$ en vez de $\mathfrak{x} \notin dom(\phi)$.

Definición 16.1.2. *(Composición)* Si $\phi : \omega^m \to \omega,\ \phi_i : \omega^n \to \omega\ (i = 1, \ldots, m)$ y

$$\psi(\mathfrak{x}) = \phi(\phi_1(\mathfrak{x}), \ldots, \phi_m(\mathfrak{x})),$$

se dirá que ψ está definida mediante composición de $\phi, \phi_1, \ldots, \phi_m$.

Definición 16.1.3. *(Minimalización)* Si $\phi : \omega^{n+1} \to \omega$ y

$$\psi(\mathfrak{x}) = \begin{cases} \mu y\,[\phi(\mathfrak{x},\, y) = 0 \text{ y } (\forall z < y)\, \phi(\mathfrak{x},\, z) \downarrow \neq 0] & \text{si existe un tal } y \\ \uparrow & \text{en caso contrario,} \end{cases}$$

donde $\mu y\,[\ldots]$ significa "el menor y tal que $\ldots$", se dirá que ψ está definida mediante minimalización de ϕ.

Definición 16.1.4. *(Función recursiva parcial)* **PRF** es el menor conjunto de funciones que contiene la suma, el producto, la función característica de la igualdad, las funciones U_k^n y que es cerrado bajo composición y minimalización. Los elementos de **PRF** se denominarán funciones recursivas parciales.

Definición 16.1.5. *(Función recursiva)* Una función recursiva es una función recursiva parcial que está definida para todos sus argumentos.

Observación 16.1.6. La rigidez de las definiciones 16.1.2 y 16.1.3 en relación con el número y orden de los argumentos de las funciones que intervienen en una definición por composición o minimalización, aunque muy conveniente para ciertos propósitos, tiene también consecuencias indeseables. Por ejemplo, de la definición de la función sucesor N mediante la identidad:

$$N(x) = x + 1,$$

no se sigue que N sea recursiva, aunque sí de la definición equivalente, pero mucho más complicada:

$$N(x) = U_1^1(x) + c_=(U_1^1(x),\, U_1^1(x)),$$

donde $c_=$ denota la función característica de la igualdad.

Análogamente, tampoco se ajusta a las referidas reglas la definición:

$$\psi(x,\, y,\, z) = \phi\,(\phi_1(x),\, \phi_2(z,\, y),\, \phi_3(y,\, z,\, y)),$$

aunque sí la equivalente, pero más complicada:

$$\psi(x,\, y,\, z) = \phi\,(\xi_1(x,\, y,\, z),\, \xi_2(x,\, y,\, z),\, \xi_3(x,\, y,\, z)),$$

donde:

$$\xi_1(x,\, y,\, z) = \phi_1(U_1^3(x,\, y,\, z)),$$

$$\xi_2(x,\, y,\, z) = \phi_2(U_3^3(x,\, y,\, z),\, U_2^3(x,\, y,\, z)),$$

$$\xi_3(x,\, y,\, z) = \phi_3(U_2^3(x,\, y,\, z),\, U_3^3(x,\, y,\, z),\, U_2^3(x,\, y,\, z)).$$

Este tipo de problemas pueden siempre soslayarse con ayuda de las funciones U_k^n, por lo que en lo sucesivo se prescindirá frecuentemente de tales minucias.

Ejercicio 16.1.7. Probar la recursividad de las funciones C_k^n, sg y $\overline{sg}$ definidas por las igualdades:

$$C_k^n(x_1, \ldots, x_n) = k,$$

$$sg(x) = \begin{cases} 0 & \text{si } x = 0 \\ 1 & \text{si } x \neq 0, \end{cases}$$

$$\overline{sg}(x) = \begin{cases} 0 & \text{si } x \neq 0 \\ 1 & \text{si } x = 0. \end{cases}$$

Solución:

$$C_0^n(\mathfrak{x}) = \mu y \, [U_{n+1}^{n+1}(\mathfrak{x}, y) = 0],$$

$$C_{k+1}^n(\mathfrak{x}) = N(C_k^n(\mathfrak{x})),$$

$$\overline{sg}(x) = c_=(x, 0) = c_=(U_1^1(x), C_0^1(x)),$$

$$sg(x) = \overline{sg}\,(\overline{sg}(x)).$$

La función *sg* es denominada a veces *signo*.

Definición 16.1.8. Un conjunto $R \subseteq \omega^n$ es recursivo si y sólo si lo es su función característica.

Notación 16.1.9. $_0$ denotará la clase de todos los conjuntos recursivos. En ocasiones se escribirá $R\,\mathfrak{x}$ en vez de $\mathfrak{x} \in R$ y $R\,\mathfrak{x}\,y$ en vez de $(\mathfrak{x}, y) \in R$.

Proposición 16.1.10.

[**a**] El complemento, la unión y la intersección de conjuntos recursivos es un conjunto recursivo.

[**b**] El producto cartesiano de conjuntos recursivos es recursivo.

La prueba es trivial, utilizando las funciones sg, $\overline{sg}$, *suma* y *producto.*

Corolario 16.1.11.

[**a**] Las relaciones definidas a partir de relaciones recursivas mediante conjunciones, disjunciones, negaciones e implicaciones, son también recursivas.

[**b**] Si la relación $R \subseteq \omega^{n+1}$ es recursiva, entonces la función $\psi : \omega^n \to \omega$ tal que:

$$\psi(\mathfrak{x}) = \begin{cases} \mu y\, R\, \mathfrak{x}\, y & \text{si } \exists y\, R\, \mathfrak{x}\, y \\ \uparrow & \text{en caso contrario,} \end{cases}$$

es recursiva parcial.

Corolario 16.1.12. Si $g_1, g_2, \ldots, g_{m+1}$ son funciones recursivas de ω^n en ω y $R_1, R_2, \ldots, R_m$ son subconjuntos recursivos y disjuntos de ω^n, entonces también es recursiva la función $f : \omega^n \to \omega$ tal que:

$$f(\mathfrak{x}) = \begin{cases} g_1(\mathfrak{x}) & \text{si } \mathfrak{x} \in R_1 \\ g_2(\mathfrak{x}) & \text{si } \mathfrak{x} \in R_2 \\ \ldots\ldots\ldots & \ldots\ldots\ldots\ldots\ldots \\ g_m(\mathfrak{x}) & \text{si } \mathfrak{x} \in R_m \\ g_{m+1}(\mathfrak{x}) & \text{en los demás casos.} \end{cases}$$

Demostración: En efecto, definiendo:

$$S = \overline{R_1} \cap \overline{R_2} \cap \ldots \cap \overline{R_m},$$

es claro que:

$$f(\mathfrak{x}) = c_{R_1}(\mathfrak{x}) \cdot g_1(\mathfrak{x}) + \ldots + c_{R_m}(\mathfrak{x}) \cdot g_m(\mathfrak{x}) + c_S(\mathfrak{x}) \cdot g_{m+1}(\mathfrak{x}).$$

Ejercicio 16.1.13. Demostrar la recursividad de la función $\delta : \omega^2 \to \omega$ tal que:

$$\delta(x, y) = \begin{cases} x\text{-}y & \text{si } x \geq y \\ y\text{-}x & \text{si } y > x. \end{cases}$$

Solución:

$$\delta(x, y) = \mu z\, [y + z = x \;\vee\; x + z = y].$$

Proposición 16.1.14. Si $R \subseteq \omega^{n+2}$ es recursiva, entonces también lo son los conjuntos $S, T \subseteq \omega^{n+1}$ tales que:

$$S = \{(\mathfrak{x}, z) : (\exists y \leq z)\, R\, \mathfrak{x}\, y\, z\},$$

$$T = \{(\mathfrak{x}, z) : (\forall y \leq z)\, R\, \mathfrak{x}\, y\, z\}.$$

Demostración: Si f es la función recursiva (total) tal que:

$$f(\mathfrak{x}, z) = \mu y\, [R\, \mathfrak{x}\, y\, z \;\vee\; y = z + 1],$$

entonces claramente se verifica:

$$(\mathfrak{x}, z) \in S \iff (\exists y \leq z)\, R\, \mathfrak{x}\, y\, z \iff f(\mathfrak{x}, z) \neq z + 1.$$

Por otra parte:

$$\overline{T} = \{(\mathfrak{x}, z) : (\exists y \leq z)\, \overline{R}\, \mathfrak{x}\, y\, z\}.$$

Corolario 16.1.15. Las relaciones $\leq$, $<$, $>$, $\geq$ son recursivas.

Demostración: En efecto:

$$x \leq z \iff (\exists y \leq z)\,(x + y = z),$$
$$x < z \iff (\exists y \leq z)\,(x + N(y) = z),$$
$$x \geq z \iff (\exists y \leq x)\,(z + y = x),$$
$$x > z \iff (\exists y \leq x)\,(z + N(y) = x).$$

Corolario 16.1.16. Las siguientes funciones son recursivas parciales:

[a] $rest(x, y) = \begin{cases} \mu z\,[(\exists t \leq x)\,(x = y \cdot t + z)] & \text{si } y \neq 0 \\ \uparrow & \text{si } y = 0, \end{cases}$

[b] $\frac{x}{y} = \begin{cases} máx\ z\,[y \cdot z \leq x] & \text{si } y \neq 0 \\ \uparrow & \text{si } y = 0. \end{cases}$

Ejercicio 16.1.17. Demostrar la recursividad de la relación *ser múltiplo de* y del conjunto de los números primos.

Definición 16.1.18. (J, L, R)

[a] $J : \omega^2 \to \omega$ es la biyección sugerida por la Figura 16.1:

10				
6	**11**			
3	**7**	**12**		
1	**4**	**8**	**13**	
0	**2**	**5**	**9**	**14**

Figura 16.1

y, por tanto:

$$J(x, y) = \frac{(x+y)\cdot(x+y+1)}{2} + x.$$

[b] L y R son las funciones tales que si $J(x, y) = z$, entonces $L(z) = x$ y $R(z) = y$, con lo que:

$$L(z) = \mu x\ [(\exists y \leq z)\ J(x,\ y) = z],$$
$$R(z) = \mu y\ [(\exists x \leq z)\ J(x,\ y) = z].$$

La recursividad de J, L y R se sigue inmediatamente de su definición.

Definición 16.1.19. $(\sigma_n, \sigma_{n,k})$

[a] Para todo $n > 1$, σ_n es la biyección recursiva de ω^n en ω definida por las igualdades:

$$\sigma_2(x_1,\ x_2) = J(x_1,\ x_2),$$
$$\sigma_{n+1}(x_1,\ \ldots,\ x_{n+1}) = J(\sigma_n(x_1,\ \ldots,\ x_n),\ x_{n+1}).$$

[b] $\sigma_{n,k}$, $n > 1$, $1 \leq k \leq n$, es la biyección de ω en ω tal que:

si $\sigma_n(x_1, \ldots, x_k, \ldots, x_n) = z$, entonces $\sigma_{n,k}(z) = x_k$,

con lo que:

$$\sigma_{2,1} = L,$$
$$\sigma_{2,2} = R,$$
$$\sigma_{n+1,k}\,(z) = \sigma_{n,k}(L(z)) \quad (k = 1, 2, \ldots, n),$$
$$\sigma_{n+1,n+1}\,(z) = R(z).$$

Definición 16.1.20. Si $A \subseteq \omega^n$, $n > 1$, entonces:

$$[A] = \{\, \sigma_n\,(x_1,\ \ldots,\ x_n) : (x_1,\ \ldots,\ x_n) \in A \,\}.$$

16.2. Funciones definidas mediante inducción

Es habitual en matemáticas definir inductivamente funciones a partir de otras previamente definidas. Tal es el caso, por ejemplo, de las funciones suma, producto, exponenciación, factorial, ... En esta sección se prueba que las funciones definidas inductivamente a partir de funciones recursivas, son, a su vez, recursivas. La demostración de este resultado, debida a Gödel, hace uso esencial del teorema chino de los restos.

Definición 16.2.1. *(Funciones β y γ)* $\gamma : \omega^3 \to \omega$ y $\beta : \omega^2 \to \omega$ son las funciones recursivas definidas por las identidades:

$$\gamma(p,\ q,\ i) = rest(p,\ (i+1) \cdot q + 1),$$
$$\beta(e,\ i) = \gamma(L(e),\ R(e),\ i).$$

La función β, introducida por Gödel, tiene una notable propiedad (cfr. Corolario 16.2.4), consecuencia del siguiente célebre teorema:

Teorema 16.2.2. *(Teorema chino de los restos)* Para toda secuencia de números naturales $a_0, a_1, \ldots, a_k$, existen dos números naturales p, q tales que, para todo $i \leq k$, se verifica:

$$rest\,(p, (1+i) \cdot q + 1) = a_i.$$

Demostración: Sean:

$$m = máx\ (a_0,\ a_1, \ldots, a_k,\ k),$$
$$q = m\,!,$$
$$q_i = (1+i) \cdot q + 1,$$
$$t = q_0 \cdot q_1 \cdot \ldots \cdot q_k\,.$$

Lema 16.2.3. Los números $q_0,\ q_1, \ldots, q_k$ son relativamente primos (*i.e.*, ningún par tiene un factor común distinto de 1) y, por tanto:

$$m.c.m.(q_0,\ q_1, \ldots, q_k) = t.$$

Demostración: En efecto, si $i < j \leq k$ y r es un número primo tal que $q_j = \dot{r}$, $q_i = \dot{r}$, entonces $q_j\text{-}q_i = (j\text{-}i) \cdot q = \dot{r}$, lo que implica que $q = \dot{r}$ (pues $j\text{-}i$ divide a q, ya que $q = m!$ y $j\text{-}i \leq k \leq m$); pero entonces de $q_i = \dot{r}$, $q = \dot{r}$ y de la definición de q_i se sigue que $1 = \dot{r}$, absurdo. □

Sean:

$$A = \{(rest(x,\ q_0),\ rest(x,\ q_1),\ \ldots,\ rest(x,\ q_k)) :\ x < t\},$$
$$B = \{(x_0,\ x_1, \ldots, x_k) :\ x_0 < q_0,\ x_1 < q_1, \ldots, x_k < q_k\}.$$

Obviamente, $A \subseteq B$ y $|B| = t$ (donde $|B|$ denota el cardinal de B). Además, $|A|$ es también igual a t, ya que si $x < y < t$ y se verificase:

$$rest(x,\ q_0) = rest(y,\ q_0),$$
$$rest(x,\ q_1) = rest(y,\ q_1),$$
$$\ldots\ldots\ldots\ldots\ldots\ldots\ldots\ldots$$
$$rest(x,\ q_k) = rest(y,\ q_k),$$

$y\text{-}x$ sería múltiplo de todos los q_i y, por tanto, igual o mayor que t (su mínimo común múltiplo), absurdo. En consecuencia, $A = B$. Y puesto que de $a_i \leq m \leq m\,! = q < q_i$, se sigue que $(a_0,\ a_1, \ldots, a_k) \in B = A$, para algún $p < t$ se verificará:

$$rest(p,\ (i+1) \cdot q + 1)\ =\ a_i \quad (i = 0, 1, \ldots, k).$$

Corolario 16.2.4. Para toda secuencia de números naturales $a_0, a_1, \ldots, a_k$, existen $p,\ q,\ e \in \omega$ tales que para todo $i \leq k$ se verifica:

$$\gamma(p,\ q,\ i) = a_i,$$

$$\beta(e,\ i) = a_i.$$

Ejercicio 16.2.5. Encontrar e tal que:

$$\beta(e,\ 0) = 2,\quad \beta(e,\ 1) = 0,\quad \beta(e,\ 2) = 3,\quad \beta(e,\ 3) = 0.$$

Solución:

$$m = 3,\ q = 6,\ q_0 = 7,\ q_1 = 13,\ q_2 = 19,\ q_3 = 25,\ p = 28.275,$$

$$e = J(28.275,\ 6) = 399.949.896.$$

Sean $g : \omega^n \to \omega$ y $h : \omega^{n+2} \to \omega$ funciones totales.

Definición 16.2.6. *(Inducción)* $f : \omega^{n+1} \to \omega$ está definida por inducción a partir de g y h si se verifica:

$$f(\mathfrak{x},\ 0) = g(\mathfrak{x}),$$

$$f(\mathfrak{x},\ y + 1) = h(\mathfrak{x},\ y,\ f(\mathfrak{x},\ y)).$$

La rigidez de la definición en relación con el número de argumentos de las funciones g y h puede obviarse mediante las funciones U^n_k (cfr. Observación 16.1.6).

Teorema 16.2.7. Una función definida inductivamente a partir de funciones recursivas es también recursiva.

Demostración: En efecto, si g y h son recursivas y f verifica las ecuaciones de la Definición 16.2.6, entonces $f(\mathfrak{x},\ y) = z$ es equivalente a que existan números naturales $a_0, a_1, \ldots, a_y$ tales que:

$$g(\mathfrak{x}) = a_0,$$

$$h(\mathfrak{x},\ 0,\ a_0) = a_1,$$

$$h(\mathfrak{x},\ 1,\ a_1) = a_2,$$

....

$$h(\mathfrak{x},\ y\text{-}1,\ a_{y-1}) = a_y = z,$$

lo que a su vez es equivalente a que exista un número natural e tal que:

$$g(\mathfrak{x}) = \beta(e, 0),$$

$$h(\mathfrak{x}, 0, \beta(e, 0)) = \beta(e, 1),$$

$$h(\mathfrak{x}, 1, \beta(e, 1)) = \beta(e, 2),$$

....

$$h(\mathfrak{x}, y\text{-}1, \beta(e, y\text{-}1)) = \beta(e, y),$$

$$\beta(e, y) = z,$$

con lo que definiendo:

$$S\,\mathfrak{x}\,y\,e \iff g(\mathfrak{x}) = \beta(e,0) \ \wedge \ (\forall i < y)\,[h(\mathfrak{x}, i, \beta(e,i)) = \beta(e, i+1)],$$

se verificará:

[1] La relación S es recursiva.

[2] $\forall \mathfrak{x}\, \forall y\, \exists e\; S\,\mathfrak{x}\,y\,e.$

[3] $f(\mathfrak{x}, y) \ = \ \beta(\mu e[S\,\mathfrak{x}\,y\,e], y).$

De [1]-[3] se sigue la recursividad de f. □

Corolario 16.2.8. Las funciones exponenciación y factorial son recursivas.

Ejercicio 16.2.9. Definiendo la función principal p_A del conjunto infinito $A \subseteq \omega$ tal que:

$$A = \{a_0 < a_1 < a_2 < \ldots\},$$

mediante la identidad:

$$p_A(n) = a_n,$$

demostrar que un conjunto es recursivo si y sólo si lo es su función principal.

Solución:

$$p_A(0) = \mu x\,[x \in A],$$
$$p_A(n+1) = \mu x\,[x \in A \ \wedge \ x > p_A(n)].$$

Por otra parte, si p_A es recursiva, también lo es A, ya que:

$$n \in A \quad \iff \quad (\exists x \leq n)\,(p_A(x) = n).$$

Ejercicio 16.2.10. Demostrar la recursividad de la función $f : \omega \to \omega$ tal que $f(n)$ es el término de lugar $n + 1$ de la sucesión de Fibonacci, *i.e.*:

$$f(0) = 0, \quad f(1) = 1, \quad f(2) = 1, \quad f(3) = 2, \quad \ldots$$

Definición 16.2.11. $p : \omega \to \omega$ es la función principal del conjunto de los números primos, *i.e.*, la función recursiva tal que:

$$p(n) = p_n$$

(cfr. Ejercicio 14.2.14).

Definición 16.2.12. Para todo par de números naturales $i,\ k$:

$$p_{ik} \overset{df}{=} p(J(i,k)).$$

Proposición 16.2.13. La función $exp : \omega^2 \to \omega$ tal que $exp(x,\ n)$ es el exponente de $p(n)$ en el desarrollo factorial de x, siendo igual a 0 si $x < 2$, es recursiva (cfr. Ejercicio 14.2.16).

Demostración: En efecto, si:

$$div(x) = \{y : x = \dot{y}\},$$

con lo que:

$$div(0) = \omega,$$
$$div(1) = \{1\},$$

se tiene:

$$exp(x,\ n) = \mu z\ [p(n)^{z+1} \notin div(x)\ \vee\ x = 0].$$

Definición 16.2.14. $e : \omega^3 \to \omega$ es la función recursiva tal que:

$$e\,(x,\ i,\ j) = exp\,(exp\,(x,\ i),\ j).$$

Por ejemplo, si:

$$x = 2^{2^1 \cdot 3^1} \cdot 3^{2^3 \cdot 3^0 \cdot 5^1 \cdot 7^2} \cdot 5^{2^2 \cdot 3^1 \cdot 5^0} \cdot 7^{2^3 \cdot 3^1 \cdot 5^4 \cdot 7^5} \cdot 11^{2^2 \cdot 3^0 \cdot 5^4} \cdot 13^{2^2 \cdot 3^0 \cdot 5^2},$$

entonces:

$$e(x,\ 3,\ 2) = exp(exp(x,\ 3),\ 2)) = exp(2^3 \cdot 3^1 \cdot 5^4 \cdot 7^5,\ 2) = 4.$$

Proposición 16.2.15. La función $l : \omega \to \omega$ tal que:

$$l(m) = \begin{cases} máx\, n : [m = \dot{p}_n] & \text{si } m \geq 2 \\ 0 & \text{si } m < 2, \end{cases}$$

es recursiva (cfr. Ejercicio 14.2.15).

Demostración: En efecto:

$$l(m) = \mu n \left[(\forall y \leq m)\, p_{n+y+1} \notin div(m) \;\; \vee \;\; m < 2 \right].$$

Ejercicio 16.2.16. Si $R \subseteq \omega^2$ y $f : \omega \to \omega$ son, respectivamente, una relación y una función recursivas, demostrar la recursividad de la función $g : \omega \to \omega$ tal que:

$$g(x) = \begin{cases} máx\, z\, [z \leq f(x) \;\wedge\; Rxz] & \text{si } \exists z\, (z \leq f(x) \;\wedge\; Rxz) \\ 0 & \text{en caso contrario.} \end{cases}$$

17 RECURSIVIDAD PARCIAL Y R-COMPUTABILIDAD

Es relativamente obvio que toda función recursiva parcial es R-computable. El recíproco es igualmente cierto, aunque mucho más difícil de probar, y será el resultado principal de este capítulo, en el que, además, se demostrará el teorema de enumeración, uno de los resultados básicos de la teoría de la computabilidad.

17.1. R-computabilidad de las funciones recursivas parciales

Teorema 17.1.1. Toda función recursiva parcial es R-computable.

Demostración: La R-computabilidad de la suma, el producto y la función característica de la identidad fue ya probada (cfr. Ejercicios 14.2.2., 14.2.4. y 14.2.7.), y la de las funciones U_k^n es obvia. La demostración de la R-computabilidad de una función definida mediante composición de funciones R-computables es también trivial. Finalmente, si ψ está definida mediante minimalización de ϕ, *i.e.*, si:

$$\psi(a_1, \ldots, a_n) = \mu b\,[\phi(a_1, \ldots, a_n, b) = 0 \text{ y } (\forall c < b)\phi(a_1, \ldots, a_n, c)\downarrow \neq 0],$$

y ϕ es computada por el programa **P**, entonces el programa representado en la Figura 17.1 computa ψ.

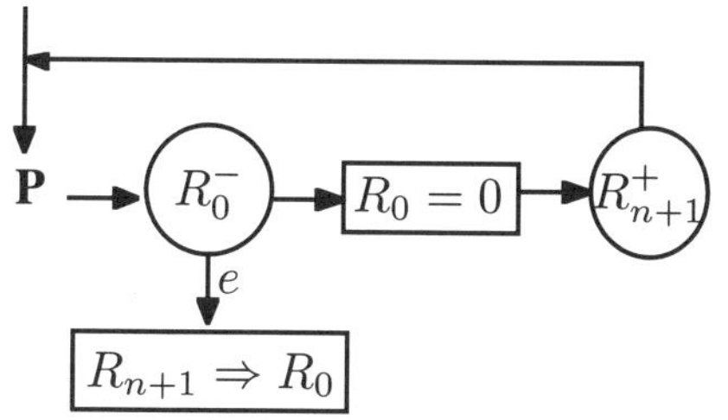

Figura 17.1

17.2. Proceso de computación de una máquina de registros

Cuando una máquina de registros ejecuta un algoritmo, el proceso de cálculo va pasando por distintas situaciones, cada una de las cuales viene caracterizada por dos elementos: el contenido de cada uno de los registros en ese instante y la instrucción que procede aplicar a continuación. Como en todo momento sólo hay un número finito de registros no vacíos, ese par de elementos puede identificarse con una secuencia de números naturales, técnicamente denominada *configuración*. Máquina y configuración determinan el registro que eventualmente se va a modificar en ese instante, de cuyo contenido puede depender cuál sea la instrucción siguiente. Finalmente, el proceso de cálculo realizado por la máquina viene descrito por la sucesión (finita o infinita) de configuraciones por las que va atravesando. Todo lo cual motiva las cuatro siguientes definiciones:

Definición 17.2.1. *(Configuración)* La configuración de una máquina de registros en un cierto instante es la tupla de números naturales $(j, r_0, r_1, \ldots, r_w)$, donde j es el número de la instrucción que procede aplicar y r_m es el contenido del registro R_m, siendo w el número del último registro no vacío.

Definición 17.2.2. *(Configuración final)* La configuración $(j, r_0, r_1, \ldots, r_w)$ del programa de registros $\mathbf{P} = (q_0, q_1, \ldots, q_s)$ es final si q_j es la instrucción *stop* de **P**, *i.e.*, si $j = s$.

Definición 17.2.3. *(Registro de trabajo)* El registro de trabajo de una máquina de registros en un cierto instante en el que corresponde aplicar una instrucción no final, es aquel que eventualmente puede ser modificado al ejecutarse la instrucción.

Definición 17.2.4. *(Computación)* La computación a que da lugar una máquina de registros cuando parte de una cierta configuración inicial, es la sucesión finita o infinita de configuraciones por las que va pasando.

17.3. Aritmetización del proceso de computación de una máquina de registros

Para codificar un programa de registros $\mathbf{P} = (q_0,\ q_1,\ \ldots\ ,\ q_s)$ mediante un número natural, haremos uso de la Observación 14.1.3., según la cual las instrucciones de los tipos *aumentar en una unidad el contenido del registro* R_i *y aplicar la instrucción* u y *si el contenido de* R_i *es distinto de cero, disminuirlo en una unidad y aplicar la instrucción* u*; y si es igual a cero, aplicar la instrucción* v, se identificarán, respectivamente, con las tuplas $(i,\ u)$, $(i,\ u,\ v)$.

Definición 17.3.1. El número de una instrucción q será:

$$\ulcorner q \urcorner = \begin{cases} 2^i \cdot 3^u \cdot 5 & \text{si } q = (i,\, u) \\ 2^i \cdot 3^u \cdot 5^v \cdot 7 & \text{si } q = (i,\, u,\, v) \\ 1 & \text{si } q = \textit{stop}. \end{cases}$$

Definición 17.3.2. El número de Gödel $\ulcorner \mathbf{P} \urcorner$ del programa $\mathbf{P} = (q_0,\ q_1, \ldots, q_s)$ será:

$$\ulcorner \mathbf{P} \urcorner = p_0^{\ulcorner q_0 \urcorner} \cdot\ p_1^{\ulcorner q_1 \urcorner} \cdot \ldots \cdot\ p_s^{\ulcorner q_s \urcorner}.$$

Ejemplo 17.3.3. Sea $\mathbf{P}$ el programa definido en el Ejemplo 14.1.2., *i.e.*:

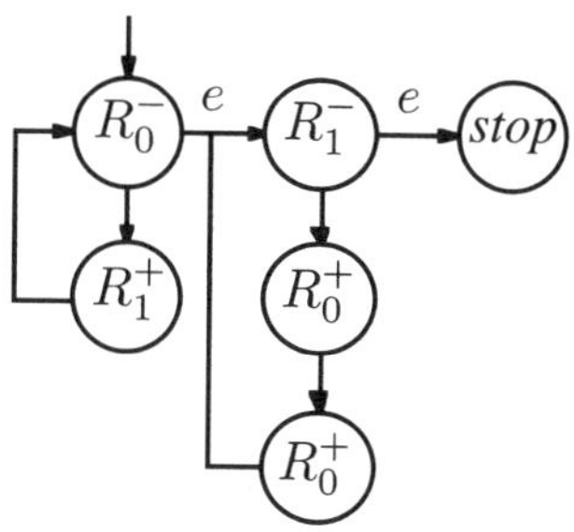

Figura 17.2

Numerando las instrucciones como en el referido ejemplo (cfr. Observación 14.1.3.), $\mathbf{P}$ es la secuencia de expresiones:

$$q_0 = (0, 1, 2),$$
$$q_1 = (1, 0),$$
$$q_2 = (1, 3, 5),$$
$$q_3 = (0, 4),$$
$$q_4 = (0, 2),$$
$$q_5 = \textit{stop},$$

con lo que:

$$\ulcorner \mathbf{P} \urcorner = 2^{2^0 \cdot 3^1 \cdot 5^2 \cdot 7} \cdot 3^{2^1 \cdot 3^0 \cdot 5} \cdot 5^{2^1 \cdot 3^3 \cdot 5^5 \cdot 7} \cdot 7^{2^0 \cdot 3^4 \cdot 5} \cdot 11^{2^0 \cdot 3^2 \cdot 5} \cdot 13^1.$$

Observación 17.3.4. La instrucción q_i del programa $\mathbf{P}$ será, respectivamente, de uno de los tres tipos descritos en la Figura 14.2, según que $l(exp(\ulcorner \mathbf{P} \urcorner, i))$ sea igual a 2, 3 ó 0 (cfr. Proposiciones 16.2.13 y 16.2.15.). Más exactamente: si $e : \omega^3 \to \omega$ es la función recursiva tal que:

$$e\,(x,\,i,\,j) = exp\,(exp\,(x,\,i),\,j)$$

(cfr. Definición 16.2.14), se tiene:

$$q_i = \begin{cases} (e(\ulcorner \mathbf{P} \urcorner, i, 0),\ e(\ulcorner \mathbf{P} \urcorner, i, 1)) & \text{si } l(exp(\ulcorner \mathbf{P} \urcorner, i)) = 2 \\ (e(\ulcorner \mathbf{P} \urcorner, i, 0),\ e(\ulcorner \mathbf{P} \urcorner, i, 1),\ e(\ulcorner \mathbf{P} \urcorner, i, 2)) & \text{si } l(exp(\ulcorner \mathbf{P} \urcorner, i)) = 3 \\ stop & \text{si } l(exp(\ulcorner \mathbf{P} \urcorner, i)) = 0. \end{cases}$$

Ejercicio 17.3.5. Demostrar la recursividad del conjunto

$$\{p : p \text{ es el número de Gödel de un programa}\},$$

y utilizar este resultado para definir una biyección efectivamente computable entre el conjunto de los números naturales y el conjunto de las máquinas de registros.

Definición 17.3.6. El número de Gödel de la configuración $K = (j,\, r_0,\, \ldots,\, r_w)$ es:

$$\ulcorner K \urcorner = 2^j \cdot 3^{r_0} \cdot 5^{r_1} \cdot \ldots \cdot p_{w+1}^{r_w}.$$

Observación 17.3.7. El número de una configuración es siempre distinto de 0.

Proposición 17.3.8. Si $K = (j,\, r_0, \ldots,\, r_w)$ es una configuración de la máquina de registros $\mathbf{P} = (q_0,\, q_1, \ldots,\, q_s)$, se tiene:

[i] $j = exp(\ulcorner K \urcorner,\, 0)$.

[ii] $r_m = exp(\ulcorner K \urcorner,\, m+1)$.

[iii] $\ulcorner q_r \urcorner = exp(\ulcorner \mathbf{P} \urcorner,\, r)$.

[iv] $s = l(\ulcorner \mathbf{P} \urcorner)$.

[v] K es una configuración final de $\mathbf{P}$ si $exp(\ulcorner K \urcorner,\, 0) = l(\ulcorner \mathbf{P} \urcorner)$.

[vi] si K es una configuración no final de $\mathbf{P}$, el registro de trabajo es:

$$exp(\ulcorner q_j \urcorner, 0) = exp(exp(\ulcorner \mathbf{P} \urcorner, j), 0) = exp(exp(\ulcorner \mathbf{P} \urcorner,\, exp(\ulcorner K \urcorner, 0)), 0).$$

Los apartados **[vi]**, **[i]** y **[ii]** justifican las siguientes definiciones:

Definición 17.3.9. *(Función registro de trabajo)* $a : \omega^2 \to \omega$ es la función recursiva definida por la igualdad:

$$a(p,\, k) = exp(exp(p,\, exp(k,\, 0)),\, 0).$$

Definición 17.3.10. *(Función contenido del registro de trabajo)* $crt : \omega^2 \to \omega$ es la función recursiva definida por la igualdad:

$$crt(p, k) = exp(k, a(p, k) + 1).$$

17.4. Recursividad de las funciones R-computables

La función F

Se pretende definir una función recursiva $F : \omega^2 \to \omega$, de forma que en el caso de que p sea el número de una máquina y k el número de una configuración no final de esa máquina, entonces $F(p, k)$ sea el número de la configuración siguiente, siendo $F(p, k) = 0$ en el caso en que esa configuración sea final.

Para facilitar la definición de F, observamos previamente que si **P** es el programa $(q_0, q_1, \ldots, q_s)$ y $K = (j, r_0, \ldots, r_w)$, entonces en el cálculo de $F(\ulcorner \mathbf{P} \urcorner, \ulcorner K \urcorner)$ pueden presentarse cuatro casos:

Caso 1: $l(\ulcorner q_j \urcorner) = 2$,

Caso 2: $l(\ulcorner q_j \urcorner) = 3$ y $crt(\ulcorner \mathbf{P} \urcorner, \ulcorner K \urcorner) \neq 0$,

Caso 3: $l(\ulcorner q_j \urcorner) = 3$ y $crt(\ulcorner \mathbf{P} \urcorner, \ulcorner K \urcorner) = 0$,

Caso 4: $l(\ulcorner q_j \urcorner) = 0$.

Y puesto que:

[$\star$] $q_j = exp(\ulcorner \mathbf{P} \urcorner, j) = exp(\ulcorner \mathbf{P} \urcorner, exp(\ulcorner K \urcorner, 0))$, definiremos:

Definición 17.4.1. *(Función caso)* $cs : \omega^2 \to \omega$ es la función recursiva tal que:

$$cs(p, k)) = \begin{cases} 1 & \text{si } l(exp(p, exp(k, 0))) = 2 \\ 2 & \text{si } l(exp(p, exp(k, 0))) = 3 \text{ y } crt(p, k) \neq 0 \\ 3 & \text{si } l(exp(p, exp(k, 0))) = 3 \text{ y } crt(p, k) = 0 \\ 4 & \text{demás casos.} \end{cases}$$

Además, si **P** es el programa $(q_0, q_1, \ldots, q_s)$ y K es la configuración no final $(j, r_0, \ldots, r_w)$, entonces la nueva instrucción será $exp(\ulcorner q_j \urcorner, 1)$ en los casos 1 y 2, siendo $exp(\ulcorner q_j \urcorner, 2)$ en el caso 3, lo que, junto con [$\star$], sugiere definir:

Definición 17.4.2. *(Función instrucción siguiente)* $sig : \omega^2 \to \omega$ es la función recursiva tal que:

$$sig(p, k) = \begin{cases} exp(exp(p, exp(k, 0)), 1) & \text{si } cs(p, k) < 3 \\ exp(exp(p, exp(k, 0)), 2) & \text{si } cs(p, k) = 3 \\ 0 & \text{si } cs(p, k) = 4. \end{cases}$$

La definición de sig en el caso 4 es arbitraria.

Mediante estas funciones auxiliares es fácil definir la función buscada F, ya que en el caso 1 (y análogamente en los demás), a la configuración:

$$K = (j,\ r_0, \ldots, r_{a(\ulcorner P \urcorner,\ \ulcorner K \urcorner)}, \ldots, r_w),$$

sucederá la:

$$K' = (u,\ r_0, \ldots, r_{a(\ulcorner P \urcorner,\ \ulcorner K \urcorner)} + 1, \ldots, r_w),$$

con lo que:

$$\ulcorner K' \urcorner = \frac{\ulcorner K \urcorner \cdot p_0^u \cdot p_{a(\ulcorner P \urcorner, \ulcorner K \urcorner)}}{p_0^j},$$

donde:

$$u = sig(\ulcorner \mathbf{P} \urcorner,\ \ulcorner K \urcorner),$$
$$j = exp(\ulcorner K \urcorner,\ 0),$$

lo que justifica la siguiente definición de la función F, que juega un papel relevante en la teoría de la computabilidad:

Definición 17.4.3. *(Función F)* $F : \omega^2 \to \omega$ es la función recursiva tal que:

$$F(p,\ k) = \begin{cases} \dfrac{k \cdot p_0^{sig(p,\ k)} \cdot p_{a(p,\ k)+1}}{p_0^{exp(k,\ 0)}} & \text{si } cs(p,\ k) = 1 \\ \dfrac{k \cdot p_0^{sig(p,\ k)}}{p_0^{exp(k,\ 0)} \cdot p_{a(p,\ k)+1}} & \text{si } cs(p,\ k) = 2 \\ \dfrac{k \cdot p_0^{sig(p,\ k)}}{p_0^{exp(k,\ 0)}} & \text{si } cs(p,\ k) = 3 \\ 0 & \text{si } cs(p,\ k) = 4. \end{cases}$$

La función k^n

Si un programa computa una función $f : \omega^n \to \omega$, la configuración inicial del cálculo de $f(x_1, \ldots, x_n)$ será $(0,\ 0,\ x_1,\ x_2, \ldots, x_n)$, lo que motiva la siguiente definición:

Definición 17.4.4. Para todo $n \in \omega$, $k^n : \omega^n \to \omega$ es la función recursiva tal que $k^n(x_1, \ldots, x_n)$ es el número de la configuración $(0,\ 0,\ x_1,\ x_2,\ \ldots,\ x_n)$, *i.e.*:

$$k^n(x_1,\ \ldots,\ x_n) = p_2^{x_1} \cdot p_3^{x_2} \cdot \ldots \cdot p_{n+1}^{x_n}.$$

La relación T_n

El programa de número p con *input* $x_1,\ x_2, \ldots,\ x_n$ da lugar a la computación finita de número z si y sólo si existen números naturales $k_0,\ k_1, \ldots,\ k_s$ tales que:

$z = p_0^{k_0} \cdot p_1^{k_1} \cdot \ldots \cdot p_s^{k_s}$,

$k_0 = k^n(x_1, \ldots, x_n)$,

$k_1 = F(p, k_0)$,

$k_2 = F(p, k_1)$,

....

$k_s = F(p, k_{s-1})$,

$F(p, k_s) = 0$,

lo que justifica la siguiente definición:

Definición 17.4.5. $T_n \subseteq \omega^{n+2}$ es la relación recursiva constituida por las tuplas $(p, x_1, x_2, \ldots, x_n, z)$ tales que:

$exp(z, 0) = k^n(x_1, \ldots, x_n)$,

$(\forall y < l(z))\, exp(z, y+1) = F(p, exp(z, y))$,

$F(p, exp(z, l(z))) = 0$.

Observación 17.4.6. Como consecuencia de la definición de T_n, para todo p, x_1, $\ldots$, x_n, existe a lo sumo un z tal que $(p, x_1, x_2, \ldots, x_n, z) \in T_n$.

La función U

Si z es el número de una computación $K_0, K_1, \ldots, K_t$, el número de la configuración final K_t será $\ulcorner K_t \urcorner = exp(z, t)$, donde $t = l(z)$. Por otra parte, el contenido del registro R_0 al final de la computación será:

$$exp(\ulcorner K_t \urcorner, 1) = exp(exp(z, l(z)), 1) = e(z, l(z), 1)$$

(cfr. Definición 16.2.14), justificando la siguiente definición:

Definición 17.4.7. $U : \omega \to \omega$ es la función recursiva tal que:

$U(z) = e(z, l(z), 1)$.

Definición 17.4.8. Para todo $n, p \in \omega$, $\phi_p^n : \omega^n \to \omega$ es la función recursiva parcial tal que:

$$\phi_p^n(x_1, \ldots, x_n) \stackrel{df}{=} \begin{cases} U(\mu z\, [T_n\, p\, x_1 \ldots x_n\, z]) & \text{si } \exists z\, [T_n\, p\, x_1 \ldots x_n\, z] \\ \uparrow & \text{en caso contrario.} \end{cases}$$

Notación 17.4.9.

[a] W_p^n denotará el dominio de definición de ϕ_p^n, con lo que:

$$W_p^n \stackrel{df}{=} \{(x_1, \ldots, x_n) : \exists z\, [T_n\, p\, x_1 \ldots x_n\, z]\},$$

[b] $W_{p,s}^n \stackrel{df}{=} \{(x_1, \ldots, x_n) : (\exists z < s)\, [T_n\, p\, x_1 \ldots x_n\, z]\}$.

De acuerdo con la práctica habitual, se escribirá ϕ_p, W_p y $W_{p,s}$ en vez de ϕ_p^1, W_p^1 y $W_{p,s}^1$.

Teorema 17.4.10. *(Teorema de enumeración*, Kleene, 1938*)* Para toda función parcial R-computable $\psi : \omega^n \to \omega$, existe un $p \in \omega$, tal que $\psi = \phi_p^n$.

Demostración: Sea **P** un programa que computa ψ y sea $\ulcorner \mathbf{P} \urcorner = p$. Si la tupla $(x_1, \ldots, x_n)$ pertenece al dominio de definición de ψ, entonces **P**, con *input* $(x_1, \ldots, x_n)$, dará lugar a una computación finita Z y el contenido del registro R_0 de la última configuración de Z será igual a $\psi(x_1, \ldots, x_n)$. En consecuencia, si $z = \ulcorner Z \urcorner$, se verificará $T_n\, p\, x_1 \ldots x_n\, z$ y $U(z) = \psi(x_1, \ldots, x_n)$, con lo que $\psi(x_1, \ldots, x_n) = \phi_p^n(x_1, \ldots, x_n)$.

Si, por el contrario, la tupla $(x_1, \ldots, x_n)$ no pertenece al dominio de definición de ψ, entonces el programa **P**, con *input* $(x_1, \ldots, x_n)$, dará lugar a una computación infinita y, por tanto, no existirá un $z \in \omega$ que verifique $T_n\, p\, x_1 \ldots x_n\, z$, con lo que $\phi_p^n(x_1, \ldots, x_n)$ también estará indefinida.

Así pues:

$$\psi = \phi_p^n.$$

Corolario 17.4.11. Toda función R-computable es recursiva.

17.5. Máquina de registros universal

Definición 17.5.1. Una máquina universal de registros es un programa **U** que simula la computación que realiza cualquier máquina de registros cuando parte de cualquier posible configuración, en el siguiente sentido:

a) Si la máquina **P** alcanza sucesivamente las configuraciones de número k_1, k_2, k_3, ... cuando parte de la configuración de número k_0, entonces **U** realiza la siguiente computación:

$$(\ulcorner \mathbf{P} \urcorner, k_0, 0, 0, \ldots) \xrightarrow{\mathbf{U}} (\ulcorner \mathbf{P} \urcorner, k_1, 0, 0, \ldots) \xrightarrow{\mathbf{U}} (\ulcorner \mathbf{P} \urcorner, k_2, 0, 0, \ldots) \xrightarrow{\mathbf{U}} \ldots$$

b) Si **P** alcanza la configuración final de número k_s cuando parte de la configuración de número k_0, entonces **U** se para tras alcanzar $(\ulcorner \mathbf{P} \urcorner, k_s, 0, 0, \ldots)$.

Si F es la función recursiva y, por tanto, R-computable definida en 17.4.3, la máquina representada en la Figura 17.3 realiza la computación deseada. El programa hace uso esencial de que el número de una configuración es siempre distinto de cero (cfr. Observación 17.3.7).

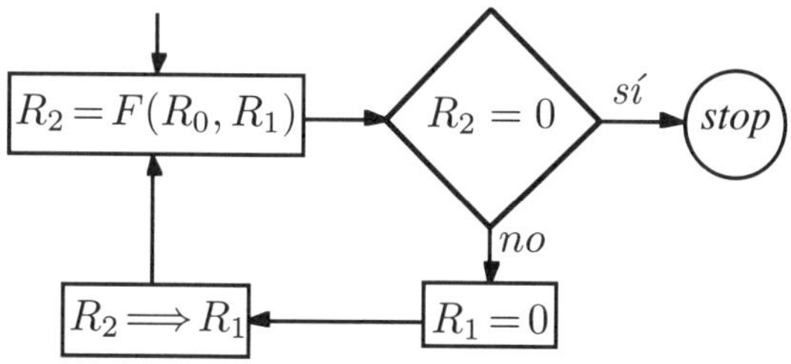

Figura 17.3

18 RECURSIVIDAD PARCIAL Y T-COMPUTABILIDAD

En este capítulo, similar al anterior, se prueba la equivalencia de las nociones de recursividad parcial y T-computabilidad, construyéndose una máquina universal de Turing.

18.1. T-computabilidad de las funciones recursivas parciales

Puesto que las funciones recursivas parciales son las funciones definibles mediante composición y minimalización a partir de la suma, el producto, la función característica de la igualdad y las funciones de proyección U_k^n $(1 \leq k \leq n)$, su T-computabilidad es consecuencia inmediata de los tres siguientes lemas:

Lema 18.1.1. Las funciones U_k^n, suma, producto y $c_=$ son T-computables.

Demostración: En efecto, U_k^n es computada por la máquina $\mathbf{K}_{n\text{-}k+1}$. La T-computabilidad de las otras tres funciones fue ya probada en 15.3.5.-15.3.7.

Lema 18.1.2. Si la máquina de Turing $\mathbf{P}$ computa la función parcial $\phi : \omega^m \to \omega$ y $\mathbf{P}_i$ $(i = 1, \ldots, m)$ computa la función parcial $\phi_i : \omega^n \to \omega$, y $\psi : \omega^n \to \omega$ está definida por la igualdad:

$$\psi(\mathfrak{x}) = \phi(\phi_1(\mathfrak{x}), \ldots, \phi_m(\mathfrak{x})),$$

entonces ψ es computable mediante la máquina:

$$\mathbf{P}_1 \quad \mathbf{K}_{n+1}^n \quad \mathbf{P}_2 \quad \mathbf{V}^n \quad \mathbf{K}_{n+2}^n \quad \mathbf{P}_3 \quad \mathbf{V}^n \quad \mathbf{K}_{n+3}^n \quad \ldots \quad \mathbf{P}_n \quad \mathbf{V}^n \quad \mathbf{P} \quad \mathbf{V}^m$$

Demostración: En efecto, si $\psi(\mathfrak{x})$ está definida, la computación de esta máquina será:

$* \ \mathfrak{X} \ \underline{*}$

$* \ \mathfrak{X} \ * \ \phi_1(\mathfrak{X}) \ \underline{*}$

$* \ \mathfrak{X} \ * \ \phi_1(\mathfrak{X}) \ * \ \phi_2(\mathfrak{X}) \ \underline{*}$

. . . .

$* \ \mathfrak{X} \ * \ \phi_1(\mathfrak{X}) \ * \ \phi_2(\mathfrak{X}) \ * \ldots * \ \phi_m(\mathfrak{X}) \ \underline{*}$

$* \ \mathfrak{X} \ * \ \phi_1(\mathfrak{X}) \ * \ \phi_2(\mathfrak{X}) \ * \ldots * \ \phi_m(\mathfrak{X}) \ * \ \psi(\mathfrak{X}) \ \underline{*}$

$* \ \mathfrak{X} \ * \ \psi(\mathfrak{X}) \ \underline{*}$

Lema 18.1.3. Si la máquina de Turing **P** computa la función parcial $\phi : \omega^{n+1} \to \omega$, y $\psi : \omega^n \to \omega$ está definida por la igualdad:

$$\psi(\mathfrak{X}) = \begin{cases} \mu y[\phi(\mathfrak{X}, y) = 0 \ \text{y} \ (\forall z < y)\, \phi(\mathfrak{X}, z) \downarrow \neq 0] & \text{si existe un tal } y \\ \uparrow & \text{en caso contrario,} \end{cases}$$

entonces ψ es computable mediante la máquina:

$$\mathbf{r\ P\ l} \xrightarrow{\ 1\ } \mathbf{r\ K}_2 \ | \ \mathbf{r\ V}^2$$

Figura 18.1

Demostración: En efecto, si $\psi(\mathfrak{X}) = m$, la computación de esta máquina será:

$* \mathfrak{X} \ \underline{*}$

$* \mathfrak{X} * 0 \ * \ \phi(\mathfrak{X}, 0) \ \underline{*}$

$* \mathfrak{X} * 1 \ * \ \phi(\mathfrak{X}, 1) \ \underline{*}$

$* \mathfrak{X} * 2 \ * \ \phi(\mathfrak{X}, 2) \ \underline{*}$

. . . .

$* \mathfrak{X} * m\text{-}1 \ * \ \phi(\mathfrak{X}, m\text{-}1) \ \underline{*}$

$* \mathfrak{X} * m \ * \ 0 \ \underline{*}$

$* \mathfrak{X} * m \ \underline{*}$

Y es obvio que la computación nunca terminará si $\psi(\mathfrak{X}) \uparrow$.

Como consecuencia de los anteriores lemas se tiene:

Teorema 18.1.4. Toda función recursiva parcial es T-computable.

18.2. Aritmetización del proceso de computación de una máquina de Turing

Sea **P** una máquina de Turing con alfabeto $a_1, \ldots, a_{\text{N}}$ e instrucciones q_0, $q_1, \ldots$, q_{M}. Asignando el número i al símbolo a_i y a la instrucción q_i, 0 al símbolo $*$ y N+1, N+2, N+3, respectivamente, a los símbolos r, l y s, la máquina **P** puede identificarse, sin posibilidad de confusión, con una matriz de números naturales, que puede ser codificada mediante un número natural. Por ejemplo, se identificarán las matrices:

$$\left|\begin{array}{cccc} q_0 & a_0 & r & q_1 \\ q_0 & a_1 & s & q_0 \\ q_1 & a_0 & a_1 & q_0 \\ q_1 & a_1 & l & q_0 \end{array}\right| \qquad \left|\begin{array}{cccc} 0 & 0 & 2 & 1 \\ 0 & 1 & 4 & 0 \\ 1 & 0 & 1 & 0 \\ 1 & 1 & 3 & 0 \end{array}\right|$$

Definición 18.2.1. El número de Gödel $\ulcorner\mathbf{P}\urcorner$ de la máquina descrita por la matriz de números naturales:

$$\mathbf{P} = \left|\begin{array}{cccc} 0 & 0 & v_{00} & q_{00} \\ 0 & 1 & v_{01} & q_{01} \\ \cdots & \cdots & \cdots & \cdots \\ i & k & v_{ik} & q_{ik} \\ \cdots & \cdots & \cdots & \cdots \\ \text{M} & \text{N} & v_{\text{MN}} & q_{\text{MN}} \end{array}\right|$$

viene definido por la igualdad:

$$\ulcorner\mathbf{P}\urcorner = 2^{\text{M}} \cdot 3^{\text{N}} \cdot 5^{v} \cdot 7^{q},$$

donde (cfr. Definición 16.2.12):

$$v = p_{00}^{v_{00}} \cdot p_{01}^{v_{01}} \cdot \ldots \cdot p_{\text{MN}}^{v_{\text{MN}}},$$

$$q = p_{00}^{q_{00}} \cdot p_{01}^{q_{01}} \cdot \ldots \cdot p_{\text{MN}}^{q_{\text{MN}}}.$$

Con ello:

$$\text{M} = exp(\ulcorner\mathbf{P}\urcorner,\ 0),$$

$$\text{N} = exp(\ulcorner\mathbf{P}\urcorner,\ 1),$$

$$v_{ik} = exp(exp(\ulcorner\mathbf{P}\urcorner,\ 2),\ J(i,k)),$$

$$q_{ik} = exp(exp(\ulcorner\mathbf{P}\urcorner,\ 3),\ J(i,k)).$$

Definición 18.2.2. El número $\ulcorner B \urcorner$ de la inscripción:

$$B = a_{i_0} \;\; a_{i_1} \;\; a_{i_2} \ldots a_{i_k} \;\; a_0 \;\; a_0 \;\; a_0 \;\; \ldots$$

viene definido por la identidad:

$$\ulcorner B \urcorner = 2^{i_0} \cdot 3^{i_1} \cdot 5^{i_2} \cdot \ldots \cdot p_k^{i_k}.$$

Numerando en la forma obvia los campos de la cinta de una máquina de Turing, una configuración puede identificarse con un triple de números naturales, con lo que puede codificarse mediante un número natural.

Definición 18.2.3. *(Número de una configuración)* El número de Gödel de la configuración $K = (A, B, C)$ es:

$$\ulcorner K \urcorner = 2^{\ulcorner A \urcorner} \cdot 3^{\ulcorner B \urcorner} \cdot 5^{\ulcorner C \urcorner}.$$

De la definición se sigue que el número de una configuración es siempre distinto de cero, de lo que se hará uso en la definición de la función F (cfr. Definición 18.2.6).

Definición 18.2.4. *(Número de una computación)* El número de Gödel de la computación finita $Z = K_0, K_1, K_2, \ldots, K_s$ es:

$$\ulcorner Z \urcorner = p_0^{\ulcorner K_0 \urcorner} \cdot p_1^{\ulcorner K_1 \urcorner} \cdot \ldots \cdot p_s^{\ulcorner K_s \urcorner}.$$

Ejercicio 18.2.5. Sea $\mathfrak{M}$ el conjunto de las máquinas de Turing. Definir una biyección recursiva entre ω y el conjunto $\{\ulcorner \mathbf{P} \urcorner : \mathbf{P} \in \mathfrak{M}\}$.

La función F

Se pretende definir una función recursiva $F : \omega^2 \to \omega$, de forma que en el caso de que e sea el número de una máquina **P** y k el número de una configuración no final de esa máquina, entonces $F(e, k)$ sea el número de la configuración siguiente, siendo $F(e, k) = 0$ en el caso en que esa configuración sea final. Para ello, definiremos previamente las funciones recursivas auxiliares $A, B, C : \omega^4 \to \omega$, de forma que si $k = 2^a \cdot 3^b \cdot 5^c$, entonces $A(e, a, b, c)$, $B(e, a, b, c)$, $C(e, a, b, c)$ sean, respectivamente, los números de Gödel del nuevo campo de trabajo, la nueva inscripción y la nueva instrucción.

Para definir esas tres funciones observamos que la configuración siguiente vendrá determinada por la fila de la máquina:

$$c \qquad exp(b, a) \qquad v_{c,exp(b,a)} \qquad q_{c,exp(b,a)},$$

i.e.:

$$c \qquad exp(b, a) \qquad v(e, a, b, c) \qquad q(e, a, b, c),$$

donde las funciones recursivas v y q se definen expresando $v_{c,exp(b,a)}$ y $q_{c,exp(b,a)}$ en función de e, a, b, c.

Puesto que los números asignados a los símbolos r y l son, respectivamente, $exp(e,\ 1)+1$ y $exp(e,\ 1)+2$, podemos definir:

$$A(x,a,b,c)=\begin{cases} a+1 & \text{si } v(e,a,b,c)=exp(e,\ 1)+1 \\ a-1 & \text{si } a\neq 0 \text{ y } v(e,a,b,c)=exp(e,1)+2 \\ a & \text{en los demás casos.} \end{cases}$$

Por otra parte, es obvio que C vendrá definida por la igualdad:

$$C(e,a,b,c)=q(e,a,b,c).$$

Por último, para definir la función B, observamos que la nueva inscripción será en todo idéntica a la de número b, excepto, a lo sumo, en el símbolo escrito en el campo a, cuyo número, en el caso en que $v(e,a,b,c)\leq exp(e,\ 1)$, pasará a ser $v(e,a,b,c)$. Con ello, claramente podemos definir:

$$B(e,a,b,c)=\begin{cases} \dfrac{b\cdot p_a^{v(e,a,b,c)}}{p_a^{exp(b,a)}} & \text{si } v(e,a,b,c)\leq exp(e,\ 1) \\ b & \text{en caso contrario.} \end{cases}$$

Con ello, si F_0 es la función recursiva tal que:

$$F_0(e,a,b,c)=\begin{cases} 0 & \text{si } Eeabc \\ 2^{A(e,a,b,c)}\cdot 3^{B(e,a,b,c)}\cdot 5^{C(e,a,b,c)} & \text{en caso contrario,} \end{cases}$$

donde $Eeabc$ es una abreviatura de:

$$v(e,a,b,c)=exp(e,1)+3\ \vee\ (a=0\ \wedge\ v(e,a,b,c)=exp(e,1)+2),$$

y, por tanto, si e es el número de una máquina **P**, $Eeabc$ significa que $(a,\ b,\ c)$ es una configuración final de **P**.

Definición 18.2.6. $F:\omega^2\rightarrow\omega$ es la función recursiva tal que:

$$F(e,\ k)=F_0(e,\ exp(k,0),\ exp(k,1),\ exp(k,2)).$$

Proposición 18.2.7. La configuración K de la máquina de Turing **P** es final si y sólo si $F(\ulcorner\mathbf{P}\urcorner,\ \ulcorner K\urcorner)=0$.

La función k^n

Si una máquina de Turing computa una función $f:\omega^n\rightarrow\omega$, los números del campo de trabajo e inscripción iniciales para el cálculo de $f(x_1,\ x_2,\ldots,x_n)$ vienen dados, respectivamente, por las funciones:

$$a_0(\mathfrak{x}) = x_1 + x_2 + \ldots + x_n + n,$$

$$b_0(\mathfrak{x}) = \frac{{}_{i \leq x_1+x_2+\ldots+x_n+n}\, p_i}{p_0 \cdot p_{x_1+1} \cdot p_{x_1+x_2+2} \cdot \ldots \cdot p_{x_1+x_2+\ \ldots\ +x_n+n}},$$

lo que motiva la siguiente definición:

Definición 18.2.8. Para todo $n \in \omega$, $k^n : \omega^n \to \omega$ es la función recursiva definida mediante la igualdad:

$$k^n(\mathfrak{x}) = 2^{a_0(\mathfrak{x})} \cdot 3^{b_0(\mathfrak{x})}.$$

La relación T_n

Se pretende definir una relación recursiva $T_n \subseteq \omega^{n+2}$ para cada número natural n, de forma que si e es el número de una máquina de Turing **P**, entonces la tupla $(e,\, x_1, \ldots, x_n,\, z)$ verifique esa relación si y sólo si **P** da lugar a la computación finita de número z cuando parte de la configuración inicial descrita por el diagrama:

$$* \ x_1 \ * \ x_2 \ * \ldots * \ x_n \ \underset{-}{*}$$

Es claro que la tupla $(e,\, x_1, \ldots, x_n,\, z)$ verificará la relación T_n si existen k_0, $k_1, \ldots, k_s$ tales que:

$$z = p_0^{k_0} \cdot p_1^{k_1} \cdot \ldots \cdot p_s^{k_s},$$

$$k_0 = k^n(\mathfrak{x}),$$

$$F(e,\, k_0) = k_1,$$

$$F(e,\, k_1) = k_2,$$

$$F(e,\, k_{s\text{-}1}) = k_s,$$

$$F(e,\, k_s) = 0.$$

Puesto que $k_i = exp(z,\, i)$ y $s = l(z)$ se tiene:

Definición 18.2.9. T_n es el conjunto de tuplas $(e,\, x_1, \ldots, x_n,\, z)$ que verifican:

$$exp(z, 0) = k^n(x_1, \ldots, x_n),$$

$$(\forall y < l(z))\ [F(e,\, exp(z,\, y)) = exp(z,\, y+1)],$$

$$F(e,\, exp(z,\, l(z))) = 0.$$

La función U

Se pretende definir una función recursiva $U : \omega \to \omega$ tal que, si z es el número de la computación de una máquina de Turing cualquiera, entonces $U(z)$ es el número de símbolos de la última palabra de la inscripción final de esa computación.

Sea b el número de una inscripción cualquiera:

$$\ldots * \quad a_{i_0} \quad a_{i_1} \quad a_{i_2} \ldots a_{i_r} \quad * \; * \; * \; * \; \ldots$$

Los campos último y primero ocupados por la última palabra son, respectivamente, $l(b)$ y $1+$ $máx\ z[z < l(b) \wedge exp(b, z) = 0]$, con lo que podemos definir una función recursiva W tal que $W(b)$ sea la longitud de la última palabra de la inscripción de número b (cfr. Ejercicio 16.2.16).

Con ello, si z es el número de una computación, y

$$z = p_0^{k_0} \cdot p_1^{k_1} \cdot \ldots \cdot p_s^{k_s}$$

y

$$k_s = 2^{a_s} \cdot 3^{b_s} \cdot 5^{c_s},$$

se tendrá:

$$s = l(z),$$

$$k_s = exp(z, s),$$

$$b_s = exp(k_s, 1),$$

y el número de símbolos de la última palabra de la inscripción final de la computación será:

$$W(b_s) = W(exp(k_s, 1)) = W(exp(exp(z, s), 1)) = W(exp(exp(z, l(z)), 1)),$$

lo que justifica la siguiente definición:

Definición 18.2.10. $U : \omega \rightarrow \omega$ es la función recursiva definida mediante la identidad:

$$U(z) \;=\; W(exp(exp(z,\ l(z)),\ 1)).$$

Definición 18.2.11. Para todo $n,\ e \in \omega$, $\phi_e^n : \omega^n \rightarrow \omega$ es la función recursiva parcial definida por la igualdad:

$$\phi_e^n(x_1, \ldots, x_n) = \begin{cases} U(\mu z\,[T_n\, e\, x_1 \ldots x_n\, z]) & \text{si } \exists z\,[T_n\, e\, x_1 \ldots x_n\, z] \\ \uparrow & \text{en caso contrario.} \end{cases}$$

18.3. Recursividad de las funciones T-computables

Teorema 18.3.1. *(Teorema de enumeración)* Para toda función T-computable (parcial o total) $\psi : \omega^n \rightarrow \omega$ existe un número natural e tal que $\psi = \phi_e^n$.

Demostración: En efecto, si la máquina de Turing **P** computa ψ y $\ulcorner \mathbf{P} \urcorner = e$, entonces, para toda tupla de números naturales $x_1,\ x_2,\ \ldots,\ x_n$ se verifica: si

$\psi(x_1, x_2, \ldots, x_n)$ está definida, cuando **P** parte de la configuración de número $k^n(x_1, x_2, \ldots, x_n)$ da lugar a una computación finita Z cuya inscripción y campo de trabajo finales serán:

$$* \ x_1 * x_2 \ * \ldots * \ x_n \ * \ \psi(x_1, \ldots, x_n) \ \underline{*}$$

con lo que si $\ulcorner Z \urcorner = z$, se verificará:

$$T_n \, e \, x_1 \, x_2 \ldots x_n \, z \quad \text{y} \quad U(z) = \psi(x_1, x_2, \ldots, x_n).$$

Y puesto que Z y, por tanto, z, son únicos, se tendrá:

$$\psi(x_1, x_2, \ldots, x_n) = U(\mu z \, [T_n \ e \ x_1 \, x_2 \ldots x_n \, z]) = \phi_e^n(x_1, x_2, \ldots, x_n).$$

Además, si $\psi(x_1, x_2, \ldots, x_n)$ está indefinida, entonces, cuando **P** parte de la configuración de número $k^n(x_1, x_2, \ldots, x_n)$, dará lugar a una computación infinita, por lo que no existirá un z tal que $T_n \, e \, x_1 \, x_2 \ldots x_n \, z$, y, en consecuencia, $\phi_e^n(x_1, x_2, \ldots, x_n)$ también estará indefinida. Así pues, se verifica:

$$\psi = \phi_e^n \, .$$

Corolario 18.3.2. Toda función T-computable es recursiva parcial.

Corolario 18.3.3. Toda función T-computable puede ser computada por una máquina de Turing cuyo alfabeto consta de un único símbolo.

18.4. Máquina de Turing universal

Se pretende construir una máquina de Turing capaz de simular la computación a que da lugar cualquier máquina (¡en particular ella misma!) cuando parte de cualquier posible configuración inicial.

Definición 18.4.1. *(Máquina de Turing universal)* **U** es una máquina de Turing universal si para toda máquina **P** y toda posible configuración K_0 de **P**, verifica:

[**a**] Si cuando **P** parte de la configuración K_0 da lugar a la computación:

$$Z = K_0, K_1, K_2, K_3, \ldots,$$

entonces cuando **U** parte de la configuración inicial:

$$* \ulcorner \mathbf{P} \urcorner * \ulcorner K_o \urcorner \underline{*}$$

va pasando (al término de un cierto subprograma) por configuraciones de la forma:

$* \ulcorner \mathbf{P} \urcorner * \ulcorner K_1 \urcorner \underline{*}$

$* \ulcorner \mathbf{P} \urcorner * \ulcorner K_2 \urcorner \underline{*}$

. . . .

[**b**] Si cuando **P** parte de la configuración K_0 alcanza la configuración final K_s, entonces la computación de **U** es también finita, siendo su inscripción final:

$* \ulcorner \mathbf{P} \urcorner * \ulcorner K_s \urcorner \underline{*}$

[**c**] Si cuando **P** parte de la configuración K_0 no se para nunca, entonces la computación de **U** es también infinita.

Para construir una máquina universal nos basaremos en tres hechos:

[**i**] El número de una configuración es distinto de cero (cfr. Definición 18.2.3.).

[**ii**] La función F definida en 18.2.6. es T-computable.

[**iii**] Si x y k son, respectivamente, el número de una máquina de Turing y el de una de sus posibles configuraciones, entonces $F(x, k) = 0$ si y sólo si esa configuración es final (cfr. Proposición 18.2.7.).

A partir de [**i**]-[**iii**] se sigue que si **F** es una máquina que computa F, entonces la máquina **U** descrita por la Figura 18.2 realiza el programa deseado.

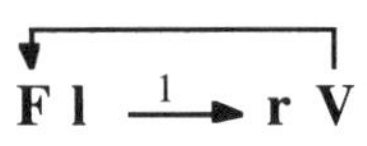

Figura 18.2

19 PROBLEMAS INDECIDIBLES

En este capítulo se estudian dos métodos de demostración de indecidibilidad: el método directo de la diagonalización, variante de una célebre idea de Georg Cantor, y el indirecto de reducibilidad, que permite probar la indecidibilidad de ciertos conjuntos partiendo de resultados previamente establecidos.

19.1. Conjuntos indecidibles

Sea **A** una clase de objetos finitos y sea $\ulcorner\ \urcorner$ una aplicación inyectiva y efectivamente computable de **A** en ω. La Tesis de Church-Turing justifica la siguiente definición:

Definición 19.1.1. *(Conjunto indecidible)* Un subconjunto **M** de **A** es indecidible si y sólo si $\{\ulcorner u \urcorner : u \in \mathbf{M}\}$ no es recursivo (cfr. Definición 16.1.8.).

Sean **A** y **B** dos clases de objetos finitos y sean **M** y **N** subconjuntos, respectivamente, de **A** y **B**.

Definición 19.1.2. **M** es reducible a **N** si existe un procedimiento efectivo que asocia a cada objeto u de la clase **A** un objeto $u^\star$ de la clase **B**, de forma que se verifica:

$$u \in \mathbf{M} \iff u^\star \in \mathbf{N}.$$

Observación 19.1.3. De acuerdo con la Tesis de Church, la anterior definición de reducibilidad, que incluye la noción un tanto vaga de *procedimiento efectivo*, coincide con la bien conocida y aparentemente más precisa noción de m-reducibilidad que se define en la Teoría de la Computabilidad (cfr. [**Prida**, 2004], pp. 97-98), de lo que se sigue que las dos siguientes proposiciones son equivalentes:

[a] **M** es reducible a **N**.

[b] $\{\ulcorner u \urcorner : u \in \mathbf{M}\}$ es m-reducible a $\{\ulcorner u \urcorner : u \in \mathbf{N}\}$.

Obviamente, se verifica:

Proposición 19.1.4. Si **M** es indecidible y reducible a **N**, entonces también **N** es indecidible.

19.2. Pruebas directas de indecidibilidad

Notación 19.2.1.

[a] $(r_0, r_1, \ldots, r_m, 0, 0, \ldots) \xrightarrow{\mathbf{P}} \textit{stop},$

$(r_0, r_1, \ldots, r_m, 0, 0, \ldots) \xrightarrow{\mathbf{P}} \textit{no stop},$

$(r_0, r_1, \ldots, r_m, 0, 0, \ldots) \xrightarrow{\mathbf{P}} \textit{cicla},$

denotarán, respectivamente, que la máquina de registros **P** termina parándose, no se para nunca, o cicla (en el sentido de que repite configuraciones), cuando parte de la instrucción inicial con r_0 en el registro $R_0, \ldots, r_m$ en el registro R_m y 0 en los registros restantes.

[b] $(r_0, r_1, \ldots, r_m, 0, 0, \ldots) \xrightarrow{\mathbf{P}} (s_0, s_1, \ldots, s_t, 0, 0, \ldots),$

denotará que cuando **P** parte de la configuración representada a la izquierda, se acaba parando con s_0 en el registro R_0, etc.

[c] $K \xrightarrow{\mathbf{P}} J,$

denotará que **P** alcanza al cabo de un número finito de pasos la configuración (no necesariamente final) J cuando parte de la configuración K.

[d] $K \xrightarrow{\mathbf{P}} \textit{stop},$

denotará que **P** se acaba parando cuando parte de la configuración K.

Teorema 19.2.2. El conjunto de máquinas de registros:

$$\mathbf{S} = \{\mathbf{P} : (0, \ulcorner\mathbf{P}\urcorner, 0, 0, \ldots) \xrightarrow{\mathbf{P}} \textit{stop}\}.$$

es indecidible.

Demostración: De acuerdo con la Definición 19.1.1., se trata de probar que el conjunto numérico:

$$S = \{ \ulcorner\mathbf{P}\urcorner : (0, \ulcorner\mathbf{P}\urcorner, 0, 0, \ldots) \xrightarrow{\mathbf{P}} \textit{stop}\},$$

no es recursivo. En efecto, si **Q** es un programa que computa la función característica c_S de S, y **M** es el programa:

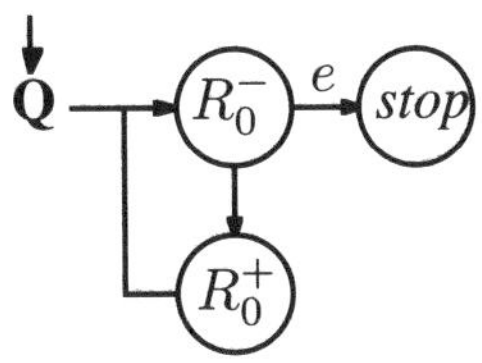

Figura 19.1

diagonalizando sobre $\ulcorner\mathbf{M}\urcorner$ se tiene la siguiente contradicción:

$$\begin{aligned}
\ulcorner\mathbf{M}\urcorner \in S &\implies c_S(\ulcorner\mathbf{M}\urcorner) = 1\\
&\implies (0,\ \ulcorner\mathbf{M}\urcorner,\ 0,\ 0,\ ...) \xrightarrow{\mathbf{Q}} (1,\ \ulcorner\mathbf{M}\urcorner,\ 0,\ 0,\ ...)\\
&\implies (0,\ \ulcorner\mathbf{M}\urcorner,\ 0,\ 0,\ ...) \xrightarrow{\mathbf{M}} \textit{no stop}\\
&\implies \ulcorner\mathbf{M}\urcorner \notin S.
\end{aligned}$$

$$\begin{aligned}
\ulcorner\mathbf{M}\urcorner \notin S &\implies c_S(\ulcorner\mathbf{M}\urcorner) = 0\\
&\implies (0,\ \ulcorner\mathbf{M}\urcorner,\ 0,\ 0,\ ...) \xrightarrow{\mathbf{Q}} (0,\ \ulcorner\mathbf{M}\urcorner,\ 0,\ 0,\ ...)\\
&\implies (0,\ \ulcorner\mathbf{M}\urcorner,\ 0,\ 0,\ ...) \xrightarrow{\mathbf{M}} \textit{stop}\\
&\implies \ulcorner\mathbf{M}\urcorner \in S.
\end{aligned}$$

Notación 19.2.3.

[a] $\quad * \; m \; \underline{*} \quad \xrightarrow{\mathbf{M}} \quad \textit{stop},$

denota que la máquina de Turing **M** termina parándose cuando parte de la instrucción inicial y de la inscripción y campo de trabajo descritos en la parte izquierda del diagrama.

[b] $\quad * \; m \; \underline{*} \quad \xrightarrow{\mathbf{M}} \quad \textit{no stop},$

denota lo contrario que [**a**].

Teorema 19.2.4. El conjunto de máquinas de Turing:

$$\mathbf{S} = \{\mathbf{M} : \; * \; \ulcorner\mathbf{M}\urcorner \; \underline{*} \quad \xrightarrow{\mathbf{M}} \quad \textit{stop}\},$$

es indecidible.

Demostración: En efecto, si la máquina de Turing $\mathbf{Q}$ computa la función característica c_S del conjunto $S = \{ \ulcorner \mathbf{M} \urcorner : \mathbf{M} \in \mathbf{S}\}$ y $\mathbf{P}$ es la máquina descrita por el diagrama:

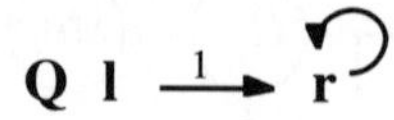

Figura 19.2

diagonalizando sobre $\ulcorner \mathbf{P} \urcorner$ se obtiene la siguiente contradicción:

$$\begin{aligned} \ulcorner \mathbf{P} \urcorner \in S \quad & \Longrightarrow \quad c_S(\ulcorner \mathbf{P} \urcorner) = 1 \\ & \Longrightarrow \quad * \ \ulcorner \mathbf{P} \urcorner \ \underline{*} \ \xrightarrow{\mathbf{Q}} \ * \ \ulcorner \mathbf{P} \urcorner \ * \ \mathsf{I} \ \underline{*} \\ & \Longrightarrow \quad * \ \ulcorner \mathbf{P} \urcorner \ \underline{*} \ \xrightarrow{\mathbf{P}} \ \textit{no stop} \\ & \Longrightarrow \quad \ulcorner \mathbf{P} \urcorner \notin S. \end{aligned}$$

$$\begin{aligned} \ulcorner \mathbf{P} \urcorner \notin S \quad & \Longrightarrow \quad c_S(\ulcorner \mathbf{P} \urcorner) = 0 \\ & \Longrightarrow \quad * \ \ulcorner \mathbf{P} \urcorner \ \underline{*} \ \xrightarrow{\mathbf{Q}} \ * \ \ulcorner \mathbf{P} \urcorner \ * \ 0 \ \underline{*} \\ & \Longrightarrow \quad * \ \ulcorner \mathbf{P} \urcorner \ \underline{*} \ \xrightarrow{\mathbf{P}} \ \textit{stop} \\ & \Longrightarrow \quad \ulcorner \mathbf{P} \urcorner \in S. \end{aligned}$$

Teorema 19.2.5. El conjunto $K = \{x : x \in W_x\} = \{x : \phi_x(x) \downarrow\}$ es indecidible.

Demostración: La decidibilidad de K implicaría la de su complemento (cfr. Proposición 16.1.10. [a]), con lo que la función $\zeta : \omega \to \omega$ tal que:

$$\zeta(x) = \begin{cases} 1 & \text{si } x \in \overline{K} \\ \uparrow & \text{en caso contrario,} \end{cases}$$

sería recursiva parcial y, en consecuencia, existiría un $e \in \omega$ tal que $\zeta = \phi_e$, siguiéndose la contradicción:

$$\phi_e(e) \downarrow \iff e \in \overline{K} \iff \phi_e(e) \uparrow .$$

19.3. Pruebas indirectas de indecidibilidad

En esta sección se prueba la indecidibilidad de ciertos conjuntos, variantes de los denominados *halting problems* de máquinas Turing y de registros, haciéndose uso sistemático de la Proposición 19.1.4.

Sea **2rm** el conjunto de las máquinas de dos registros.

Teorema 19.3.1. Los siguientes conjuntos son indecidibles:

[**a**] $\mathbf{H} = \{\mathbf{P} : (0,\ 0,\ 0,\ \ldots) \xrightarrow{\mathbf{P}} \mathit{stop}\}$.

[**b**] $\mathbf{D} = \{\mathbf{r} : \mathbf{r} \in \mathbf{2rm} \text{ y } (0,\ 0) \xrightarrow{\mathbf{r}} \mathit{stop}\}$.

[**c**] $\mathbf{E} = \{(\mathbf{r},\ K,\ K') : \mathbf{r} \in \mathbf{2rm} \text{ y } K \xrightarrow{\mathbf{r}} K'\}$ (cfr. Definición 19.2.1.).

Demostración:

[**a**] Probaremos que el conjunto **S** definido en el Teorema 19.2.2. es reducible a **H**. Para toda máquina de registros **P**, sea $\mathbf{P}^\star$ el programa:

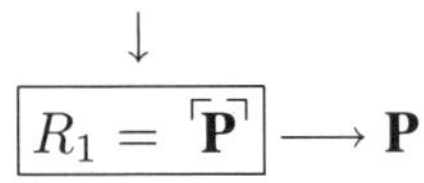

Figura 19.3

Claramente se tiene:

$$\begin{aligned} \mathbf{P} \in \mathbf{S} &\iff (0,\ \ulcorner \mathbf{P} \urcorner,\ 0,\ \ldots) \xrightarrow{\mathbf{P}} \mathit{stop} \\ &\iff (0,\ 0,\ 0,\ \ldots) \xrightarrow{\mathbf{P}^\star} \mathit{stop} \\ &\iff \mathbf{P}^\star \in \mathbf{H}. \end{aligned}$$

□

[**b**] Probaremos que **H** es reducible a **D**. Para toda máquina de registros **P**, sea r_P el programa de dos registros construido algorítmicamente a partir de **P** en la demostración del Teorema de Minsky (cfr. Teorema 14.3.1.), y sea $\mathbf{P}^\star \in \mathbf{2rm}$ el programa definido por el diagrama:

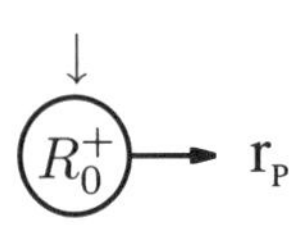

Figura 19.4

Claramente se tiene:

$$\begin{aligned} \mathbf{P} \in \mathbf{H} &\iff (0,\ 0,\ 0,\ \ldots) \xrightarrow{\mathbf{P}} \mathit{stop} \\ &\iff (1,\ 0) \xrightarrow{\mathbf{r}_\mathrm{P}} \mathit{stop} \\ &\iff (0,\ 0) \xrightarrow{\mathbf{P}^\star} \mathit{stop} \\ &\iff \mathbf{P}^\star \in \mathbf{D}. \end{aligned}$$

□

[**c**] Probaremos que **D** es reducible a **E**. Sea $s : \mathbf{2rm} \to \omega$ la función efectivamente computable que hace corresponder a cada máquina de dos registros el número de su instrucción *stop*. Por otra parte, para todo $\mathfrak{r} \in \mathbf{2rm}$, sea $\mathfrak{r}^\star$ el programa de dos registros definido por el diagrama:

$$\begin{array}{l}\downarrow \\ \mathfrak{r} \longrightarrow \boxed{R_0 = 0} \longrightarrow \boxed{R_1 = 0}\end{array}$$

Figura 19.5

Claramente, para todo $\mathfrak{r} \in \mathbf{2rm}$, $\mathfrak{r} \in \mathbf{D}$ equivale a que $\mathfrak{r}^\star$ alcance la configuración $(\,s(\mathfrak{r}^\star),\, 0,\, 0\,)$ cuando parte de la configuración $(0,\, 0,\, 0)$, con lo que:

$$\mathfrak{r} \in \mathbf{D} \iff (\mathfrak{r}^\star,\, (0, 0, 0),\, (s(\mathfrak{r}^\star), 0, 0)) \in \mathbf{E}. \qquad \square$$

De 19.3.1. **[a]** se sigue inmediatamente:

Corolario 19.3.2. El conjunto $\{(\mathbf{P}, K) : K \xrightarrow{\mathbf{P}} \textit{stop}\,\}$ es indecidible.

Ejercicio 19.3.3. Demostrar la indecidibilidad del conjunto de máquinas de Turing:

$$\mathbf{H} = \{\mathbf{M} : \ \underline{*} \ \xrightarrow{\mathbf{M}} \ \textit{stop}\}.$$

Solución: La indecidibilidad de **H** es consecuencia de la del conjunto **S** definido en el Teorema 19.2.4., ya que si para toda máquina de Turing **M** definimos:

$$\mathbf{M}^* \overset{df}{=} [\mathbf{r}_{\mid}]^{\ulcorner \mathbf{M} \urcorner} \ \mathbf{r} \ \mathbf{M},$$

se tiene:

$$\begin{aligned} \mathbf{M} \in \mathbf{S} &\iff \ * \ulcorner \mathbf{M} \urcorner \ \underline{*} \ \xrightarrow{\mathbf{M}} \ \textit{stop} \\ &\iff \ \underline{*} \ \xrightarrow{\mathbf{M}^*} \ \textit{stop} \\ &\iff \ \mathbf{M}^* \in \mathbf{H}, \end{aligned}$$

con lo que **S** es reducible a **H**.

19.4. Inseparabilidad

Con objeto de probar más adelante la indecidibilidad del conjunto de las fórmulas de un cierto lenguaje que tienen modelos finitos, se introduce la noción de inseparabilidad recursiva, que juega un papel relevante en la teoría de la computabilidad.

Sean A, B, R conjuntos de números naturales.

Definición 19.4.1. *(Separabilidad)* R separa a A y B si $A \subseteq R \subseteq \overline{B}$ (cfr. Figura 19.6).

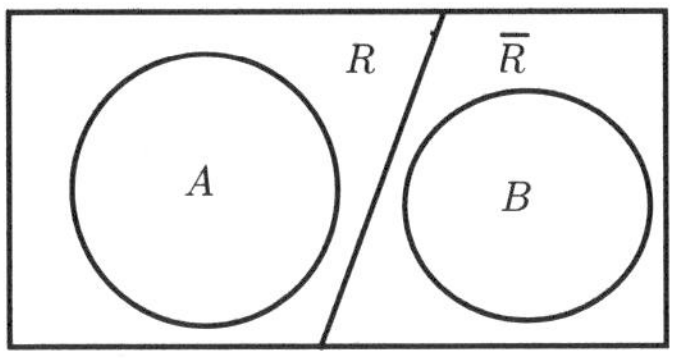

Figura 19.6

Definición 19.4.2. *(Inseparabilidad recursiva)* Dos conjuntos disjuntos A y B son recursivamente (o computablemente) inseparables, si no existe un conjunto recursivo R que los separe.

Proposición 19.4.3. Dos conjuntos recursivamente inseparables no son recursivos.

Ejemplo 19.4.4. Los conjuntos $A_0 = \{n : \phi_n(n) = 0\}$, $A_1 = \{n : \phi_n(n) = 1\}$ son recursivamente inseparables, ya que si R es un conjunto decidible tal que $A_0 \subseteq R$, $A_1 \subseteq \overline{R}$, y ϕ_r es la función característica de R, se tiene la contradicción:

$$\begin{array}{lllll} r \in R & \Longrightarrow & \phi_r(r) = 1 & \Longrightarrow & r \in A_1 \subseteq \overline{R}, \\ r \notin R & \Longrightarrow & \phi_r(r) = 0 & \Longrightarrow & r \in A_0 \subseteq R. \end{array}$$

Teorema 19.4.5. Los conjuntos:

$$S_0 = \{ \ulcorner \mathbf{P} \urcorner : (0, \ulcorner \mathbf{P} \urcorner, 0, 0, \ldots) \xrightarrow{\mathbf{P}} \textit{stop}\},$$
$$C_0 = \{ \ulcorner \mathbf{P} \urcorner : (0, \ulcorner \mathbf{P} \urcorner, 0, 0, \ldots) \xrightarrow{\mathbf{P}} \textit{cicla}\},$$

son recursivamente inseparables.

Demostración: Supongamos que existe un conjunto recursivo M tal que:

$$C_0 \subseteq M \subseteq \overline{S_0}.$$

Si el programa $\mathbf{Q}$ computa la función característica c_M de M y

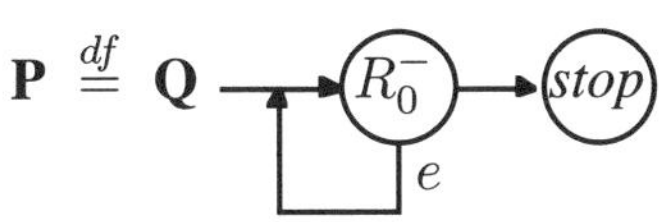

Figura 19.7

se obtiene la siguiente contradicción:

$$\begin{aligned}
\ulcorner\mathbf{P}\urcorner \in M &\implies c_M(\ulcorner\mathbf{P}\urcorner) = 1\\
&\implies (0, \ulcorner\mathbf{P}\urcorner, 0, 0, \ldots) \xrightarrow{\mathbf{Q}} (1, \ulcorner\mathbf{P}\urcorner, 0, 0, \ldots)\\
&\implies (0, \ulcorner\mathbf{P}\urcorner, 0, 0, \ldots) \xrightarrow{\mathbf{P}} \textit{stop}\\
&\implies \ulcorner\mathbf{P}\urcorner \in S_0 \subseteq \overline{M}.
\end{aligned}$$

Análogamente:

$$\begin{aligned}
\ulcorner\mathbf{P}\urcorner \notin M &\implies c_M(\ulcorner\mathbf{P}\urcorner) = 0\\
&\implies (0, \ulcorner\mathbf{P}\urcorner, 0, 0, \ldots) \xrightarrow{\mathbf{Q}} (0, \ulcorner\mathbf{P}\urcorner, 0, 0, \ldots)\\
&\implies (0, \ulcorner\mathbf{P}\urcorner, 0, 0, \ldots) \xrightarrow{\mathbf{P}} \textit{cicla}\\
&\implies \ulcorner\mathbf{P}\urcorner \in C_0 \subseteq M.
\end{aligned}$$

Definición 19.4.6. *(Par de conjuntos de números naturales sumergible en otro)* El par (A, B) es sumergible en (M, N) si existe una función recursiva f tal que $f(A) \subseteq M$ y $f(B) \subseteq N$.

Teorema 19.4.7. Si el par recursivamente inseparable (A, B) es sumergible en (M, N) y $M \cap N = \emptyset$, entonces (M, N) es también recursivamente inseparable.

Demostración: Si la función recursiva f sumerge (A, B) en (M, N) y R es un conjunto recursivo que separa M y N, entonces $f^{-1}(R)$ es recursivo y separa A y B.

Definición 19.4.8. *(Par de objetos finitos inseparable)* Dos clases de objetos finitos $\boldsymbol{J}_0$ y $\boldsymbol{J}_1$ son inseparables, si los conjuntos numéricos $\{\ulcorner P\urcorner : P \in \boldsymbol{J}_0\}$ y $\{\ulcorner P\urcorner : P \in \boldsymbol{J}_1\}$ son recursivamente inseparables.

Ejemplo 19.4.9. De acuerdo con el Teorema 19.4.5., las clases de objetos finitos:

$$\mathbf{S}_0 = \{\mathbf{P} : (0, \ulcorner\mathbf{P}\urcorner, 0, 0, \ldots) \xrightarrow{\mathbf{P}} \textit{stop}\},$$

$$\mathbf{C}_0 = \{\mathbf{P} : (0, \ulcorner\mathbf{P}\urcorner, 0, 0, \ldots) \xrightarrow{\mathbf{P}} \textit{cicla}\},$$

son inseparables.

Sean $\boldsymbol{J}$ y $\boldsymbol{K}$ dos clases de objetos finitos y sean $\boldsymbol{J}_0$, $\boldsymbol{J}_1$, $\boldsymbol{K}_0$ y $\boldsymbol{K}_1$ tales que:

[1] $\boldsymbol{J}_0 \subseteq \boldsymbol{J}$ y $\boldsymbol{J}_1 \subseteq \boldsymbol{J}$.

[2] $\boldsymbol{K}_0 \subseteq \boldsymbol{K}$ y $\boldsymbol{K}_1 \subseteq \boldsymbol{K}$.

[3] $\boldsymbol{K}_0 \cap \boldsymbol{K}_1 = \emptyset$.

Definición 19.4.10. *(Par de objetos finitos sumergible en otro)* El par $(\boldsymbol{J}_0, \boldsymbol{J}_1)$ es sumergible en $(\boldsymbol{K}_0, \boldsymbol{K}_1)$, si existe un procedimiento efectivo * que hace corresponder a todo objeto p de $\boldsymbol{J}$ el objeto $p^\star$ de $\boldsymbol{K}$, de forma que se verifica:

si $p \in \boldsymbol{J}_0$, entonces $p^\star \in \boldsymbol{K}_0$;

si $p \in \boldsymbol{J}_1$, entonces $p^\star \in \boldsymbol{K}_1$.

Como consecuencia del Teorema 19.4.7. y de la tesis de Church, se obtiene:

Corolario 19.4.11. Si un par de objetos finitos es inseparable y sumergible en otro, entonces éste es también inseparable.

Corolario 19.4.12. El par de máquinas de registros:

$$\mathbf{S}_1 = \{\mathbf{P} : (0, 0, 0, \ldots) \xrightarrow{\mathbf{P}} \mathit{stop}\},$$

$$\mathbf{C}_1 = \{\mathbf{P} : (0, 0, 0, \ldots) \xrightarrow{\mathbf{P}} \mathit{cicla}\},$$

es inseparable.

Demostración: Probaremos que el par de máquinas $(\mathbf{S}_0, \mathbf{C}_0)$ definido en el Ejemplo 19.4.9. es sumergible en $(\mathbf{S}_1, \mathbf{C}_1)$. En efecto, para toda máquina de registros $\mathbf{P}$, sea:

$$\mathbf{P}^\star \stackrel{df}{=} \boxed{R_1 = \ulcorner\mathbf{P}\urcorner} \longrightarrow \mathbf{P}.$$

Claramente se tiene:

$$\begin{aligned} \mathbf{P} \in \mathbf{S}_0 \quad &\Longrightarrow \quad (0, \ulcorner\mathbf{P}\urcorner, 0, 0, \ldots) \xrightarrow{\mathbf{P}} \mathit{stop} \\ &\Longrightarrow \quad (0, 0, 0, \ldots) \xrightarrow{\mathbf{P}^\star} \mathit{stop} \\ &\Longrightarrow \quad \mathbf{P}^\star \in \mathbf{S}_1. \end{aligned}$$

$$\begin{aligned} \mathbf{P} \in \mathbf{C}_0 \quad &\Longrightarrow \quad (0, \ulcorner\mathbf{P}\urcorner, 0, 0, \ldots) \xrightarrow{\mathbf{P}} \mathit{cicla} \\ &\Longrightarrow \quad (0, 0, 0, \ldots) \xrightarrow{\mathbf{P}^\star} \mathit{cicla} \\ &\Longrightarrow \quad \mathbf{P}^\star \in \mathbf{C}_1. \end{aligned}$$

Corolario 19.4.13. El par de máquinas de dos registros:

$$\mathbf{S}_2 = \{\mathbf{M} : (0, 0) \xrightarrow{\mathbf{M}} stop\},$$

$$\mathbf{C}_2 = \{\mathbf{M} : (0, 0) \xrightarrow{\mathbf{P}} cicla\},$$

es inseparable.

Demostración: Probaremos que el par $(\mathbf{S}_1, \mathbf{C}_1)$ definido en el Corolario anterior es sumergible en $(\mathbf{S}_2, \mathbf{C}_2)$. En efecto, para toda máquina de registros $\mathbf{P}$, sea $\mathbf{P}^\circ$ la máquina de dos registros que simula $\mathbf{P}$, construida algorítmicamente a partir de $\mathbf{P}$ en la demostración del teorema de Minsky (cfr. Teorema 14.3.1.). Sea finalmente $\mathbf{P}^\star$ la máquina de dos registros tal que:

$$\mathbf{P}^\star \stackrel{df}{=} \downarrow\!\circled{R_0^+} \longrightarrow \mathbf{P}^\circ.$$

Con ello se tiene:

$$\begin{aligned}
\mathbf{P} \in \mathbf{S}_1 &\Longrightarrow (0, 0, 0, \ldots) \xrightarrow{\mathbf{P}} stop \\
&\Longrightarrow (1, 0) \xrightarrow{\mathbf{P}^\circ} stop \\
&\Longrightarrow (0, 0) \xrightarrow{\mathbf{P}^\star} stop \\
&\Longrightarrow \mathbf{P}^\star \in \mathbf{S}_2.
\end{aligned}$$

Análogamente:

$$\begin{aligned}
\mathbf{P} \in \mathbf{C}_1 &\Longrightarrow (0, 0, 0, \ldots) \xrightarrow{\mathbf{P}} cicla \\
&\Longrightarrow (1, 0) \xrightarrow{\mathbf{P}^\circ} cicla \\
&\Longrightarrow (0, 0) \xrightarrow{\mathbf{P}^\star} cicla \\
&\Longrightarrow \mathbf{P}^\star \in \mathbf{C}_2.
\end{aligned}$$

19.5. Indecidibilidad de la lógica de primer orden

En esta sección se prueba la indecidibilidad de los conjuntos de fórmulas del lenguaje de primer orden insatisfactibles, finitamente satisfactibles, universalmente válidas y válidas en toda estructura finita.

Definición 19.5.1.

[1] τ es el tipo con un símbolo de constante o, un símbolo de función con un argumento s y un símbolo de relación ternaria R.

[2] SAT_τ, $FINSAT_\tau$ y $INSAT_\tau$ son los conjuntos de fórmulas de L^τ, respectivamente, satisfactibles (con modelos), finitamente satisfactibles (con modelos finitos) e insatisfactibles (sin modelos).

Teorema 19.5.2. Existe un procedimiento efectivo que asocia a cada máquina de dos registros **M** una fórmula α_{M} de L^τ, de forma que:

[i] Si **M** no se para nunca cuando parte de la configuración $(0, 0, 0)$, entonces α_{M} tiene un modelo.

[ii] Si **M** cicla cuando parte de la configuración $(0, 0, 0)$, entonces α_{M} tiene un modelo finito.

[iii] Si **M** acaba parándose cuando parte de la configuración $(0, 0, 0)$, entonces α_{M} no tiene ningún modelo.

Demostración: Abreviaturas: para toda variable z se escribirá z' en vez de sz y $o^1, o^2, \ldots, o^n$ serán abreviaturas de $so, sso, \ldots, sss...so$ (n veces s). A cada máquina de dos registros **M** con el conjunto de instrucciones $\{0, 1, \ldots, p\}$, se hará corresponder la fórmula α_{M} de L^τ formada por el cierre universal de la conjunción de fórmulas α, α^0_{M}, $\alpha^1_{\text{M}}, \ldots, \alpha^p_{\text{M}}$, donde:

$$\alpha \stackrel{df}{=} R\,o\,o\,o.$$

Para cada $n < p$ tal que la instrucción n de **M** es:

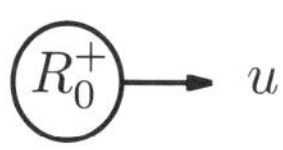

$$\alpha^n_{\text{M}} \stackrel{df}{=} (R\,o^n\,x\,y \rightarrow R\,o^u\,x'\,y).$$

Para cada $n < p$ tal que la instrucción n de **M** es:

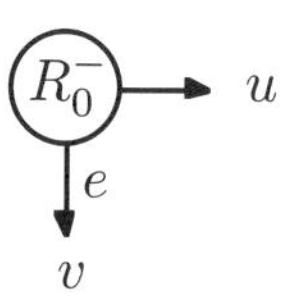

$$\alpha^n_{\text{M}} \stackrel{df}{=} (R\,o^n\,x'\,y \rightarrow R\,o^u\,x\,y) \wedge (R\,o^n\,o\,y \rightarrow R\,o^v\,o\,y).$$

Para cada $n < p$ tal que la instrucción n de **M** es del tipo R_1^+ ó R_1^-, α^n_{M} se define de forma análoga.

Finalmente:

$$\alpha^p_{\text{M}} \stackrel{df}{=} \neg R\,o^p\,x\,y.$$

Ad [i]: Si **M** no se para nunca cuando parte de la configuración $(0,\,0,\,0)$, entonces α_{M} tiene un modelo.

Demostración: Sea $\mathfrak{A} = \{\omega,\, R^\omega,\, s^\omega,\, 0^\omega\}$ la estructura tal que:

ω es el conjunto de los números naturales $0,\ 1,\ 2, \ldots$

R^ω es el conjunto de los triples $(a,\, b,\, c)$ tales que **M** alcanza la configuración $(a,\, b,\, c)$ cuando parte de $(0,\, 0,\, 0)$, *i.e.*:

$$R^\omega = \{(a,\, b,\, c) \in \omega^3 :\ (0,\, 0,\, 0) \xrightarrow{\mathbf{M}} (a,\, b,\, c)\}.$$

s^ω es la función sucesor.

0^ω es el número natural cero.

Puesto que $(0,\, 0,\, 0) \in R^\omega$, $\mathfrak{A} \models \alpha$. Además, es fácil probar mediante distinción de casos que para todo $n < p$, $\mathfrak{A} \models \forall x\, \forall y\, \alpha^n_{\text{M}}$. En efecto:

Caso 1: La instrucción n es:

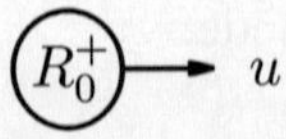

y, en consecuencia:

$$\alpha^n_{\text{M}} \overset{df}{=} (R\, o^n\, x\, y\ \rightarrow\ R\, o^u\, x'\, y).$$

Si $\mathfrak{A} \not\models \forall x\, \forall y\, \alpha^n_{\text{M}}$, existirán números naturales $a,\, b$ tales que:

i) $(n,\, a,\, b) \in R^\omega$

ii) $(u,\, a+1,\, b) \notin R^\omega$

Pero de i) se sigue que:

$$(0,\, 0,\, 0) \xrightarrow{\mathbf{M}} (n,\, a,\, b),$$

y, en consecuencia:

$$(0,\, 0,\, 0) \xrightarrow{\mathbf{M}} (u,\, a+1,\, b),$$

con lo que:

$$(u,\, a+1,\, b) \in R^\omega,$$

en contradicción con ii).

Los casos en que la instrucción n es del tipo R_0^-, R_1^+ y R_1^- son completamente similares.

Finalmente, puesto que por hipótesis **M** no se para cuando parte de la configuración $(0,\ 0,\ 0)$, no existen $a,\ b \in \omega$ tales que $(p,\ a,\ b) \in R^{\omega}$, con lo que:

$$\mathfrak{A} \models \forall x \, \forall y \, \neg \, R \, o^{p} \, x \, y,$$

y, en consecuencia:

$$\mathfrak{A} \models \alpha_{\text{M}}^{p}.$$

Así pues:

$$\mathfrak{A} \models \alpha_{\text{M}}.$$

Ejemplo: Sea **M** el siguiente programa:

Figura 19.8

Cuando **M** parte de la configuración $(0,\ 0,\ 0)$, da lugar a la computación:

$$(0,\ 0,\ 0) \xrightarrow{\mathbf{M}} (1,\ 1,\ 0) \xrightarrow{\mathbf{M}} (2,\ 1,\ 1) \xrightarrow{\mathbf{M}}$$
$$(0,\ 0,\ 1) \xrightarrow{\mathbf{M}} (1,\ 1,\ 1) \xrightarrow{\mathbf{M}} (2,\ 1,\ 2) \xrightarrow{\mathbf{M}}$$
$$(0,\ 0,\ 2) \xrightarrow{\mathbf{M}} (1,\ 1,\ 2) \xrightarrow{\mathbf{M}} (2,\ 1,\ 3) \xrightarrow{\mathbf{M}} \ldots$$

En este caso, α_{M} es la fórmula $\forall x \, \forall y \, (\alpha \ \wedge \ \alpha_{\text{M}}^{0} \ \wedge \ \alpha_{\text{M}}^{1} \ \wedge \ \alpha_{\text{M}}^{2} \ \wedge \ \alpha_{\text{M}}^{3})$, donde:

$$\alpha \overset{df}{=} R \, o \, o \, o,$$

$$\alpha_{\text{M}}^{0} \overset{df}{=} (R \, o \, x \, y \rightarrow R \, o^{1} \, x' \, y),$$

$$\alpha_{\text{M}}^{1} \overset{df}{=} (R \, o^{1} \, x \, y \rightarrow R \, o^{2} \, x \, y'),$$

$$\alpha_{\text{M}}^{2} \overset{df}{=} (R \, o^{2} \, x' \, y \rightarrow R \, o \, x \, y) \ \wedge \ (R \, o^{2} \, o \, y \rightarrow R \, o^{3} \, o \, y),$$

$$\alpha_{\text{M}}^{3} \overset{df}{=} \neg \, R \, o^{3} \, x \, y.$$

Es fácil comprobar que en la estructura $\mathfrak{A} = (\omega, R^\omega, s^\omega, 0^\omega)$, donde ω es el conjunto de los números naturales, 0^ω es el número natural cero, s^ω es la función sucesor y R^ω es el conjunto:

$$\{(0,\, 0,\, n),\, (1,\, 1,\, n),\, (2,\, 1,\, n+1) :\, n \in \omega\},$$

la fórmula α_{M} es válida.

Ad [ii]: Si **M** cicla cuando parte de la configuración $(0,\, 0,\, 0)$, entonces α_{M} tiene un modelo finito.

Demostración: Sean $k_0, k_1, ...$ las configuraciones que alcanza **M** cuando parte de la configuración $(0,\, 0,\, 0)$, y sea k_d la primera configuración igual a otra anterior, con lo que, a lo largo de la computación, el contenido de los registros R_0 y R_1 es menor que d. Sea p el número de la instrucción final y m el máximo de d y p. Modificando muy ligeramente la demostración de **[i]**, puede probarse que α_{M} es válida en la estructura finita:

$$\mathfrak{A} = (A,\, o^A,\, s^A,\, R^A),$$

donde:

$$A = \{\mathbf{0},\, \mathbf{1},\, \dots,\mathbf{m}\},$$

$$0^A = \mathbf{0},$$

$$s^A = \{(\mathbf{0},\, \mathbf{1}),\, (\mathbf{1},\, \mathbf{2}),\, \dots,\, (\mathbf{m\text{-}1}, \mathbf{m}),\, (\mathbf{m},\, \mathbf{0})\},$$

$$R^A = \{(\mathbf{a}, \mathbf{b}, \mathbf{c}) : (0,\, 0,\, 0) \xrightarrow{\mathbf{M}} (a,\, b,\, c)\}.$$

Puesto que a lo largo de la prueba no se hace uso de ningún número mayor que **m**, el valor de s^A(**m**) es irrelevante.

Ejemplo: Sea **M** el siguiente programa:

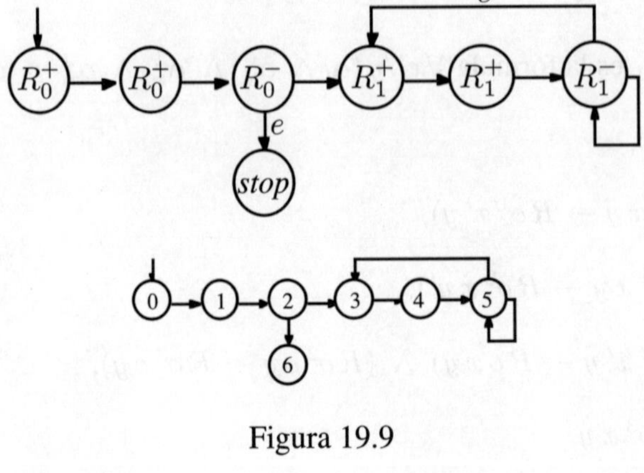

Figura 19.9

Computación de **M** cuando parte de la configuración $(0,\ 0,\ 0)$:

$$(0,\ 0,\ 0) \xrightarrow{\mathbf{M}} (1,\ 1,\ 0) \xrightarrow{\mathbf{M}} (2,\ 2,\ 0) \xrightarrow{\mathbf{M}} (3,\ 1,\ 0) \xrightarrow{\mathbf{M}} (4,\ 1,\ 1) \xrightarrow{\mathbf{M}}$$

$$(5,\ 1,\ 2) \xrightarrow{\mathbf{M}} (5,\ 1,\ 1) \xrightarrow{\mathbf{M}} (5,\ 1,\ 0) \xrightarrow{\mathbf{M}} (3,\ 1,\ 0) \xrightarrow{\mathbf{M}} \ ...$$

De $p = 6$ y $k_8 = k_3$ se sigue $m = 8$, con lo que $\mathfrak{A} = \{A,\ o^A,\ s^A,\ R^A\}$, donde:

$$\begin{aligned} A &= \{\mathbf{0}, \mathbf{1}, \mathbf{2}, \mathbf{3}, \mathbf{4}, \mathbf{5}, \mathbf{6}, \mathbf{7}, \mathbf{8}\}, \\ 0^A &= \mathbf{0}, \\ s^A &= \{(\mathbf{0}, \mathbf{1}), (\mathbf{1}, \mathbf{2}), (\mathbf{2}, \mathbf{3}), (\mathbf{3}, \mathbf{4}), (\mathbf{4}, \mathbf{5}), (\mathbf{5}, \mathbf{6}), (\mathbf{6}, \mathbf{7}), (\mathbf{7}, \mathbf{8}), (\mathbf{8}, \mathbf{0})\}, \\ R^A &= \{(\mathbf{0},\mathbf{0},\mathbf{0}), (\mathbf{1},\mathbf{1},\mathbf{0}), (\mathbf{2},\mathbf{2},\mathbf{0}), (\mathbf{3},\mathbf{1},\mathbf{0}), (\mathbf{4},\mathbf{1},\mathbf{1}), (\mathbf{5},\mathbf{1},\mathbf{2}), (\mathbf{5},\mathbf{1},\mathbf{1}), (\mathbf{5},\mathbf{1},\mathbf{0})\}. \end{aligned}$$

Por otra parte se tiene:

$$\alpha_{\mathrm{M}} \overset{df}{=} \forall x \forall y\, (\alpha \ \wedge \ \alpha^0_{\mathrm{M}} \ \wedge \ \alpha^1_{\mathrm{M}} \ \wedge \ \ldots \ \wedge \ \alpha^6_{\mathrm{M}}),$$

donde:

$$\begin{aligned} &\alpha \overset{df}{=} R\,o\,o\,o, \\ &\alpha^0_{\mathrm{M}} \overset{df}{=} (R\,o\,x\,y \rightarrow R\,o^1\,x'\,y), \\ &\alpha^1_{\mathrm{M}} \overset{df}{=} (R\,o^1\,x\,y \rightarrow R\,o^2\,x'\,y), \\ &\alpha^2_{\mathrm{M}} \overset{df}{=} (R\,o^2\,x\,y' \rightarrow R\,o^3\,x\,y) \ \wedge \ (R\,o^2\,x\,o \rightarrow R\,o^6\,x\,o), \\ &\alpha^3_{\mathrm{M}} \overset{df}{=} (R\,o^3\,x\,y \rightarrow R\,o^4\,x\,y'), \\ &\alpha^4_{\mathrm{M}} \overset{df}{=} (R\,o^4\,x\,y \rightarrow R\,o^5\,x\,y'), \\ &\alpha^5_{\mathrm{M}} \overset{df}{=} (R\,o^5\,x\,y' \rightarrow R\,o^5\,x\,y) \ \wedge \ (R\,o^5\,x\,o \rightarrow R\,o^3\,x\,o), \\ &\alpha^6_{\mathrm{M}} \overset{df}{=} \neg R\,0^6\,x\,y. \end{aligned}$$

La comprobación de que $\mathfrak{A} \models \alpha_{\mathrm{M}}$ es completamente trivial.

Ad [iii]: Si **M** acaba parándose cuando parte de la configuración $(0,\ 0,\ 0)$, entonces α_{M} no tiene ningún modelo.

La demostración consistirá en probar por inducción, mediante distinción de casos, que para toda estructura $\mathfrak{A} = \{A, o^A, s^A, R^A\}$ tal que $\mathfrak{A}$ es un modelo de α_{M}, si **M** alcanza la configuración (a, b, c) cuando parte de $(0, 0, 0)$, entonces $(\underline{\mathbf{a}}, \underline{\mathbf{b}}, \underline{\mathbf{c}}) \in R^A$, donde $\underline{\mathbf{i}}$ es igual a $s^A s^A \ldots s^A\ o^A$ (i veces s^A).

Con ello, puesto que por hipótesis existen números naturales m, n tales que:

$$(0,\, 0,\, 0) \xrightarrow{\mathbf{M}} (p,\, m,\, n)$$

(donde p es el número de la instrucción *stop* de **M**), se tendrá:

$$(\underline{\mathbf{p}}, \underline{\mathbf{m}}, \underline{\mathbf{n}}) \in R^A,$$

y, en consecuencia:

$$\mathfrak{A} \models R\, o^p\, o^m\, o^n,$$

en contradicción con:

$$\mathfrak{A} \models \forall x\, \forall y \neg R\, o^p\, x\, y.$$

Sean $k_0, k_1, ..., k_t$ las configuraciones que alcanza **M** cuando parte de $(0,\, 0,\, 0)$. Para $n = 0$ el lema es obvio, pues $k_0 = (0,\, 0,\, 0)$ y, al verificarse $\mathfrak{A} \models \alpha$:

$$(o^A, o^A, o^A) = (\underline{\mathbf{0}},\, \underline{\mathbf{0}},\, \underline{\mathbf{0}}) \in R^A.$$

Para cualquier $n < t$, sea $k_n = (a,\, b,\, c)$, con lo que, por la hipótesis de inducción:

$[\star]$ $(\underline{\mathbf{a}},\, \underline{\mathbf{b}},\, \underline{\mathbf{c}}) \in R^A.$

Caso 1: a es la instrucción:

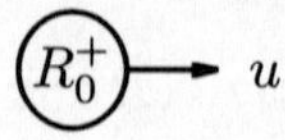

y, por tanto:

$$k_{n+1} = (u,\, b+1,\, c)$$

y

$$\alpha^a_{\mathrm{M}} \overset{df}{=} (R\, o^a\, x\, y \to R\, o^u\, x'\, y).$$

Además, $\mathfrak{A} \models \alpha_{\mathrm{M}}$ implica $\mathfrak{A} \models \forall x\, \forall y\, \alpha^a_{\mathrm{M}}$, *i.e.*:

$[\star\star]$ $\mathfrak{A} \models \forall x \forall y\, (R\, o^a\, x\, y \to R\, o^u\, x'\, y),$

siguiéndose de $[\star]$ y $[\star\star]$:

$$(\underline{\mathbf{u}}\,,\, \underline{\mathbf{b+1}}\,,\, \underline{\mathbf{c}}) \in R^A. \qquad \square$$

Los casos en que la instrucción a es del tipo R_1^+, R_0^-, R_1^-, son completamente similares.

Del teorema anterior se sigue inmediatamente:

Corolario 19.5.3. El par de máquinas de dos registros $(\mathbf{S}_2, \mathbf{C}_2)$, definido en el Corolario 19.4.13., es sumergible en $(INSAT_\tau, FINSAT_\tau)$.

Corolario 19.5.4.

[1] Los conjuntos de fórmulas insatisfactibles y finitamente satisfactibles del lenguaje L^τ son inseparables.

[2] Los conjuntos de fórmulas del lenguaje L^τ universalmente válidas y falsas en alguna estructura finita son inseparables.

Demostración:

[1] se sigue de los Corolarios 19.4.13. y 19.5.3.

[2] es consecuencia de que el primer par es sumergible en el segundo, al verificarse:

[a] Si una fórmula es insatisfactible, su negación es universalmente válida.

[b] Si una fórmula es finitamente satisfactible, su negación es falsa en una estructura finita.

Corolario 19.5.5. Los conjuntos de fórmulas universalmente válidas, válidas en toda estructura finita, satisfactibles y finitamente satisfactibles de cualquier lenguaje de primer orden, con o sin identidad, que contenga L^τ, son indecidibles.

Ejercicio 19.5.6. Demostrar que el conjunto M de los pares de fórmulas (α, β) de L^τ tales que $\alpha \models \beta$, es indecidible.

Solución: Si γ es una fórmula universalmente válida, para toda fórmula δ se tiene:

$$\models \delta \quad \Longleftrightarrow \quad \gamma \models \delta \quad \Longleftrightarrow \quad (\gamma, \delta) \in M.$$

Observación 19.5.7. Los Corolarios 19.5.4. y 19.5.5. continuan siendo válidos para cualquier lenguaje, con o sin identidad, que posea al menos un símbolo de relación binaria. La razón de que esto ocurra se encuentra en que cualquier estructura $\mathfrak{A}$ puede ser codificada en otra $\mathfrak{A}^\star$ con una única relación binaria, sin precisarse la identidad para la descodificación (reconstrucción de $\mathfrak{A}$ a partir de $\mathfrak{A}^\star$).

19.6. Fragmentos decidibles de la lógica de primer orden

Aunque se ha visto que el problema general de decidir si una fórmula cualquiera es satisfactible, o finitamente satisfactible, o universalmente válida, o válida en toda estructura finita, tiene una solución negativa, sin embargo, es posible encontrar procedimientos de decisión para clases de fórmulas especiales. Muchos de los resultados de este apartado se encuentran en [**Hermes**, 1970] y aquí no se demuestran.

Definición 19.6.1. *(Lenguaje relacional universal)* $\mathfrak{L}$ es el lenguaje de primer orden sin identidad, sin símbolos de constante ni de función, y con una infinidad numerable de símbolos de relación n-aria $(n = 1,\ 2,\ 3, \ldots)$.

Notación 19.6.2. $\mathfrak{L}_P$ denotará el conjunto de fórmulas de $\mathfrak{L}$ con forma prénex.

Definición 19.6.3. *(Prefijo)* Se llamará prefijo de una fórmula α de $\mathfrak{L}_P$, que será denotado por $\pi(\alpha)$, a la sucesión de sus símbolos de cuantificación en su orden de aparición, *i.e.*, la palabra sobre el alfabeto $\{\exists,\ \forall\}$, obtenida a partir de α suprimiendo todos los símbolos no pertenecientes a ese alfabeto.

Ejemplo 19.6.4. Si:

$$\alpha \overset{df}{=} \forall x\, \forall y\, \exists z\, \exists u\, \exists v\, \forall w\, \beta,$$

donde β es una fórmula sin cuantificadores, entonces:

$$\pi\,(\alpha) = \forall\forall\exists\exists\exists\forall.$$

Notación 19.6.5.

[1] $\forall^n$ (y análogamente $\exists^n$) denotará la palabra formada por n símbolos de cuantificación universal (existencial).

Así, en el ejemplo anterior, se escribirá:

$$\pi\,(\alpha) = \forall^2\, \exists^3\, \forall.$$

[2] $\forall^\infty$ (y análogamente $\exists^\infty$) denotará una sucesión arbitrariamente larga de cuantificadores universales (existenciales).

Definición 19.6.6. Un prefijo π está incluido en otro π', lo que se denotará por $\pi \leq \pi'$, si π puede obtenerse suprimiendo algunos símbolos de π'.

Por ejemplo:

$$\forall^2\, \exists^3\, \forall \ \leq\ \exists\, \forall^3\, \exists^3\, \forall^2 \ \leq\ \exists\, \forall^\infty\, \exists^\infty\, \forall^4\, \exists.$$

Como se demostrará a continuación, todas las fórmulas de $\mathfrak{L}_P$ pertenecen al menos a una de las cuatro siguientes clases, estudiadas, respectivamente, por Bernays-Schönfinkel, Gödel-Kalmar-Schütte, Surányi y Kahr-Moore-Wang:

Definición 19.6.7.

$$\mathbf{BS} \stackrel{df}{=} \{\alpha \in \mathfrak{L}_{\mathrm{P}} : \ \pi(\alpha) \leq \exists^{\infty} \forall^{\infty}\}.$$

$$\mathbf{GKS} \stackrel{df}{=} \{\alpha \in \mathfrak{L}_{\mathrm{P}} : \ \pi(\alpha) \leq \exists^{\infty} \forall^{2} \exists^{\infty}\}.$$

$$\mathbf{S} \stackrel{df}{=} \{\alpha \in \mathfrak{L}_{\mathrm{P}} : \ \forall^{3} \exists \leq \pi(\alpha)\}.$$

$$\mathbf{KMW} \stackrel{df}{=} \{\alpha \in \mathfrak{L}_{\mathrm{P}} : \ \forall \exists \forall \leq \pi(\alpha)\}.$$

Proposición 19.6.8.

[1] $[\mathbf{BS} \cup \mathbf{GKS}] \cap [\mathbf{S} \cup \mathbf{KMW}] = \emptyset$.

[2] $\mathbf{BS} \cap \mathbf{GKS} \neq \emptyset$.

[3] $\mathbf{S} \cap \mathbf{KMW} \neq \emptyset$.

[4] $[\mathbf{BS} \cup \mathbf{GKS}] \cup [\mathbf{S} \cup \mathbf{KMW}] = \mathfrak{L}_{\mathrm{P}}$.

Demostración: La prueba de [1], [2] y [3] es completamente trivial. Para demostrar [4], distinguiremos casos, según el número de alternancias de cuantificadores que contenga el prefijo π, que denotaremos por $alt(\pi)$.

Caso 0: $\pi = \emptyset$; entonces $\pi \in \mathbf{BS} \cap \mathbf{GKS}$.

Caso 1: $\pi \neq \emptyset$ y $alt(\pi) = 0$.

Caso 1a: $\pi = \exists^{r}$; entonces $\pi \in \mathbf{BS} \cap \mathbf{GKS}$.

Caso 1b: $\pi = \forall^{r}$, $r \leq 2$; entonces $\pi \in \mathbf{BS} \cap \mathbf{GKS}$.

Caso 1c: $\pi = \forall^{r}$, $r > 2$; entonces $\pi \in \mathbf{BS}$.

Caso 2: $\pi \neq \emptyset$ y $alt(\pi) = 1$.

Caso 2a: $\pi = \exists^{s} \forall^{r}$; entonces $\pi \in \mathbf{BS}$.

Caso 2b: $\pi = \forall^{r} \exists^{s}$ con $r \leq 2$; entonces $\pi \in \mathbf{GKS}$.

Caso 2c: $\pi = \forall^{r} \exists^{s}$ con $r > 2$; entonces $\pi \in \mathbf{S}$.

Caso 3: $\pi \neq \emptyset$ y $alt(\pi) = 2$.

Caso 3a: $\pi = \exists^{r} \forall^{s} \exists^{u}$ con $s \leq 2$; entonces $\pi \in \mathbf{GKS}$.

Caso 3b: $\pi = \exists^{r} \forall^{s} \exists^{u}$ con $s > 2$; entonces $\pi \in \mathbf{S}$.

Caso 3c: $\pi = \forall^{r} \exists^{s} \forall^{u}$ con $r > 2$; entonces $\pi \in \mathbf{S} \cap \mathbf{KMW}$.

Caso 3d: $\pi = \forall^{r} \exists^{s} \forall^{u}$ con $r \leq 2$; entonces $\pi \in \mathbf{KMW}$.

Caso 4: $\pi \neq \emptyset$ y $alt(\pi) > 2$.

Caso 4a : $\forall^3 \exists \not\leq \pi$; entonces $\pi \in$ **KMW**.

Caso 4b : $\forall^3 \exists \leq \pi$; entonces $\pi \in$ **KMW** $\cap$ **S**.

Definición 19.6.9. Una clase de fórmulas **K** de un lenguaje L es decidible respecto a satisfactibilidad si y sólo si existe un procedimiento efectivo para decidir si una cierta fórmula de **K** es válida en alguna estructura.

Sea L un lenguaje cualquiera.

Notación 19.6.10. $\mathbf{SAT}_\mathrm{L}$ es el conjunto de fórmulas satisfactibles de L.

Con esta notación, de la última definición se sigue:

Proposición 19.6.11. Una clase de fórmulas **K** de un lenguaje L es decidible respecto a satisfactibilidad si y sólo si el conjunto númerico:

$$\{\ulcorner\alpha\urcorner : \alpha \in \mathbf{K} \cap \mathbf{SAT}_\mathrm{L}\}$$

es recursivo.

Teorema 19.6.12. *(Bernays y Schönfinkel*, 1928*)* La clase **BS** es decidible respecto a satisfactibilidad.

Teorema 19.6.13. *(Gödel, Kalmar y Schütte*, 1932-34*)* La clase **GKS** es decidible respecto a satisfactibilidad.

Puesto que una fórmula es satisfactible si y sólo si su negación no es universalmente válida, de los dos últimos teoremas se sigue inmediatamente:

Corolario 19.6.14. Las clases de fórmulas $\{\alpha \in \mathfrak{L}_\mathrm{P} : \pi(\alpha) \leq \forall^\infty \exists^\infty$ y $\models \alpha\}$ y $\{\alpha \in \mathfrak{L}_\mathrm{P} : \pi(\alpha) \leq \forall^\infty \exists^2 \forall^\infty$ y $\models \alpha\}$ son decidibles.

19.7. Tipos de reducción

Teorema 19.7.1. El conjunto $\mathbf{SAT}_\mathfrak{L}$ (cfr. Definiciones 19.6.1. y 19.6.10.) es indecidible.

El teorema es consecuencia del Corolario 19.5.3. y de que dado un lenguaje L, existe un procedimiento efectivo que hace corresponder a cada fórmula γ de L otra fórmula $\gamma^\star$ de $\mathfrak{L}$ que verifica: $\gamma^\star$ es satisfactible si y sólo si lo es γ.

Definición 19.7.2. *(Tipo de reducción respecto a satisfactibilidad)* Una clase de fórmulas $\boldsymbol{K}$ de un cierto lenguaje L es un tipo de reducción respecto a satisfactibilidad, si existe un procedimiento efectivo que hace corresponder a cada fórmula α de L otra fórmula $\alpha^\star$ de $\boldsymbol{K}$, que verifica: α es satisfactible si y sólo si lo es $\alpha^\star$.

Ejemplo 19.7.3. Puesto que toda fórmula es lógicamente equivalente a otra en forma prénex (que puede ser obtenida algoritmicamente a partir de aquella), el conjunto $\mathfrak{L}_\mathrm{P}$ (cfr. Definición 19.6.2.) es un tipo de reducción de $\mathfrak{L}$.

Teorema 19.7.4. Si L es un lenguaje tal que $\mathbf{SAT}_\mathrm{L}$ es indecidible, entonces todo tipo de reducción respecto a satisfactibilidad es indecidible.

Teorema 19.7.5. *(Surányi,* 1959*)* La clase $\mathbf{S}$ es un tipo de reducción respecto a satisfactibilidad.

Teorema 19.7.6. *(Kahr, Moore y Wang,* 1962*)* La clase **KMW** es un tipo de reducción respecto a satisfactibilidad.

Definición 19.7.7. *(Tipo de reducción respecto a validez universal)* Una clase de fórmulas $\boldsymbol{K}$ de un cierto lenguaje L es un tipo de reducción respecto a validez universal, si existe un procedimiento efectivo que hace corresponder a cada fórmula α de L otra fórmula $\alpha^\star$ de $\boldsymbol{K}$, que verifica: α es universalmente válida si y sólo si lo es $\alpha^\star$.

De los dos últimos teoremas se sigue inmediatamente:

Corolario 19.7.8. Las dos siguientes clases de fórmulas son tipos de reducción respecto a validez universal:

$$\{\alpha \in \mathfrak{L}_\mathrm{P} : \ \exists^3 \forall \leq \pi(\alpha)\},$$

$$\{\alpha \in \mathfrak{L}_\mathrm{P} : \ \exists\forall\exists \leq \pi(\alpha)\}.$$

20 LA ARITMÉTICA

En este capítulo se demuestra que todas las funciones recursivas son definibles en una cierta teoría de números muy débil (la denominada *aritmética de Robinson*), de donde se siguen numerosos e importantes resultados referentes a todas las extensiones consistentes de esa teoría.

20.1. Teorías indecidibles e inseparables

Definición 20.1.1. *(Teoría y estructura indecidibles)*

[1] Una teoría T es indecidible si lo es el conjunto $\{\ulcorner\alpha\urcorner : \alpha \in T\}$.

[2] Una estructura es indecidible si lo es su teoría.

Definición 20.1.2. *(Teoría esencialmente indecidible)* Una teoría es esencialmente indecidible si son indecidibles todas sus extensiones consistentes.

Puesto que toda teoría está contenida en la teoría de cualquiera de sus modelos, de esta definición se sigue inmediatamente:

Proposición 20.1.3. Una teoría esencialmente indecidible no tiene modelos decidibles.

Observación 20.1.4. Puesto que la teoría de cualquier estructura finita es decidible, las teorías con modelos finitos (órdenes parciales, retículos, grafos, grupos, anillos, cuerpos, etc.) no son esencialmente indecidibles. Ejemplos de teorías esencialmente indecidibles son la aritmética de Robinson (cfr. Definición 20.2.2.) y la teoría de conjuntos.

Observación 20.1.5. Es igualmente cierto que toda teoría sin modelos decidibles es esencialmente indecidible, ya que, mediante la construcción de Henkin realizada en el Capítulo 6, de cualquier conjunto consistente y decidible de fórmulas puede obtenerse un modelo decidible.

Definición 20.1.6. *(Teorías compatibles)* Dos teorías son compatibles si su unión es consistente; por el contrario, son incompatibles si su unión es inconsistente.

Ejercicio 20.1.7. Demostrar que dos teorías T, T' con el mismo lenguaje L son incompatibles si y sólo si existe una fórmula $\alpha \in L$ tal que $\alpha \in T$ y $\neg\alpha \in T'$.

Solución: Si T y T' son incompatibles, existirán fórmulas cerradas $\gamma \in L$, $\alpha \in T$ y $\beta \in T'$ tales que $\alpha, \beta \models \gamma \wedge \neg\gamma$, con lo que $\beta \models \neg\alpha$, y, en consecuencia, $\neg\alpha \in T'$.

La implicación inversa es obvia.

Definición 20.1.8. *(Teoría fuertemente indecidible)* Una teoría T es fuertemente indecidible si toda teoría T' compatible con T y tal que $L(T) = L(T')$ es indecidible.

Definición 20.1.9. *(Estructura fuertemente indecidible)* Una estructura es fuertemente indecidible si lo es su teoría.

Proposición 20.1.10. Si una teoría es fuertemente indecidible también lo son todos sus modelos.

La prueba es trivial.

Observación 20.1.11. Una teoría fuertemente indecidible puede tener subteorías decidibles con un lenguaje distinto. Por ejemplo, si:

$$\mathfrak{N} = (\omega, 0^\omega, s^\omega, +^\omega, \cdot^\omega),$$

$$\mathfrak{S} = (\omega, 0^\omega, s^\omega, +^\omega),$$

entonces $Th(\mathfrak{S}) \subseteq Th(\mathfrak{N})$, siendo $Th(\mathfrak{N})$ fuertemente indecidible y $Th(\mathfrak{S})$ decidible (cfr. [**Pressburger**, 1930]).

Teorema 20.1.12. Toda teoría esencialmente indecidible y finitamente axiomatizable es fuertemente indecidible.

Demostración: En efecto, si T es una teoría esencialmente indecidible y T' es una teoría compatible con T tal que $L(T') = L(T)$, entonces $T \oplus T' \overset{df}{=} \{\alpha \in L(T) :$

$T \cup T' \models \alpha\}$ será indecidible. Además, si ϵ es la conjunción de los axiomas de T, para toda fórmula $\beta \in L(T)$ se tiene:

$$\beta \in T \oplus T' \iff T \cup T' \models \beta \iff T' \cup \{\epsilon\} \models \beta$$
$$\iff T' \models \epsilon \to \beta \iff \epsilon \to \beta \in T',$$

con lo que la decidibilidad de T' implicaría la de $T \oplus T'$.

Definición 20.1.13. *(Teoría inseparable)* Una teoría T es inseparable si los conjuntos $\{\ulcorner\delta\urcorner : \delta \in T\}$ y $\{\ulcorner\delta\urcorner : \neg\,\delta \in T\}$ son recursivamente inseparables.

Obviamente, se tiene:

Teorema 20.1.14. Toda teoría inseparable es esencialmente indecidible.

Ejercicio 20.1.15. Demostrar que toda teoría axiomatizable e inseparable es incompleta.

20.2. La aritmética de Robinson

Definición 20.2.1. *(Aritmética)* La aritmética es la teoría de la estructura $\mathfrak{N} = (\omega,\, 0^\omega,\, s^\omega,\, +^\omega,\, \cdot^\omega)$, siendo ω, 0^ω, s^ω, $+^\omega$ y $\cdot^\omega$, respectivamente, el conjunto de los números naturales, el número cero y las funciones sucesor, suma y producto.

Definición 20.2.2. *(Aritmética de Robinson)* La aritmética de Robinson es la subteoría **Q** de $Th(\mathfrak{N})$ obtenida a partir de los siete siguientes axiomas:

$\mathbf{Q_0}$ $\neg\,\exists x\,(sx = 0)$.

$\mathbf{Q_1}$ $\forall x\,\forall y\,(sx = sy \;\to\; x = y)$.

$\mathbf{Q_2}$ $\forall x\,(\neg(x = 0) \;\to\; \exists y(sy = x))$.

$\mathbf{Q_3}$ $\forall x\,(x + 0 = x)$.

$\mathbf{Q_4}$ $\forall x\,\forall y\,(x + sy = s(x + y))$.

$\mathbf{Q_5}$ $\forall x\,(x \cdot 0 = 0)$.

$\mathbf{Q_6}$ $\forall x\,\forall y\,(x \cdot sy = x \cdot y + x)$.

Notación 20.2.3.

[1] Frecuentemente se escribirá x' en vez de sx.

[2] Para todo $n \in \omega$, $\mathbf{n}$ es la sucesión de símbolos $sss\ldots s0$ (n veces s). Así pues, en el argot de la lógica formal, $\mathbf{n}$ es el *término* o el *numeral* que denota el número n.

[3] $[\delta]_x^{\mathbf{n}}$ (o $\delta_x^{\mathbf{n}}$ si los corchetes son innecesarios) denota la fórmula que resulta de sustituir en δ cada aparición libre de la variable x por el numeral $\mathbf{n}$.

Definición 20.2.4. $x < y \overset{df}{\leftrightarrow} \exists z\,(z' + x = y)$.

Observación 20.2.5. La teoría $\mathbf{Q}$ es un tanto paradójica, al ser lo suficientemente *fuerte* como para que en ella sean definibles todas las funciones y relaciones recursivas, y ser en cambio *muy débil* en otros sentidos, al no poderse probar en ella ciertas propiedades elementales de $\mathfrak{N}$. Pese a ser una pésima aproximación a $Th(\mathfrak{N})$, $\mathbf{Q}$ jugará un papel central en todo nuestro estudio.

La debilidad de $\mathbf{Q}$ queda patente en el siguiente teorema:

Teorema 20.2.6. Las siguientes fórmulas no son teoremas de $\mathbf{Q}$:

[1] $\forall x\,(x \neq x')$.

[2] $\forall x \forall y \forall z\,(x + (y + z) = (x + y) + z)$.

[3] $\forall x \forall y\,(x + y = y + x)$.

[4] $\forall x\,(0 + x = x)$.

[5] $\forall x\,(x < x')$.

[6] $\neg \exists x \exists y\,(x < y \,\wedge\, y < x)$.

[7] $\forall x \forall y \forall z\,(x \cdot (y \cdot z) = (x \cdot y) \cdot z)$.

[8] $\forall x \forall y\,(x \cdot y = y \cdot x)$.

[9] $\forall x\,(0 \cdot x = 0)$.

[10] $\forall x \forall y \forall z\,(x \cdot (y + z) = x \cdot y + x \cdot z)$.

Demostración: La prueba consistirá en encontrar un modelo $\mathfrak{M}$ de los axiomas de $\mathbf{Q}$, en el que no se verifica ninguna de las fórmulas **[1]**-**[10]**. Ese modelo ha sido tomado de [**Epstein-Carnielli**, 1989, p. 183] y aparece también en [**Boolos-Jeffrey**,1989, p. 169]. Con ello, se tendrá para toda fórmula $\delta \in \{[\mathbf{1}], [\mathbf{2}], \ldots, [\mathbf{10}]\}$:

$$\mathfrak{M} \models \mathbf{Q} \quad \text{y} \quad \mathfrak{M} \not\models \delta,$$

de donde sucesivamente se sigue $\mathbf{Q} \not\models \delta$, $\nvdash_{\mathbf{Q}} \delta$, y, finalmente, $\delta \notin \mathbf{Q}$.

El universo M del modelo se obtiene añadiendo al conjunto de los números naturales dos nuevos elementos α, β, viniendo definidas las operaciones s^M, $+^M$ y $\cdot^M$ por las siguientes tablas, en las que se escribe $+$ y $\cdot$ en vez de $+^\omega$ y $\cdot^\omega$:

	s^M
p	$p+1$
α	α
β	β

$+^M$	n	α	β
p	$p+n$	β	α
α	α	β	α
β	β	β	α

$\cdot^M$	0	$n\neq 0$	α	β
0	0	0	α	β
$p\neq 0$	0	$p\cdot n$	β	α
α	0	β	β	β
β	0	α	α	α

Figura 20.1

La prueba de que en $\mathfrak{M}$ se verifican todos los axiomas de **Q** se reduce a una sencilla comprobación.

Contraejemplos de [**1**]-[**10**]:

[**1**], [**4**], [**5**], [**9**]: $x=\alpha$

[**3**], [**6**], [**8**]: $x=\alpha,\ y=\beta$

[**2**], [**7**], [**10**]: $x=z=\alpha,\ y=\beta.$

Definición 20.2.7. *(Función representable en* **Q***)* La fórmula $\alpha\,(x_0, x_1, \ldots, x_n)$ representa en **Q** a la función total $f:\omega^n\to\omega$ si se verifica:

$$\text{si}\ f(a_1,\ldots,a_n)=b,\ \text{entonces}\ \vdash_{\mathrm{Q}} \forall x_0(\alpha(x_0,\mathbf{a}_1,\ldots,\mathbf{a}_n)\leftrightarrow x_0=\mathbf{b}),$$

o, equivalentemente:

$$\text{si}\ f(a_1,\ldots,a_n)=b,\ \text{entonces}\ \vdash_{\mathrm{Q}} \alpha\,(x_0,\mathbf{a}_1,\ldots,\mathbf{a}_n)\leftrightarrow x_0=\mathbf{b}.$$

Observación 20.2.8. Al ser total la función f, si $\alpha\,(x_0, x_1, \ldots, x_n)$ representa a f, entonces también se verifica:

$$\vdash_{\mathrm{Q}} \alpha\,(x_0,\mathbf{a}_1,\ldots,\mathbf{a}_n)\leftrightarrow x_0=\mathbf{b} \implies f(a_1,\ldots,a_n)=b,$$

ya que de $\vdash_{\mathrm{Q}} \alpha\,(x_0,\mathbf{a}_1,\ldots,\mathbf{a}_n)\leftrightarrow x_0=\mathbf{b}$ y de $f(a_1,\ldots,a_n)=c$, se obtiene $\vdash_{\mathrm{Q}} \mathbf{b}=\mathbf{c}$, siguiéndose de los axiomas $[\mathbf{Q_0}]$ y $[\mathbf{Q_1}]$ y de la consistencia de **Q** que $b=c$.

Definición 20.2.9. *(Función parcial extensible en* **Q***)* La fórmula $\alpha\,(x_0, x_1, \ldots, x_n)$ extiende en **Q** a la función parcial $\phi:\omega^n\to\omega$ si se verifica:

$$\text{si}\ \phi(a_1,\ldots,a_n)=b,\ \text{entonces}\ \vdash_{\mathrm{Q}} \forall x_0\,(\alpha\,(x_0,\mathbf{a}_1,\ldots,\mathbf{a}_n)\leftrightarrow x_0=\mathbf{b}),$$

y, por tanto:

$$\phi \subseteq \{ (a_1, a_2, \ldots, a_n, b) : \alpha (\mathbf{b}, \mathbf{a}_1, \mathbf{a}_2, \ldots, \mathbf{a}_n) \in \mathbf{Q}\}.$$

Definición 20.2.10. *(Relación representable en* **Q***)* Una relación $R \subseteq \omega^n$ es representable en **Q** si existe una fórmula $\rho(x_1, x_2, \ldots, x_n)$ tal que:

$$(a_1, a_2, \ldots, a_n) \in R \implies \mathbf{Q} \vdash \rho (\mathbf{a}_1, \mathbf{a}_2, \ldots, \mathbf{a}_n),$$

$$(a_1, a_2, \ldots, a_n) \notin R \implies \mathbf{Q} \vdash \neg \rho (\mathbf{a}_1, \mathbf{a}_2, \ldots, \mathbf{a}_n).$$

Ejercicio 20.2.11. Demostrar que una relación es representable en **Q** si y sólo si lo es su función característica.

Ejercicio 20.2.12. Utilizar la tesis de Church para demostrar que toda función total representable en **Q** es recursiva.

20.3. Representabilidad en Q de las funciones recursivas

Teorema 20.3.1. Toda función recursiva parcial es extensible en **Q**.

La demostración que presentamos, básicamente idéntica a la de [**Epstein-Carnielli**, 1989], consiste en probar que las funciones proyección, suma, producto y característica de la igualdad son representables en **Q**, y que las definiciones por composición y minimalización a partir de funciones parciales extensibles en **Q** dan lugar a funciones parciales también extensibles en **Q**.

Lema 20.3.2. La fórmula $x_1 = x_1 \wedge \ldots \wedge x_n = x_n \wedge x_0 = x_k$ representa a U^n_k en **Q**.

Demostración: En efecto, $U^n_k(i_1, \ldots, i_n) = i_k$ y

$$\vdash_{\mathrm{Q}} (\mathbf{i}_1 = \mathbf{i}_1 \wedge \ldots \wedge \mathbf{i}_n = \mathbf{i}_n \wedge x_0 = \mathbf{i}_k) \leftrightarrow x_0 = \mathbf{i}_k.$$

Lema 20.3.3. Si $i + j = k$, entonces $\vdash_{\mathrm{Q}} \mathbf{i} + \mathbf{j} = \mathbf{k}$.

Demostración (por inducción sobre j):

$j = 0$: Hay que probar $\vdash_{\mathrm{Q}} \mathbf{i} + \mathbf{0} = \mathbf{i}$, consecuencia inmediata de $[\mathbf{Q_3}]$.

$j = m'$: Si $i + m' = k$, existirá un n tal que $n' = k$, con lo que $i + m = n$ y, por hipótesis de inducción, $\vdash_{\mathrm{Q}} \mathbf{i} + \mathbf{m} = \mathbf{n}$, que implica $\vdash_{\mathrm{Q}} (\mathbf{i} + \mathbf{m})' = \mathbf{n}'$. Y, puesto que de $[\mathbf{Q_4}]$ se sigue $\vdash_{\mathrm{Q}} (\mathbf{i} + \mathbf{m})' = \mathbf{i} + \mathbf{m}'$, se tiene que $\vdash_{\mathrm{Q}} \mathbf{i} + \mathbf{m}' = \mathbf{n}'$ y, por tanto, $\vdash_{\mathrm{Q}} \mathbf{i} + \mathbf{j} = \mathbf{k}$.

Lema 20.3.4. La fórmula $x_1 + x_2 = x_0$ representa en **Q** a la función *suma.*

Demostración: En efecto, si $i+j = k$, de acuerdo con el lema 20.3.3., se verifica $\vdash_Q \mathbf{i}+\mathbf{j}=\mathbf{k}$ y, por tanto, $\vdash_Q \mathbf{i}+\mathbf{j}=x_0 \leftrightarrow x_0=\mathbf{k}$.

Demostración formal:

[1]	$\mathbf{i}+\mathbf{j}=\mathbf{k}$	(Lema 20.3.3)
[2]	$\mathbf{i}+\mathbf{j}=\mathbf{k} \rightarrow (\mathbf{i}+\mathbf{j}=x_0 \rightarrow x_0=\mathbf{k})$	(lógica)
[3]	$\mathbf{i}+\mathbf{j}=x_0 \rightarrow x_0=\mathbf{k}$	[1], [2]
[4]	$\mathbf{i}+\mathbf{j}=\mathbf{k} \rightarrow (x_0=\mathbf{k} \rightarrow \mathbf{i}+\mathbf{j}=x_0)$	(lógica)
[5]	$x_0=\mathbf{k} \rightarrow \mathbf{i}+\mathbf{j}=x_0$	[1], [4]
[6]	$\mathbf{i}+\mathbf{j}=x_0 \leftrightarrow x_0=\mathbf{k}$	[3], [5]

Lema 20.3.5. Si $i \cdot j = k$, entonces $\vdash_Q \mathbf{i}\cdot\mathbf{j}=\mathbf{k}$.

La prueba es completamente similar a la del Lema 20.3.3.

Lema 20.3.6. La fórmula $x_1 \cdot x_2 = x_0$ representa en **Q** a la función *producto.*

La prueba es similar a la del Lema 20.3.4.

Lema 20.3.7. Si $i \neq j$, entonces $\vdash_Q \mathbf{i}\neq\mathbf{j}$.

Si $i < j$ (y dualmente si $j < i$) la prueba se hará por inducción sobre i:

$i = 0$: De $0 < j$ se sigue que existe n tal que $j = n'$, teniéndose que demostrar $\vdash_Q \mathbf{0}\neq\mathbf{n}'$, que es consecuencia inmediata del axioma $[\mathbf{Q_0}]$.

$i = m'$: Sea $n > m$ tal que $j = n'$. Hay que demostrar que $\vdash_Q \mathbf{m}'\neq\mathbf{n}'$, que es consecuencia inmediata del axioma $[\mathbf{Q_1}]$ y de $\vdash_Q \mathbf{m}\neq\mathbf{n}$, que se verifica por la hipótesis de inducción.

Lema 20.3.8. La fórmula $(x_1 = x_2 \wedge x_0 = \mathbf{1}) \vee (x_1 \neq x_2 \wedge x_0 = \mathbf{0})$ representa en **Q** la función característica f de la igualdad.

Demostración: Si $f(i, j) = 1$, entonces $i = j$, con lo que $\vdash_Q \mathbf{i}=\mathbf{j}$, y, en consecuencia:

$$\vdash_Q (\mathbf{i}=\mathbf{j} \wedge x_0=\mathbf{1}) \leftrightarrow x_0=\mathbf{1},$$

que a su vez implica:

$$\vdash_Q [(\mathbf{i}=\mathbf{j} \wedge x_0=\mathbf{1}) \vee (\mathbf{i}\neq\mathbf{j} \wedge x_0=\mathbf{0})] \leftrightarrow x_0=\mathbf{1}.$$

Si $f(i, j) = 0$, entonces $i \neq j$, con lo que $\vdash_Q \mathbf{i}\neq\mathbf{j}$, y, en consecuencia:

$$\vdash_Q (\mathbf{i}\neq\mathbf{j} \wedge x_0=\mathbf{0}) \leftrightarrow x_0=\mathbf{0},$$

que a su vez implica:

$$\vdash_{\mathrm{Q}} [(\mathbf{i} = \mathbf{j} \wedge x_0 = \mathbf{1}) \vee (\mathbf{i} \neq \mathbf{j} \wedge x_0 = \mathbf{0})] \leftrightarrow x_0 = \mathbf{0}.$$

Lema 20.3.9. Si ϕ, $\phi_1, \ldots, \phi_m$ son funciones recursivas parciales y la función parcial $\psi : \omega^n \to \omega$ está definida por la identidad:

$$\psi(a_1, \ldots, a_n) = \phi(\phi_1(a_1, \ldots, a_n), \ldots, \phi_m(a_1, \ldots, a_n)),$$

y las fórmulas:

$$\alpha(x_0, x_1, \ldots, x_m),\ \alpha_1(x_0, x_1, \ldots, x_n), \ldots, \alpha_m(x_0, x_1, \ldots, x_n),$$

extienden en **Q**, respectivamente, a ϕ, $\phi_1, \ldots, \phi_m$, y $\beta(x_0, x_1, \ldots, x_n)$ es la fórmula:

$$\exists y_1 \ldots \exists y_m\, (\alpha_1(y_1, x_1, \ldots, x_n) \wedge \ldots \wedge \alpha_m(y_m, x_1, \ldots, x_n) \wedge \alpha(x_0, y_1, \ldots, y_m)),$$

entonces $\beta(x_0, x_1, \ldots, x_n)$ extiende ψ en **Q**.

Demostración: Sean x y $\mathbf{a}$ abreviaturas, respectivamente, de $x_1, \ldots, x_n$ y $\mathbf{a}_1, \ldots, \mathbf{a}_n$. Si $\psi(a_1, \ldots, a_n) = c$, existen $b_1, \ldots, b_m$ tales que:

$$\phi_1(a_1, \ldots, a_n) = b_1,$$
....
$$\phi_m(a_1, \ldots, a_n) = b_m,$$
$$\phi(b_1, \ldots, b_m) = c,$$

con lo que:

[i]

$$\vdash_{\mathrm{Q}} \alpha_1(x_0, \mathbf{a}_1, \ldots, \mathbf{a}_n) \leftrightarrow x_0 = \mathbf{b}_1,$$
....
$$\vdash_{\mathrm{Q}} \alpha_m(x_0, \mathbf{a}_1, \ldots, \mathbf{a}_n) \leftrightarrow x_0 = \mathbf{b}_m,$$
$$\vdash_{\mathrm{Q}} \alpha\,(x_0, \mathbf{b}_1, \ldots, \mathbf{b}_m) \leftrightarrow x_0 = \mathbf{c},$$

y, por tanto:

$$\vdash_{\mathrm{Q}} \alpha_1(\mathbf{b}_1, \mathbf{a}) \wedge \ldots \wedge \alpha_m(\mathbf{b}_m, \mathbf{a}) \wedge \alpha(\mathbf{c}, \mathbf{b}_1, \ldots, \mathbf{b}_m),$$

de donde se sigue:

$$\vdash_{\mathrm{Q}} \exists y_1 \ldots \exists y_m\, [\alpha_1(y_1, \mathbf{a}) \wedge \ldots \wedge \alpha_m(y_m, \mathbf{a}) \wedge \alpha(\mathbf{c}, y_1, \ldots, y_m)],$$

i.e.:

$$\vdash_{\mathrm{Q}} \beta(\mathbf{c}, \mathbf{a}),$$

con lo que:

[ii] $\vdash_{\mathrm{Q}} \; x_0 = \mathbf{c} \;\rightarrow\; \beta\,(x_0, \mathbf{a})$.

Por otra parte, de **[i]** se sigue:

[iii] $\vdash_{\mathrm{Q}} \; [\alpha_1(y_1, \mathbf{a}) \;\wedge\; \ldots \;\wedge\; \alpha_m(y_m, \mathbf{a})] \rightarrow (y_1 = \mathbf{b}_1 \;\wedge\; \ldots \;\wedge\; y_m = \mathbf{b}_m)$,

y, obviamente, también se verifica:

[iv] $\vdash_{\mathrm{Q}} \; (y_1 = \mathbf{b}_1 \;\wedge\; \ldots \;\wedge\; y_m = \mathbf{b}_m) \rightarrow$

$$[\alpha(x_0, y_1, \ldots, y_m) \;\rightarrow\; \alpha(x_0, \mathbf{b}_1, \ldots, \mathbf{b}_m)],$$

obteniéndose de **[iii]** y **[iv]**:

$$\vdash_{\mathrm{Q}} \; [\alpha_1(y_1, \mathbf{a}) \;\wedge\; \ldots \;\wedge\; \alpha_m(y_m, \mathbf{a})] \rightarrow$$

$$[\alpha(x_0, y_1, \ldots, y_m) \rightarrow \alpha(x_0, \mathbf{b}_1, \ldots, \mathbf{b}_m)],$$

y, en consecuencia, por la última relación de **[i]**:

$$\vdash_{\mathrm{Q}} \; [\alpha_1(y_1, \mathbf{a}) \;\wedge\; \ldots \;\wedge\; \alpha_m(y_m, \mathbf{a})] \rightarrow [\alpha(x_0, y_1, \ldots, y_m) \rightarrow x_0 = \mathbf{c}],$$

de donde:

$$\vdash_{\mathrm{Q}} \; \exists y_1 \ldots \exists y_m \, [\alpha_1(y_1, \mathbf{a}) \;\wedge\; \ldots \;\wedge\; \alpha_m(y_m, \mathbf{a}) \;\wedge\; \alpha(x_0, y_1, \ldots, y_m)] \rightarrow x_0 = \mathbf{c},$$

i.e.:

[v] $\vdash_{\mathrm{Q}} \; \beta(x_0, \mathbf{a}) \;\rightarrow\; x_0 = \mathbf{c}$.

Finalmente, de **[ii]** y **[v]** se sigue:

$$\vdash_{\mathrm{Q}} \; \beta(x_0, \mathbf{a}_1, \ldots, \mathbf{a}_n) \leftrightarrow x_0 = \mathbf{c}. \qquad \square$$

Lema 20.3.10. Para todo $i \in \omega$ se verifica $\vdash_{\mathrm{Q}} \; x' + \mathbf{i} = x + \mathbf{i}'$.

Demostración:

$i = 0$:	[1]	$x' + \mathbf{0} = x'$	[$\mathbf{Q_3}$]
	[2]	$x = x + \mathbf{0}$	[$\mathbf{Q_3}$]
	[3]	$x' = (x + \mathbf{0})'$	[2]
	[4]	$(x + \mathbf{0})' = x + \mathbf{0}'$	[$\mathbf{Q_4}$]
	[5]	$x' + \mathbf{0} = x + \mathbf{0}'$	[1], [3], [4]

$i = m+1$: [1]	$x' + \mathbf{m} = x + \mathbf{m}'$	(hipótesis de inducción)
[2]	$(x' + \mathbf{m})' = (x + \mathbf{m}')'$	[1]
[3]	$x' + \mathbf{m}' = x + \mathbf{m}''$	[$\mathbf{Q_4}$], [2]
[4]	$x' + \mathbf{i} = x + \mathbf{i}'$	[3]

Lema 20.3.11. Si $i < j$, entonces $\vdash_{\mathrm{Q}}$ $\mathbf{i} < \mathbf{j}$ (cfr. Definición 20.2.4.).

Demostración: En efecto, si $i < j$ y m es tal que $m' + i = j$, de acuerdo con el Lema 20.3.3, se verificará $\vdash_{\mathrm{Q}}$ $\mathbf{m}' + \mathbf{i} = \mathbf{j}$ y, por tanto:

$$\vdash_{\mathrm{Q}} \exists z\,(z' + \mathbf{i} = \mathbf{j}),$$

i.e.:

$$\vdash_{\mathrm{Q}} \mathbf{i} < \mathbf{j}.$$

Lema 20.3.12. $\vdash_{\mathrm{Q}}$ $\neg\,(x < \mathbf{0})$.

Demostración (cfr. [**Epstein-Carnielli**, 1989], p. 195):

[1]	$x = \mathbf{0} \rightarrow (z' + x = \mathbf{0} \ \rightarrow\ z' = \mathbf{0})$	[$\mathbf{Q_3}$]
[2]	$z' \neq \mathbf{0}$	[$\mathbf{Q_0}$]
[3]	$x = \mathbf{0} \rightarrow \neg\,(z' + x = \mathbf{0})$	[1], [2]
[4]	$x = \mathbf{0} \rightarrow \forall z \neg\,(z' + x = \mathbf{0})$	[3]
[5]	$x < \mathbf{0} \rightarrow x \neq \mathbf{0}$	(def. de <), [4]
[6]	$x \neq \mathbf{0} \rightarrow \exists y\,(x = y')$	[$\mathbf{Q_2}$]
[7]	$x < \mathbf{0} \rightarrow \exists y\,(x = y')$	[5], [6]
[8]	$x = y' \rightarrow (z' + x = \mathbf{0} \rightarrow z' + y' = \mathbf{0})$	(lógica)
[9]	$z' + y' = (z' + y)'$	[$\mathbf{Q_4}$]
[10]	$x = y' \rightarrow (z' + x = \mathbf{0} \rightarrow (z' + y)' = \mathbf{0})$	[8], [9]
[11]	$(z' + y)' \neq \mathbf{0}$	[$\mathbf{Q_0}$]
[12]	$x = y' \rightarrow \neg\,(z' + x = \mathbf{0})$	[10], [11]
[13]	$x = y' \rightarrow \forall z \neg\,(z' + x = \mathbf{0})$	[12]
[14]	$x < \mathbf{0} \rightarrow x \neq y'$	(def. de <), [13]
[15]	$x < \mathbf{0} \rightarrow \forall y\,(x \neq y')$	[14]
[16]	$\neg\,(x < \mathbf{0})$	[7], [15]

Lema 20.3.13. Si $m = p + 1$, entonces:

$$\vdash_{\mathrm{Q}} x < \mathbf{m} \ \rightarrow\ (x = \mathbf{0}\ \vee\ x = \mathbf{1}\ \vee\ \ldots\ \vee\ x = \mathbf{p}).$$

Demostración (cfr. [**Epstein-Carnielli**, 1989], p. 195):

$p = 0$: Hay que probar $\vdash_{\mathrm{Q}} \exists z\,(z' + x = \mathbf{0}') \;\rightarrow\; x = \mathbf{0}$.

[1] $x \neq \mathbf{0} \rightarrow \exists y\,(x = y')$ — $[\mathbf{Q_2}]$

[2] $\forall y\,(x \neq y') \rightarrow x = \mathbf{0}$ — [1]

[3] $(x = y' \wedge z' + x = \mathbf{1}) \rightarrow z' + y' = \mathbf{1}$ — (lógica)

[4] $(x = y' \wedge z' + x = \mathbf{1}) \rightarrow (z' + y)' = \mathbf{0}'$ — $[\mathbf{Q_4}]$, [3]

[5] $(x = y' \wedge z' + x = \mathbf{1}) \rightarrow z' + y = \mathbf{0}$ — $[\mathbf{Q_1}]$, [4]

[6] $(x = y' \wedge z' + x = \mathbf{1}) \rightarrow \exists z\,(z' + y = \mathbf{0})$ — [5]

[7] $\neg\,\exists z\,(z' + y = \mathbf{0})$ — (Lema 20.3.12.)

[8] $z' + x = \mathbf{1} \rightarrow x \neq y'$ — [6], [7]

[9] $\exists z\,(z' + x = \mathbf{1}) \rightarrow \forall y\,(x \neq y')$ — [8]

[10] $\exists z\,(z' + x = \mathbf{0}') \rightarrow x = \mathbf{0}$. — [9], [2]

$p + 1$: Hay que probar $\vdash_{\mathrm{Q}} x < \mathbf{p{+}2} \rightarrow (x{=}\mathbf{0} \;\vee\; \ldots \;\vee\; x{=}\mathbf{p{+}1})$.

[1] $(x{=}y' \wedge z' + x{=}\mathbf{p}'') \rightarrow\; z' + y'{=}\mathbf{p}''$ — (lógica)

[2] $(x{=}y' \wedge z' + x{=}\mathbf{p}'') \rightarrow (z' + y)'{=}\mathbf{p}''$ — $[\mathbf{Q_4}]$, [1]

[3] $(x{=}y' \wedge z' + x{=}\mathbf{p}'') \rightarrow z' + y{=}\mathbf{p}'$ — $[\mathbf{Q_1}]$, [2]

[4] $(x{=}y' \wedge z' + x{=}\mathbf{p}'') \rightarrow \exists z\,(z' + y{=}\mathbf{p}')$ — [3]

[5] $(x{=}y' \;\wedge\; z' + x{=}\mathbf{p}'') \rightarrow y < \mathbf{p}'$ — (def. de <), [4]

[6] $y < \mathbf{p}' \rightarrow (y{=}\mathbf{0} \vee \;\ldots\; \vee y{=}\mathbf{p})$ — (hip. de ind.)

[7] $(x{=}y' \;\wedge\; z' + x{=}\mathbf{p}'') \rightarrow (y{=}\mathbf{0} \;\vee\; \ldots \;\vee\; y{=}\mathbf{p})$ — [5], [6]

[8] $(x{=}y' \;\wedge\; z' + x{=}\mathbf{p}'') \rightarrow (y'{=}\mathbf{1} \;\vee\; \ldots \;\vee\; y'{=}\mathbf{p}')$ — [7]

[9] $(x{=}y' \rightarrow (z' + x{=}\mathbf{p}'' \rightarrow (x{=}\mathbf{1} \;\vee\; \ldots \;\vee\; x{=}\mathbf{p}'))$ — [8]

[10] $\exists y\,(x{=}y') \rightarrow (z' + x{=}\mathbf{p}'' \rightarrow (x{=}\mathbf{1} \;\vee\; \ldots \;\vee\; x{=}\mathbf{p}'))$ — [9]

[11] $(\exists y\,(x{=}y') \vee x{=}\mathbf{0}) {\rightarrow} (z' {+}\, x{=}\mathbf{p}'' {\rightarrow} (x{=}\mathbf{0} \vee \ldots \vee x{=}\mathbf{p}'))$ — [10]

[12] $\exists y\,(x{=}y') \vee x{=}\mathbf{0}$ — $[\mathbf{Q_0}]$

[13] $z' + x{=}\mathbf{p}'' \rightarrow (x{=}\mathbf{0} \vee \;\ldots\; \vee x{=}\mathbf{p}')$ — [11], [12]

[14] $\exists z\,(z' + x{=}\mathbf{p}'') \rightarrow (x{=}\mathbf{0} \vee \;\ldots\; \vee x{=}\mathbf{p}')$ — [13]

[15] $x < \mathbf{p}'' \rightarrow (x{=}\mathbf{0} \;\vee\; \ldots \;\vee\; x{=}\mathbf{p}')$. — (def. de <), [14]

Lema 20.3.14. Para todo $n \in \omega$ se verifica $\vdash_{\mathrm{Q}} x < \mathbf{n} \rightarrow x < \mathbf{n}'$.

Demostración:

$n = 0$: Obvio, pues $\vdash_{\mathrm{Q}} \neg(x < \mathbf{0})$.

$n = p + 1$: Consecuencia lógica de:

$\vdash_{\mathrm{Q}} x < \mathbf{n} \rightarrow (x = \mathbf{0} \vee \ldots \vee x = \mathbf{p})$	(Lema 20.3.13)
$\vdash_{\mathrm{Q}} x = \mathbf{0} \rightarrow (\mathbf{0} < \mathbf{n} \rightarrow x < \mathbf{n})$	(lógica)
....	
$\vdash_{\mathrm{Q}} x = \mathbf{p} \rightarrow (\mathbf{p} < \mathbf{n} \rightarrow x < \mathbf{n})$	(lógica)
$\vdash_{\mathrm{Q}} \mathbf{0} < \mathbf{n}$	(Lema 20.3.11)
....	
$\vdash_{\mathrm{Q}} \mathbf{p} < \mathbf{n}$.	(Lema 20.3.11)

Lema 20.3.15. Para todo $n \in \omega$ se verifica $\vdash_{\mathrm{Q}} \mathbf{n} < x \rightarrow (\mathbf{n}' = x \vee \mathbf{n}' < x)$.

Demostración:

[1]	$z{=}\mathbf{0} \rightarrow (z' + \mathbf{n}{=}x \rightarrow \mathbf{0}' + \mathbf{n}{=}x)$	(lógica)
[2]	$\mathbf{0}' + \mathbf{n}{=}\mathbf{n} + \mathbf{0}'{=}(\mathbf{n} + \mathbf{0})'{=}\mathbf{n}'$	(Lema 20.2.3), [$\mathbf{Q_3}$], [$\mathbf{Q_4}$]
[3]	$z{=}\mathbf{0} \rightarrow (z' + \mathbf{n}{=}x \rightarrow \mathbf{n}'{=}x)$	[2], [3]
[4]	$(z{=}y' \wedge z' + \mathbf{n}{=}x) \rightarrow y'' + \mathbf{n}{=}x$	(lógica)
[5]	$(z{=}y' \wedge z' + \mathbf{n}{=}x) \rightarrow y' + \mathbf{n}'{=}x$	(Lema 20.3.10), [4]
[6]	$(z{=}y' \wedge z' + \mathbf{n}{=}x) \rightarrow \exists z\, (z' + \mathbf{n}'{=}x)$	[5]
[7]	$z{=}y' \rightarrow (z' + \mathbf{n}{=}x \rightarrow \mathbf{n}' < x)$	(def. de $<$), [6]
[8]	$\exists y\, (z{=}y') \rightarrow (z' + \mathbf{n}{=}x \rightarrow \mathbf{n}' < x)$	[7]
[9]	$z' + \mathbf{n}{=}x \rightarrow (\mathbf{n}'{=}x \vee \mathbf{n}' < x)$	[$\mathbf{Q_2}$], [3], [8]
[10]	$\exists z\, (z' + \mathbf{n}{=}x) \rightarrow (\mathbf{n}'{=}x \vee \mathbf{n}' < x)$	[9]
[11]	$\mathbf{n} < x \rightarrow (\mathbf{n}'{=}x \vee \mathbf{n}' < x)$	(def. de $<$), [10]

Lema 20.3.16. Para todo $n \in \omega$ se verifica $\vdash_{\mathrm{Q}} x < \mathbf{n} \vee x = \mathbf{n} \vee x > \mathbf{n}$.

Demostración:

$n = 0$:

[1]	$x = \mathbf{0} \vee \exists z\, (z' = x)$	[$\mathbf{Q_0}$]
[2]	$z' + \mathbf{0} = z'$	[$\mathbf{Q_3}$]
[3]	$x = \mathbf{0} \vee \exists z\, (z' + \mathbf{0} = x)$	[2], [3]
[4]	$x = \mathbf{0} \vee \mathbf{0} < x$	(def. de $<$), [3]
[5]	$\mathbf{0} < x \vee \mathbf{0} = x \vee x < \mathbf{0}$	[4]

$n = p + 1$: Hay que probar:

$$\vdash_Q \mathbf{p}' < x \ \vee \ \mathbf{p}' = x \ \vee \ x < \mathbf{p}'.$$

Puesto que por la hipótesis de inducción se verifica:

$$\vdash_Q \mathbf{p} < x \ \vee \ \mathbf{p} = x \ \vee \ x < \mathbf{p},$$

por el Lema 20.3.15:

$$\vdash_Q \mathbf{p} < x \ \rightarrow \ (\mathbf{p}' = x \ \vee \ \mathbf{p}' < x),$$

y por el Lema 20.3.14:

$$\vdash_Q x < \mathbf{p} \ \rightarrow \ x < \mathbf{p}',$$

bastará demostrar:

$$\vdash_Q \mathbf{p} = x \ \rightarrow \ x < \mathbf{p}'.$$

[1]	$\mathbf{p} = x \rightarrow \mathbf{0}' + x = \mathbf{0}' + \mathbf{p}$	(lógica)
[2]	$\mathbf{0}' + \mathbf{p} = \mathbf{0} + \mathbf{p}' = (\mathbf{0} + \mathbf{p})' = \mathbf{p}'$	(Lemas 20.3.10 y 20.3.4), [$\mathbf{Q_4}$]
[3]	$\mathbf{p} = x \rightarrow \mathbf{0}' + x = \mathbf{p}'$	[1], [2]
[4]	$\mathbf{p} = x \rightarrow \exists z\,(z' + x = \mathbf{p}')$	[3]
[5]	$\mathbf{p} = x \rightarrow x < \mathbf{p}'$	(def. de $<$), [4]

Lema 20.3.17. Si la función parcial $\psi : \omega^n \rightarrow \omega$ está definida por la identidad:

$\psi(a_1, ..., a_n) = \mu c\,[\phi(a_1, ..., a_n, c) = 0 \ \wedge \ \forall b\,(b < c \rightarrow \phi(a_1, ..., a_n, b) \downarrow\neq 0]$,

y $\alpha\,(x_0, x_1, \dots, x_{n+1})$ extiende ϕ en **Q** y $\beta(x_0, x_1, \dots, x_n)$ es la fórmula:

$$\alpha(\mathbf{0}, x_1, \dots, x_n, x_0) \ \wedge \ \forall z\,(z < x_0 \ \rightarrow \ \neg\,\alpha(\mathbf{0}, x_1, \dots, x_n, z)),$$

entonces $\beta(x_0, x_1, \dots, x_n)$ define ψ en **Q**.

Demostración: Sean x, a y $\mathbf{a}$ abreviaturas, respectivamente, de $x_1, \dots, x_n$, $a_1, \dots, a_n$ y $\mathbf{a}_1, \dots, \mathbf{a}_n$. Si $\psi(a) = c$, probaremos en primer lugar $\vdash_Q \beta(\mathbf{c}, \mathbf{a})$, para lo que distinguiremos dos casos:

Caso 1: $c = 0$. Puesto que en este caso $\phi(a, 0) = 0$, se tiene sucesivamente que las siguientes fórmulas son teoremas en **Q**:

[1]	$\alpha(x_0, \mathbf{a}, \mathbf{0}) \leftrightarrow x_0 = \mathbf{0}$	$\phi(a, 0) = 0$
[2]	$\alpha(\mathbf{0}, \mathbf{a}, \mathbf{0})$	[1]
[3]	$\neg\,(z < \mathbf{0})$	(Lema 20.3.12)
[4]	$z < \mathbf{0} \rightarrow \neg\,\alpha(\mathbf{0}, \mathbf{a}, z)$	[3]
[5]	$\forall z\,(z < \mathbf{0} \rightarrow \neg\,\alpha(\mathbf{0}, \mathbf{a}, z))$	[4]
[6]	$\alpha(\mathbf{0}, \mathbf{a}, \mathbf{0}) \ \wedge \ \forall z\,(z < \mathbf{0} \rightarrow \neg\,\alpha(\mathbf{0}, \mathbf{a}, z))$	[2], [5]

con lo que:

$$\vdash_{Q} \beta(\mathbf{0}, \mathbf{a}),$$

i.e.:

$$\vdash_{Q} \beta(\mathbf{c}, \mathbf{a}).$$

Caso 2: $c \neq 0$: De $\psi(a) = c$ se sigue que existen $b_0, \ldots, b_{c\text{-}1}$ distintos de 0, tales que:

$$\phi(a, 0) = b_0,$$

$$\phi(a, 1) = b_1,$$

....

$$\phi(a, c\text{-}1) = b_{c\text{-}1},$$

$$\phi(a, c) = 0,$$

con lo que:

$$\vdash_{Q} \alpha(x_0, \mathbf{a}, \mathbf{0}) \leftrightarrow x_0 = \mathbf{b}_0,$$

$$\vdash_{Q} \alpha(x_0, \mathbf{a}, \mathbf{1}) \leftrightarrow x_0 = \mathbf{b}_1,$$

....

$$\vdash_{Q} \alpha(x_0, \mathbf{a}, \mathbf{c\text{-}1}) \leftrightarrow x_0 = \mathbf{b}_{\mathbf{c\text{-}1}},$$

$$\vdash_{Q} \alpha(x_0, \mathbf{a}, \mathbf{c}) \leftrightarrow x_0 = \mathbf{0},$$

y por tanto:

$$\vdash_{Q} \neg\alpha(\mathbf{0}, \mathbf{a}, \mathbf{0}),$$

$$\vdash_{Q} \neg\alpha(\mathbf{0}, \mathbf{a}, \mathbf{1}),$$

....

$$\vdash_{Q} \neg\alpha(\mathbf{0}, \mathbf{a}, \mathbf{c\text{-}1}),$$

[i] $\vdash_{Q} \alpha(\mathbf{0}, \mathbf{a}, \mathbf{c}),$

que a su vez implican:

[ii]

$$\vdash_{Q} z = \mathbf{0} \rightarrow \neg\alpha(x_0, \mathbf{a}, z),$$

$$\vdash_{Q} z = \mathbf{1} \rightarrow \neg\alpha(x_0, \mathbf{a}, z),$$

....

$$\vdash_{Q} z = \mathbf{c\text{-}1} \rightarrow \neg\alpha(x_0, \mathbf{a}, z).$$

Y puesto que, de acuerdo con el Lema 20.3.16, se verifica:

$$\vdash_{\mathrm{Q}} z < \mathbf{c} \rightarrow (z = \mathbf{0} \vee \ldots \vee z = \mathbf{c\text{-}1}),$$

se sigue finalmente de [**ii**]:

$$\vdash_{\mathrm{Q}} z < \mathbf{c} \rightarrow \neg\,\alpha(x_0, \mathbf{a}, z),$$

de donde:

[**iii**] $\vdash_{\mathrm{Q}} \forall z\,(z < \mathbf{c} \rightarrow \neg\,\alpha(x_0, \mathbf{a}, z)),$

que junto con [**i**] implica finalmente:

$$\vdash_{\mathrm{Q}} \beta(\mathbf{c}, \mathbf{a}).$$

Así pues, la anterior relación se verifica en todos los casos y de ella se sigue:

[**iv**] $\vdash_{\mathrm{Q}} x_0 = \mathbf{c} \rightarrow \beta(x_0, \mathbf{a}).$

Por otra parte se tiene:

[**v**] $\vdash_{\mathrm{Q}} \beta(x_0, \mathbf{a}) \rightarrow (\alpha(\mathbf{0}, \mathbf{a}, \mathbf{c}) \rightarrow \neg\,(\mathbf{c} < x_0)),$

siguiéndose por [**i**]:

[**vi**] $\vdash_{\mathrm{Q}} \beta(x_0, \mathbf{a}) \rightarrow \neg\,(\mathbf{c} < x_0).$

Además, de [**iii**] se obtiene:

$$\vdash_{\mathrm{Q}} \alpha(\mathbf{0}, \mathbf{a}, x_0) \rightarrow \neg\,(x_0 < \mathbf{c}),$$

que, junto con la definición de β, implica:

[**vii**] $\vdash_{\mathrm{Q}} \beta(x_0, \mathbf{a}) \rightarrow \neg\,(x_0 < \mathbf{c}),$

siguiéndose de [**vi**], [**vii**] y del Lema 20.3.16:

$$\vdash_{\mathrm{Q}} \beta(x_0, \mathbf{a}) \rightarrow x_0 = \mathbf{c},$$

que, junto con [**iv**], finalmente implica:

$$\vdash_{\mathrm{Q}} \beta(x_0, \mathbf{a}_1, \ldots, \mathbf{a}_n) \leftrightarrow x_0 = \mathbf{c}.$$ □

Ejercicio 20.3.18. Encontrar una fórmula de $L(\mathbf{Q})$ que exprese:

[**a**] **Q** es consistente.

[**b**] **Q** es incompleta.

[**c**] **Q** es indecidible.

Solución de [**a**]: Si R es la relación recursiva $\{(\ulcorner\alpha\urcorner, \ulcorner\Gamma\urcorner) : \Gamma$ es una demostración en **Q** de $\alpha\}$ y $\rho(x,y)$ representa a R en **Q**, entonces la fórmula $\exists x \forall y \neg \rho(x, y)$ expresa que en **Q** hay una fórmula indemostrable, *i.e.*, que **Q** es consistente.

20.4. El teorema del punto fijo

Notación 20.4.1.

[**1**] El numeral correspondiente al número de Gödel $\ulcorner\delta\urcorner$ de la fórmula δ será denotado por $\boldsymbol{\delta}$.

[**2**] Para toda fórmula aritmética δ, δ^* denotará el resultado de sustituir en δ la variable x_1 por el numeral $\boldsymbol{\delta}$, *i.e.*:

$$\delta^* \stackrel{df}{=} \delta^{\boldsymbol{\delta}}_{x_1}.$$

Sea $\beta(x)$ una fórmula aritmética con la única variable libre x y sea α una fórmula aritmética cerrada.

Definición 20.4.2. *(Punto fijo)* Se dirá que $\ulcorner\alpha\urcorner$ es un punto fijo de β en **Q** si se verifica:

$$\vdash_{\mathrm{Q}} \alpha \leftrightarrow \beta(\boldsymbol{\alpha}).$$

El siguiente teorema, que generaliza un conocido resultado de Gödel, jugará un papel primordial en el estudio de las propiedades de la aritmética:

Teorema 20.4.3. *(Teorema del punto fijo)* Toda fórmula aritmética con una variable libre tiene un punto fijo.

Demostración: Sea $\kappa(x)$ una fórmula aritmética cuya única variable libre es x. Comenzaremos la prueba del teorema con las siguientes definiciones:

U es el conjunto de fórmulas aritméticas cuya única variable libre es x_1.

$\phi \stackrel{df}{=} \{(\ulcorner\delta\urcorner, \ulcorner\delta^*\urcorner) \in \omega^2 : \delta \in U\}$.

$\rho(x_0, x_1)$ es una fórmula que extiende ϕ en **Q**.

$\beta \stackrel{df}{=} \forall x_0(\rho(x_0, x_1) \to \kappa(x_0))$.

$\alpha \stackrel{df}{=} \beta^* \stackrel{df}{=} \forall x_0(\rho(x_0, \boldsymbol{\beta}) \to \kappa(x_0))$.

Con ello se tiene sucesivamente:

[1]	$\phi(\ulcorner\beta\urcorner) = \ulcorner\alpha\urcorner$	(definiciones de α y ϕ)
[2]	$\vdash_{\mathrm{Q}} \rho(x_0, \boldsymbol{\beta}) \leftrightarrow x_0 = \boldsymbol{\alpha}$	(definición de ρ), [1]
[3]	$\vdash_{\mathrm{Q}} \rho(\boldsymbol{\alpha}, \boldsymbol{\beta})$	[2]
[4]	$\vdash_{\mathrm{Q}} \alpha \to (\rho(\boldsymbol{\alpha}, \boldsymbol{\beta}) \to \kappa(\boldsymbol{\alpha}))$	(definición de α)
[5]	$\vdash_{\mathrm{Q}} \alpha \to \kappa(\boldsymbol{\alpha})$	[3], [4]
[6]	$\vdash_{\mathrm{Q}} \kappa(\boldsymbol{\alpha}) \to (x_0 = \boldsymbol{\alpha} \to \kappa(x_0))$	(lógica)
[7]	$\vdash_{\mathrm{Q}} \kappa(\boldsymbol{\alpha}) \to (\rho(x_0, \boldsymbol{\beta}) \to \kappa(x_0))$	[6], [2]
[8]	$\vdash_{\mathrm{Q}} \kappa(\boldsymbol{\alpha}) \to \forall x_0\, (\rho(x_0, \boldsymbol{\beta}) \to \kappa(x_0))$	[7], x_0 no libre en $\kappa(\boldsymbol{\alpha})$
[9]	$\vdash_{\mathrm{Q}} \kappa(\boldsymbol{\alpha}) \to \alpha$	(definición de α), [8]

De [5] y [9] se sigue que $\ulcorner\alpha\urcorner$ es un punto fijo de κ.

20.5. Los teoremas de Church, Tarski, Gödel y Rosser

Teorema 20.5.1. Toda extensión consistente **P** de **Q** es recursivamente inseparable y, por tanto, esencialmente indecidible.

Demostración: Si $D = \{\ulcorner\alpha\urcorner : \alpha \in \mathbf{P}\}$, $R = \{\ulcorner\alpha\urcorner : \neg\alpha \in \mathbf{P}\}$, M es un conjunto recursivo tal que $D \subseteq M \subseteq \overline{R}$, $\mu(x)$ es la fórmula que representa a M en **P** y $\ulcorner\alpha\urcorner$ es un punto fijo de $\neg\,\mu(x)$, se obtiene la siguiente contradicción:

$$\ulcorner\alpha\urcorner \in M \implies \vdash_{\mathrm{P}} \mu(\boldsymbol{\alpha}) \implies \vdash_{\mathrm{P}} \neg\alpha \implies \ulcorner\alpha\urcorner \in R \subseteq \overline{M},$$

$$\ulcorner\alpha\urcorner \notin M \implies \vdash_{\mathrm{P}} \neg\,\mu(\boldsymbol{\alpha}) \implies \vdash_{\mathrm{P}} \alpha \implies \ulcorner\alpha\urcorner \in D \subseteq M.$$

Al ser **Q** finitamente axiomatizable, de los Teoremas 20.5.1. y 20.1.12 se sigue inmediatamente una versión fuerte de un célebre teorema demostrado independientemente por A. Turing y A. Church en 1936:

Corolario 20.5.2. **Q** es fuertemente indecidible.

Demostración: En efecto, **Q** es esencialmente indecidible por ser recursivamente inseparable. Y al ser finitamente axiomatizable es fuertemente indecidible (cfr. Teorema 20.1.12).

Corolario 20.5.3. La estructura $\mathfrak{N}$ es fuertemente indecidible.

Demostración: Consecuencia inmediata de la Proposición 20.1.10, ya que $\mathfrak{N}$ es modelo de **Q**.

Corolario 20.5.4. *(Church*, 1936*)*

[**a**] El conjunto de las fórmulas universalmente válidas de $L(\mathbf{Q})$ es indecidible.

[**b**] El conjunto de las fórmulas de $L(\mathbf{Q})$ que tienen un modelo es indecidible.

Demostración: En efecto, si ϵ es la conjuncion de los axiomas de $\mathbf{Q}$, para toda fórmula $\delta \in L(\mathbf{Q})$ las siguientes proposiciones son equivalentes:

[**i**] $\delta \in \mathbf{Q}$.

[**ii**] $\epsilon \to \delta$ es universalmente válida.

[**iii**] $\neg(\epsilon \to \delta)$ no tiene modelos.

Ejercicio 20.5.5. Demostrar el Teorema 20.5.1. sin utilizar el teorema del punto fijo.

Solución: Sea $\mathbf{P}$ una extensión consistente de $\mathbf{Q}$ y sean D y R como en la prueba del Teorema 20.5.1, *i.e.*, $D = \{\ulcorner\alpha\urcorner : \alpha \in \mathbf{P}\}$, $R = \{\ulcorner\alpha\urcorner : \neg\alpha \in \mathbf{P}\}$. Probaremos que no existe un conjunto decidible M tal que $D \subseteq M \subseteq \overline{R}$.

En efecto, si tal M existe, sea ψ la función recursiva parcial tal que $\psi(m) = \phi_m(m)$ (primera diagonalización) y sea $\delta(x_0, x_1)$ la fórmula que extiende $\psi(m)$ en $\mathbf{P}$. Si s es el número natural tal que:

$$\phi_s(n) = \begin{cases} 1 & \text{si } \ulcorner\delta(0,\mathbf{n})\urcorner \in M \\ 0 & \text{si } \ulcorner\delta(0,\mathbf{n})\urcorner \notin M, \end{cases}$$

se tiene (segunda diagonalización):

$$\begin{aligned} \ulcorner\delta(0,\mathbf{s})\urcorner \in M &\Longrightarrow \phi_s(s) = 1 \\ &\Longrightarrow \psi(s) = 1 \\ &\Longrightarrow \vdash_{\mathbf{P}} \delta(x_0,\mathbf{s}) \leftrightarrow x_0 = 1 \\ &\Longrightarrow \vdash_{\mathbf{P}} \neg\delta(0,\mathbf{s}) \\ &\Longrightarrow \ulcorner\delta(0,\mathbf{s})\urcorner \in R \subseteq \overline{M}. \end{aligned}$$

Análogamente:

$$\begin{aligned} \ulcorner\delta(0,\mathbf{s})\urcorner \notin M &\Longrightarrow \phi_s(s) = 0 \\ &\Longrightarrow \psi(s) = 0 \\ &\Longrightarrow \vdash_{\mathbf{P}} \delta(x_0,\mathbf{s}) \leftrightarrow x_0 = 0 \\ &\Longrightarrow \vdash_{\mathbf{P}} \delta(0,\mathbf{s}) \\ &\Longrightarrow \ulcorner\delta(0,\mathbf{s})\urcorner \in D \subseteq M. \end{aligned}$$

Así pues, de la hipótesis de la existencia de M se sigue la contradicción:

$$\ulcorner\delta(0,\mathbf{s})\urcorner \in M \text{ si y sólo si } \ulcorner\delta(0,\mathbf{s})\urcorner \notin M. \qquad \square$$

Sea T una teoría con el lenguaje de $\mathbf{Q}$.

Definición 20.5.6. Un conjunto $A \subseteq \omega^n$ es definible en T si existe una fórmula $\delta(x_1, x_2, \ldots, x_n)$ tal que:

$$A = \{(m_1, m_2, \ldots, m_n) \in \omega^n : \ \delta(\mathbf{m}_1, \mathbf{m}_2, \ldots, \mathbf{m}_n) \in T\}.$$

En el caso en que T sea la teoría de una cierta estructura $\mathfrak{A}$, un conjunto definible en T se dirá que es definible en $\mathfrak{A}$.

Teorema 20.5.7. Si $\mathbf{S}$ es una extensión consistente y completa de $\mathbf{Q}$, entonces el conjunto $\{\ulcorner\gamma\urcorner : \gamma \in \mathbf{S}\}$ no es definible en $\mathbf{S}$.

Demostración: Si $\mathbf{S}$ es una extensión de $\mathbf{Q}$ y $\mu(x)$ define en $\mathbf{S}$ el referido conjunto, para toda fórmula $\beta \in L(\mathbf{Q})$ se verificará:

$$\beta \in \mathbf{S} \quad \Longleftrightarrow \quad \mu(\boldsymbol{\beta}) \in \mathbf{S},$$

con lo que si α verifica:

$$\mathbf{S} \vdash \alpha \leftrightarrow \neg\, \mu(\boldsymbol{\alpha}),$$

se tiene:

$$\alpha \in \mathbf{S} \quad \Longleftrightarrow \quad \mu(\boldsymbol{\alpha}) \in \mathbf{S} \quad \Longleftrightarrow \quad \neg\, \alpha \in \mathbf{S},$$

de donde se sigue que $\mathbf{S}$ es inconsistente o incompleta.

Corolario 20.5.8. *(Tarski*, 1933) El conjunto $\{\ulcorner\gamma\urcorner : \mathfrak{N} \models \gamma\}$ no es definible en $\mathfrak{N}$.

Teorema 20.5.9. *(Gödel*, 1931; *Rosser*, 1936*)* Toda extensión consistente y axiomatizable de $\mathbf{Q}$ es incompleta.

Demostración: Sea $\mathbf{P}$ una extensión consistente y axiomatizable de $\mathbf{Q}$, $D = \{\ulcorner\gamma\urcorner : \vdash_{\mathbf{P}} \gamma\}$, $R = \{\ulcorner\gamma\urcorner : \vdash_{\mathbf{P}} \neg\,\gamma\}$ y sea $\psi : \omega \rightarrow \omega$ la función tal que:

$$\psi(n) = \begin{cases} 1 & \text{si } n \in D \\ 0 & \text{si } n \in R \\ \uparrow & \text{demás casos,} \end{cases}$$

que, de acuerdo con lo demostrado en el Ejercicio 14.2.17, es recursiva parcial.

Si $\beta(x_0,\, x_1)$ es la fórmula que extiende ψ en **Q**, $\delta(x_1) \equiv \beta(0,\, x_1)$ y $\ulcorner\alpha\urcorner$ es un punto fijo de $\delta(x_1)$, se tiene:

$$\begin{aligned} \vdash_{\mathbf{P}} \alpha \implies \ulcorner\alpha\urcorner \in D \implies \psi(\ulcorner\alpha\urcorner) = 1 \implies \vdash_{\mathbf{P}} \beta(x_0, \boldsymbol{\alpha}) \leftrightarrow x_0 = \mathbf{1} \\ \implies \vdash_{\mathbf{P}} \neg\, \beta(0, \boldsymbol{\alpha}) \implies \vdash_{\mathbf{P}} \neg\, \delta(\boldsymbol{\alpha}) \implies \vdash_{\mathbf{P}} \neg\, \alpha. \end{aligned}$$

Análogamente:

$$\begin{aligned} \vdash_{\mathbf{P}} \neg\alpha \implies \ulcorner\alpha\urcorner \in R \implies \psi(\ulcorner\alpha\urcorner) = 0 \implies \vdash_{\mathbf{P}} \beta(x_0, \boldsymbol{\alpha}) \leftrightarrow x_0 = \mathbf{0} \\ \implies \vdash_{\mathbf{P}} \beta(0, \boldsymbol{\alpha}) \implies \vdash_{\mathbf{P}} \delta(\boldsymbol{\alpha}) \implies \vdash_{\mathbf{P}} \alpha. \end{aligned}$$

Así pues, de la consistencia de **P** se sigue que ni α, ni $\neg\, \alpha$ son teoremas de **P**.

□

Ejercicio 20.5.10. Demostrar el teorema de Gödel-Rosser sin hacer uso del Teorema del punto fijo.

Solución (cfr. [**Prida**, 1999]): Sean **P**, D y R como en la prueba del Teorema 20.5.1. Sea ϕ la función recursiva parcial tal que $\psi(m) = \phi_m(m)$ (primera diagonalización) y sea $\alpha(x_0, x_1)$ la fórmula aritmética que extiende ψ en **Q**. Sea finalmente r el número natural tal que:

$$\phi_r(n) = \begin{cases} 1 & \text{si } \ulcorner\alpha(0, \mathbf{n})\urcorner \in D \\ 0 & \text{si } \ulcorner\alpha(0, \mathbf{n})\urcorner \in R \\ \uparrow & \text{demás casos.} \end{cases}$$

La recursividad parcial de esta función fue demostrada en el Ejercicio 14.2.17. Con ello se tiene (segunda diagonalización):

$$\begin{aligned} \vdash_{\mathbf{P}} \alpha(0, \mathbf{r}) \implies \ulcorner\alpha(0, \mathbf{r})\urcorner \in D \implies \phi_r(r) = 1 \implies \psi(r) = 1 \\ \implies \vdash_{\mathbf{P}} \alpha(x_0, \mathbf{r}) \leftrightarrow x_0 = \mathbf{1} \implies \vdash_{\mathbf{P}} \neg\, \alpha(0, \mathbf{r}). \end{aligned}$$

Análogamente:

$$\begin{aligned} \vdash_{\mathbf{P}} \neg\, \alpha(0, \mathbf{r}) \implies \ulcorner\alpha(0, \mathbf{r})\urcorner \in R \implies \phi_r(r) = 0 \implies \psi(r) = 0 \\ \implies \vdash_{\mathbf{P}} \alpha(x_0, \mathbf{r}) \leftrightarrow x_0 = \mathbf{0} \implies \vdash_{\mathbf{P}} \alpha(0, \mathbf{r}). \end{aligned}$$

Así pues, de la consistencia de **P** se sigue que ni $\alpha(0, \mathbf{r})$, ni $\neg\, \alpha(0, \mathbf{r})$ son teoremas de **P**.

Ejercicio 20.5.11. *(Prueba del Teorema de Rosser sin usar funciones recursivas parciales)* Sea **P** una extensión consistente y axiomatizable de **Q** y sean $R,\, S \subseteq \omega^2$ las relaciones recursivas:

$R \overset{df}{=} \{(\ulcorner\alpha\urcorner, q) : \alpha$ es una fórmula aritmética con una variable libre y q es el número de una demostración en **P** de $\alpha(\boldsymbol{\alpha})\}$,
$S \overset{df}{=} \{(\ulcorner\alpha\urcorner, q) : \alpha$ es una fórmula aritmética con una variable libre y q es el número de una demostración en **P** de $\neg\,\alpha(\boldsymbol{\alpha})\}$.

Sean $\rho(x, y)$ y $\sigma(x, y)$ fórmulas que representan en **P**, respectivamente, a R y S, y sea:

$$\beta(x) \overset{df}{=} \forall y\,(\rho(x, y) \to \exists\, z\,(z \leq y \;\wedge\; \sigma(x, z))).$$

Demostrar que ni $\beta(\boldsymbol{\beta})$ ni $\neg\,\beta(\boldsymbol{\beta})$ son teoremas en **P** [(**B. Rosser**, 1936)]

Solución (sin todos los detalles):

ad $\nvdash_{\mathbf{P}} \beta(\boldsymbol{\beta})$

[1] $\vdash_{\mathbf{P}} \beta(\boldsymbol{\beta})$	hipótesis
[2] $\nvdash_{\mathbf{P}} \neg\,\beta(\boldsymbol{\beta})$	[1]+consistencia de **P**
[3] $\nvdash_{\mathbf{P}} \exists y\,(\rho(\boldsymbol{\beta}, y) \wedge \forall z\,(z \leq y \to \neg\,\sigma(\boldsymbol{\beta}, z)))$	[2]+ def. de β + lógica
[4] Existe q tal que $(\ulcorner\beta\urcorner, q) \in R$	[1]
[5] $\vdash_{\mathbf{P}} \rho(\boldsymbol{\beta}, \mathbf{q})$	[4]
[6] $(\ulcorner\beta\urcorner, 0) \notin S,\ (\ulcorner\beta\urcorner, 1) \notin S, \ldots, (\ulcorner\beta\urcorner, q) \notin S$	[2]
[7] $\vdash_{\mathbf{P}} \neg\,\sigma(\boldsymbol{\beta}, \mathbf{0}),\ \vdash_{\mathbf{P}} \neg\,(\boldsymbol{\beta}, \mathbf{1}), \ldots, \vdash_{\mathbf{P}} \neg\sigma(\boldsymbol{\beta}, \mathbf{q})$	[6]
[8] $\vdash_{\mathbf{P}} \forall z\,(z \leq \mathbf{q} \to \neg\,\sigma(\boldsymbol{\beta}, z))$	[7]+Lema 20.3.13.+lógica
[9] $\vdash_{\mathbf{P}} \rho(\ulcorner\beta\urcorner, \mathbf{q}) \wedge \forall z\,(z \leq \mathbf{q} \to \neg\,\sigma(\boldsymbol{\beta}, z))$	[5]+[8]
[10] $\vdash_{\mathbf{P}} \exists y\,(\rho(\boldsymbol{\beta}, y) \wedge \forall z\,(z \leq y \to \neg\,\sigma(\boldsymbol{\beta}, z)))$.	[9]

[3] y [10] son contradictorias.

ad $\nvdash_{\mathbf{P}} \neg\,\beta(\boldsymbol{\beta})$

[1] $\vdash_{\mathbf{P}} \neg\,\beta(\boldsymbol{\beta})$	hipótesis
[2] $\nvdash_{\mathbf{P}} \beta(\boldsymbol{\beta})$	[1]+consistencia de **P**
[3] $\nvdash_{\mathbf{P}} \forall y\,(\neg\,\rho(\boldsymbol{\beta}, y) \vee \exists\, z\,(z \leq y \wedge \sigma(\boldsymbol{\beta}, z)))$	[2]+def. de β+lógica
[4] Existe m tal que $(\ulcorner\beta\urcorner, m) \in S$	[1]
[5] $\vdash_{\mathbf{P}} \sigma(\boldsymbol{\beta}, \mathbf{m})$	[2]
[6] $\vdash_{\mathbf{P}} \forall y\,(\mathbf{m} \leq y \to \exists z\,(z \leq y \wedge \sigma(\boldsymbol{\beta}, z)))$	[5]+lógica
[7] $(\ulcorner\beta\urcorner, 0) \notin R,\ (\ulcorner\beta\urcorner, 1) \notin R, \ldots, (\ulcorner\beta\urcorner, m-1) \notin R$	[2]
[8] $\vdash_{\mathbf{P}} \neg\,\rho(\boldsymbol{\beta}, \mathbf{0}),\ \vdash_{\mathbf{P}} \neg\,\rho(\boldsymbol{\beta}, \mathbf{1}),\ \ldots \vdash_{\mathbf{P}} \neg\rho\,(\boldsymbol{\beta}, \mathbf{m\text{-}1})$	[7]
[9] $\vdash_{\mathbf{P}} \forall y\,(y < \mathbf{m} \to \neg\,\rho(\boldsymbol{\beta}, y))$	[8]+Lema 20.3.13.+lógica
[10] $\nvdash_{\mathbf{P}} \forall y\,(\neg\,\rho(\boldsymbol{\beta}, y) \vee \exists\, z\,(z \leq y \wedge \sigma(\boldsymbol{\beta}, z)))$.	[9]+ [6]

[3] y [10] son contradictorias.

20.6. El teorema de Löb y el segundo teorema de Gödel

Definición 20.6.1. *(Aritmética de Peano)* La aritmética de Peano, que se denotará por **PA**, es la extensión de **Q** obtenida añadiendo para cada fórmula aritmética α con una variable libre x, el nuevo axioma:

$$(\alpha_x^0 \wedge \forall y(\alpha_x^y \to \alpha_x^{sy})) \to \forall x\alpha,$$

donde y es una variable que no está en α.

Puesto que el conjunto de axiomas de **PA** es manifiestamente recursivo, se tiene:

Proposición 20.6.2. La teoría **PA** es axiomatizable, pero no finitamente axiomatizable.

Y puesto que $\mathfrak{N} \models$ **PA**, la aritmética de Peano es una extensión consistente de **Q**, con lo que se verifica:

Proposición 20.6.3. La teoría **PA** es fuertemente indecidible.

Observación 20.6.4. Al contrario que **Q**, **PA** es una teoría muy fuerte, que incluye casi todos los teoremas aritméticos conocidos.

Definición 20.6.5. *(Predicado de demostrabilidad)* Un predicado de demostrabilidad en una teoría T es una fórmula $\delta(x)$ con una variable libre, que verifica las tres siguientes condiciones de Hilbert-Bernays-Löb:

HBL 1 Si $\vdash_{\mathrm{T}} \alpha$, entonces $\vdash_{\mathrm{T}} \delta(\boldsymbol{\alpha})$.

HBL 2 $\vdash_{\mathrm{T}} \delta(\boldsymbol{\alpha} \to \boldsymbol{\beta}) \to (\delta(\boldsymbol{\alpha}) \to \delta(\boldsymbol{\beta}))$.

HBL 3 $\vdash_{\mathrm{T}} \delta(\boldsymbol{\alpha}) \to \delta(\boldsymbol{\delta}(\boldsymbol{\alpha}))$.

Ejemplo 20.6.6. Sea $\rho(x, y)$ la fórmula que representa en **Q** a la relación recursiva (¡Tesis de Church!) R formada por los pares (m, n) tales que n es el número de Gödel de una demostración de la fórmula aritmética de número m y sea $\pi(x) \stackrel{df}{=} \exists y\, \rho(x, y)$. Una demostración de que $\pi(x)$ es un predicado de demostrabilidad en **PA** se encuentra en [**Hilbert-Bernays**, 1934].

Teorema 20.6.7. *(M. H. Löb*, 1955*)* Si $\delta(x)$ es un predicado de demostrabilidad en **PA**, para toda fórmula cerrada α se verifica:

Si $\vdash_{\mathrm{PA}} \delta(\boldsymbol{\alpha}) \to \alpha$, entonces $\vdash_{\mathrm{PA}} \alpha$.

Demostración:

[1]	$\vdash_{\overline{PA}}\ \delta(\boldsymbol{\alpha}) \to \alpha$	(hipótesis)
[2]	Existe β tal que $\vdash_{\overline{PA}}\ \beta \leftrightarrow (\delta(\boldsymbol{\beta}) \to \alpha)$	(punto fijo de $\delta(x) \to \alpha$)
[3]	$\vdash_{\overline{PA}}\ \delta(\boldsymbol{\beta} \to (\boldsymbol{\delta}(\boldsymbol{\beta}) \to \boldsymbol{\alpha}))$	[2] + HBL 1
[4]	$\vdash_{\overline{PA}}\ \delta(\boldsymbol{\beta}) \to \delta(\boldsymbol{\delta}(\boldsymbol{\beta}) \to \boldsymbol{\alpha}))$	[3] + HBL 2
[5]	$\vdash_{\overline{PA}}\ \delta(\boldsymbol{\beta}) \to (\delta(\boldsymbol{\delta}(\boldsymbol{\beta})) \to \delta(\boldsymbol{\alpha}))$	[4] + HBL 2
[6]	$\vdash_{\overline{PA}}\ \delta(\boldsymbol{\beta}) \to \delta(\boldsymbol{\delta}(\boldsymbol{\beta}))$	HBL 3
[7]	$\vdash_{\overline{PA}}\ \delta(\boldsymbol{\beta}) \to \delta(\boldsymbol{\alpha})$	[5], [6]
[8]	$\vdash_{\overline{PA}}\ \delta(\boldsymbol{\beta}) \to \alpha$	[7], [1]
[9]	$\vdash_{\overline{PA}}\ \beta$	[8], [2]
[10]	$\vdash_{\overline{PA}}\ \delta(\boldsymbol{\beta})$	[9] + HBL 1
[11]	$\vdash_{\overline{PA}}\ \alpha$	[8] + [10]

□

Sea π el predicado de demostrabilidad definido en el Ejemplo 20.6.6. y sea $\bot$ una fórmula arirmética contradictoria (por ejemplo del tipo $\gamma \wedge \neg\gamma$). Sea finalmente:

$$CONS_{\mathrm{PA}} \overset{df}{=} \neg\,\pi(\bot) \overset{df}{=} \neg\,\exists y\,\rho\,(\bot,\, y).$$

Es claro que $CONS_{\mathrm{PA}}$ expresa que en **PA** no existe una demostración de $\bot$, *i.e.*, que **PA** es consistente.

Corolario 20.6.8. *(Gödel,* 1931*)* Si $\vdash_{\overline{PA}}\ CONS_{\mathrm{PA}}$, entonces $\vdash_{\overline{PA}}\ \bot$.

Demostración:

[1]	$\vdash_{\overline{PA}}\ \neg\,\pi(\bot)$	hipótesis
[2]	$\vdash_{\overline{PA}}\ \neg\,\pi(\bot) \to (\pi(\bot) \to \bot)$	(tautología)
[3]	$\vdash_{\overline{PA}}\ \pi(\bot) \to \bot$	[1], [2]
[4]	$\vdash_{\overline{PA}}\ \bot$	[3] + Teorema de Löb.

Así pues, si **PA** es consistente, la fórmula $CONS_{\mathrm{PA}}$, que expresa la consistencia de **PA**, no es demostrable en **PA**.

Corolario 20.6.9. *(Löb,* 1955*)* Cualquier fórmula α que exprese en **PA** su propia demostrabilidad (en el sentido de que α coincida con $\pi(\alpha)$, siendo $\pi(x)$ un predicado de demostrabilidad), es demostrable en **PA**.

Demostración: De:

$$\vdash_{\text{PA}} \pi(\boldsymbol{\alpha}) \to \alpha,$$

y del Teorema de Löb se sigue:

$$\vdash_{\text{PA}} \alpha.$$

Observación 20.6.10. La hipótesis del corolario anterior puede debilitarse, siendo suficiente que α sea equivalente en **PA** a $\pi(\boldsymbol{\alpha})$, *i.e.*, que $\ulcorner\alpha\urcorner$ sea un punto fijo en **PA** de un predicado de demostrabilidad.

Observación 20.6.11. Introduciendo la noción de *interpretación de una teoría en otra*, debida a Tarski (cfr. [**Prida**, 2004], p. 159), puede demostrarse que la Aritmética de Robinson **Q** es interpretable en un pequeño fragmento de la teoría de conjuntos **ZF** *(Zermelo-Fraenkel)*, con lo que, por inmersión de **Q** en **ZF**, esta teoría, en el supuesto de que sea consistente, es inseparable. De este resultado se siguen inmediatamente versiones para **ZF** de los teoremas de Church y Gödel-Rosser: si **ZF** es consistente, entonces es fuertemente indecidible y ninguna de sus extensiones consistentes y axiomatizables es completa.

Respecto al problema de la consistencia de **ZF** también puede probarse para la teoría de conjuntos un teorema análogo al de Gödel (Corolario 20.6.8.). Sea **ZFC** la teoría obtenida añadiendo a **ZF** el axioma de elección y sea $\pi(x)$ un predicado de demostrabilidad en **ZFC**. Si $\perp$ es una contradicción, entoces la fórmula:

$$CONS_{\text{ZFC}} \overset{df}{=} \neg\, \pi(\perp),$$

que expresa de un modo razonable la consistencia de **ZFC**, verifica:

Si $\vdash_{\text{ZFC}} CONS_{\text{ZFC}}$, entonces $\vdash_{\text{ZFC}} \perp$,

de donde se sigue:

Teorema 20.6.12. *(Gödel*, 1931*)* Si **ZFC** es consistente, $CONS_{\text{ZFC}}$ no es un teorema en **ZFC**.

Identificando la matemática usual con **ZFC**, lo que parece justificar la experiencia, este teorema viene a decir que si nuestros métodos matemáticos no son contradictorios, son insuficientes para probar con ellos su no contradicción.

BIBLIOGRAFÍA

[**Badesa** *et al.*, 1998] Calixto Badesa, Ignacio Jané y Ramón Jansana, *Elementos de lógica formal*, Ariel, Barcelona 1998 (2ª ed. rev., 2007).

[**Barwise**, 1977] John Barwise, *Handbook of Mathematical Logic*, North Holland, Amsterdam 1977.

[**Bell-Machover**, 1977] John L. Bell and Moshé Machover, *A course in Mathematical Logic*, North-Holland, Amsterdam-New York-Oxford 1977.

[**Boolos-Jeffrey**, 1989] George S. Boolos and Richard C. Jeffrey, *Computability and Logic*, Cambridge University Press, Cambridge 1974 (third rev. ed. 1989).

[**Collins-Halpern**, 1970] George E. Collins and J. D. Halpern, "On the Interpretability of Arithmetic in Set Theory", *Notre Dame Journal of Formal Logic*, vol. XI (1970), pp. 477-483.

[**Crossley**, 1975] John N. Crossley, "Reminiscences of Logicians", en John N. Crossley (ed.), *Algebra and Logic: Papers from the 1974 Summer Research Institute of the Australian Mathematical Society, Monash University, Australia*, Lecture Notes in Mathematics 450, Springer Verlag, Berlin 1975.

[**van Dalen**, 1994] Dirk van Dalen, *Logic and Structure*, corrected third printing, Springer Verlag, Berlin 1994.

[**Dubreil-Jacotin**, 1953] Marie Louise Dubreil-Jacotin, *Leçons sur la théorie des treillis des structures algébriques ordonnées et des treillis géométriques*, Gauthier Villards, Paris 1953.

[**Ebbinghaus** *et al.*, 1985] Heinz-Dieter Ebbinghaus, Jörg Flum and Wolfgang Thomas, *Mathematical Logic*, Springer Verlag, Berlin 1985.

[**Enderton**, 1972] Herbert B. Enderton, *A mathematical introduction to logic*, Academic Press, New York and London, 1972 (2nd ed., Harcourt/Academic Press, San Diego 2001; versión castellana, *Una introducción matemática a la lógica*, U.N.A.M., México 2004).

[**Epstein-Carnielli**, 1989] Richard L. Epstein and Walter A. Carnielli, *Computability, Computable Functions, Logic and the Foundations of Mathematics*, Wadsworth & Brooks/Cole, Pacific Grove, California 1989

[**Feferman**, 1952] Solomon Feferman, "Review of the paper: H. Rasiowa and R. Sikorski, A Proof of the Completeness Theorem of Gödel", *The Journal of Symbolic Logic*, vol 17, nº 1 (1952), p. 72.

[**Henkin**, 1949] Leon Henkin, "The Completeness of the First-Order Functional Calculus", *The Journal of Symbolic Logic*, vol 14, nº 2 (1949), pp. 159-166.

[**Hermes**, 1967] Hans Hermes, *Einführung in die Verbandstheorie*, 2ª ed., Springer Verlag, Berlin 1967.

[**Hermes**, 1969] Hans Hermes, *Enumerabilitry, Decidability, Computability*, Springer Verlag, Berlin 1969.

[**Hermes**, 1970] Hans Hermes, *Entscheidungsproblem und Dominospiele*, en *Selecta Mathematica II*, Springer Verlag, Berlin 1970.

[**Hilbert-Bernays**, 1934] David Hilbert und Paul Bernays, *Grundlagen der Mathematik I*, Springer Verlag, Berlin 1934 (2ª ed. 1968).

[**Hodel**, 1955] Richard Hodel, *An Introduction to Mathematical Logic*, PWS Pub Co., Boston 1995

[**Jeffrey**, 1999] Richard C. Jeffrey, *Formal Logic: its scope and limits*, McGraw-Hill, Inc., New York 1967 (third rev. ed., 1991; versión castellana, *Lógica formal: Su alcance y sus límites*, EUNSA, Pamplona 1986; 2ª ed. 1999).

[**Kalish-Montague**, 1964] Donald Kalish and Richard Montague, *Logic, Techniques of Formal Reasoning*, Harcourt, Brace & World, Inc., New York 1964.

[**Kleene**, 1952] Stephen Cole Kleene, *Introduction to Metamathematics*, Van-Nostrand, Princeton 1952 (seventh reprint, North-Holland, Amsterdam 1974; versión castellana, *Introducción a la metamatemática*, Editorial Tecnos, Madrid 1974).

[**Mendelson**, 1997] Elliott Mendelson, *Introduction to Mathematical Logic*, Van-Nostrand, Princeton 1964 (fourth edition, Chapman & Hall, London 1997).

[**Monk**, 1976] J. Donald Monk, *Mathematical Logic*, Springer Verlag, New York 1976.

[**Mosterín**, 1970] Jesús Mosterín, *Lógica de primer orden*, Ariel, Barcelona 1970.

[**Nerode-Shore**, 1993] Anil Nerode and Richard A. Shore, *Logic for Applications*, Springer Verlag, New York 1993

[**Prestel**, 1986] Alexander Prestel, *Einführung in die mathematische Logik und Modelltheorie*, Friedr. Vieweg & Sohn Verlag, Braunschweig/Wiesbaden 1986.

[**Prida**, 1999] José F. Prida, "A non standard approach to arithmetic", *Revista de la Real Academia de Ciencias Exactas, Físicas y Naturales*, vol. 92 (1999), pp. 227-229.

[**Prida**, 2004] José F. Prida, *Teorías inseparables*, Editorial Trotta, Madrid 2004.

[**Rasiowa-Sikorski**, 1963] Helena Rasiowa and Roman Sikorski, *The mathematics of Metamathematics*, PWN-Polish Scientific Publishers, Warszawa 1963 (3rd ed. 1970).

[**Rasiowa**, 1974] Helena Rasiowa, *An algebraic approach to non classical logics*, North Holland, Amsterdam 1974 (PWN-Polish Scientific Publishers, Warszawa 1964).

[**Shoenfield**, 1967] Joseph R. Shoenfield, *Mathematical Logic*, Addison-Wesley Publishing Company, Reading, Massachusetts 1967.

[**Simpson**, 1995] Stephen G. Simpson, *Foundations of Mathematics*, Course at the Pennsylvania State University, 1995, <http://www.math.psu.edu/simpson/>

[**Smullyan**, 1968] Raymond M. Smullyan, *First Order Logic*, Springer Verlag, New York 1968 (2nd ed., Dover Publications, Inc., New York 1995).

[**Zalabardo**, 2002] José Luis Zalabardo, *Introducción a la teoría de la lógica*, Alianza Editorial, Madrid 2002.

Fotocomposición
Ediciones Marova-Madrid
Impresión y encuadernación
Tecnología Gráfica-Madrid
ISBN: 978-84-269-0466-9
Depósito Legal: M-32242-2009
Printed in Spain